KB124362

우리는
연결되어 있다

우리는 연결되어 있다

—

2022년 1월 26일 초판 1쇄 발행

—

지은이 톰 올리버
옮긴이 권은현
펴낸이 김정수, 강준규
책임편집 유형일
마케팅 추영대
마케팅지원 배진경, 임혜솔, 송지유, 이영선

—

펴낸곳 (주)로크미디어
출판등록 2003년 3월 24일
주소 서울시 마포구 성암로 330 DMC첨단산업센터 318호
전화 02-3273-5135
팩스 02-3273-5134
편집 070-7863-0333
홈페이지 http://rokmedia.com
이메일 rokmedia@empas.com

—

ISBN 979-11-354-7379-1 (03400)
책값은 표지 뒷면에 적혀 있습니다.

—

브론스테인은 로크미디어의 과학, 건강 도서 브랜드입니다.
잘못 만들어진 책은 구입하신 서점에서 교환해 드립니다.

우리가
연결되어 있는 이유와
그 연결에 숨어 있는
놀라운 과학

톰 올리버 지음

권은현 옮김

우리는 연결되어 있다

BRONSTEIN

저자 / **톰 올리버**Tom Oliver

　톰 올리버는 영국 레딩대학교University of Reading 응용생태학 교수로 진화생태학 연구팀을 이끌고 있다. 또한 저명한 시스템 사상가로 영국 정부와 유럽환경청EEA을 자문하고 있으며, 영국 정부를 위해 환경 정책을 알리기 위한 시스템 연구 프로그램의 설계를 주도하고 있다. 세계적으로 권위 있는 저널에 70여 편 이상의 과학논문을 발표했으며, 대중에 과학을 알리는 수필로 두 차례에 걸쳐 수상한 이력이 있다. 곤충학 발전에 이바지한 공로로 2013년 마시 어워드 곤충학 부문Marsh Award for

Entomology을 수상하기도 했다. 그는 언론에 자주 글을 기고하고 있으며 일반 대중에게 환경과학을 주제로 활발하게 강연 활동을 하고 있다. 겨울철 아프리카와 봄철 북아프리카에 비가 많이 내려 초목이 늘고 아프리카에서 유럽 쪽으로 뒤바람이 부는 등 3대 중요 조건이 갖춰질 때, 작은멋쟁이나비가 사하라 사막 이남에서 바다를 건너 유럽까지 1만 2,000~1만 4,000km의 최장 거리를 이동한다는 사실을 밝혀낸 흥미로운 연구 결과를 발표하기도 했다.

역자 / **권은현**

서울외대를 졸업하였으며, 다년간 통역사로 활동하였다. 현재 번역에이전시 엔터스코리아에서 번역가로 활동하고 있다. 역서로는 《착한사람을 그만두면 인생이 편해진다: 남에게 휘둘리지 않고 내 삶을 지키는 자기주장의 심리학》, 《백만장자의 아주 작은 성공 습관: 무일푼에서 막대한 부를 만든 자수성가 부자들의 비밀》이 있다.

톰 올리버는 미시적인 상호작용에서부터 집단 문화정신에 이르기까지 인간의 상호 연결성을 일깨워주는 여행으로 우리를 초대한다. 이 책은 인간이 소중하게 여기는 개인성의 존재 자체를 철저히 파헤친다. 흥미롭고 영감을 주는 이 책은 지금 세상에서 인류의 가치를 재평가하며, 인류의 다음 진화 단계에 관한 아이디어를 제시한다.

네이선 렌츠, 뉴욕 시립대학교 존 제이 칼리지 생물학 교수,
《우리 몸 오류 보고서》 저자

톰 올리버는 생물학적 증거에 깊이 뿌리내린 설득력 있는 이야기를 들려주며, 우리와 우리를 둘러싼 세상과의 관계에 관한 생각을 바꿀 것이다.

이안 보이드 경, 영국 환경식품농촌부 최고과학고문,
세인트앤드루스 대학교 생물학 교수

톰 올리버가 쓴 흥미로운 책을 읽기 전까지는 우리는 자아가 아르침볼도의 그림처럼 바닥부터 쌓아올려진 건축물이지만 실제로 다양한 원천과 많은 뉴런들, 생각 그리고 궁극적으로 타인과의 연결에 의해 탄생한다는 사실은 꿈에도 생각하지 못할 것이다. 우리가 내면을 들여다볼 때 만나게 되는 "자아"가 생겨나게 되는 과정과 이유, 그리고 "자아"가 우주에서 차지하는 위치에 관한 설득력 있는 아이디어를 찾는다면 이 책을 읽어라.

마크 페겔, 레딩 대학교 진화생물학 교수,
《문화와 연결wired for culture》 저자

이 책은 놀라움이 가득한 책이다. 과거와 미래의 인류 간 연결고리뿐 아니라 인간과 인간 사이에 이어진 무한의 연결고리를 정교하게 탐구한다. 또한 톰 올리버는 인간의 신체를 넘어 인간을 둘러싼 세상과 다양한 연결고리까지 탐구한다. 우주에서 가장 먼 곳에 있던 원자가 우리의 몸에서 발견될 수 있는데 어떻게 우리가 독립된 개인이 될 수 있을까? 시의적절하고 매력적인 책이다.

바이바 크레건리드, 켄트 대학교 교수,《의자의 배신》 저자

개인주의에서 벗어나고 있는 나로서는 자아라는 허상이 가진 위험성과 이를 떨쳐버리면 얻게 되는 이득을 되새겨볼 필요가 있었다. 톰 올리버는 흥미로운 과학적 증거를 제시하며 설득력 있는 주장을 펼친다.

마이클 폴리,《행복할 권리》 저자

우리를 현 세상과 연결시켜주는 책이 있다면 바로 이 책이다. 우리 몸이 어떻게 만들어지는지, 박테리아의 생애와 그것이 어떻게 사람들 간에 전파되는지, 우리가 정체성을 어떻게 창조하고 그것이 무엇을 의미하는지, 그리고 인간과 자연의 관계까지. 톰 올리버는 흥미로운 사실이 드러나는 중요한 여정으로 우리를 안내한다.

앨런 무어, 디자이너, 《두 디자인: 아름다움이 모든 것의
핵심인 이유Do Design: Why beauty is key to everything》 저자

수많은 선구자에게 이 책을 바친다.

우리는 얼마나 연결되어 있을까?

이 링크를 따라가서 알아보자.

https://tinyurl.com/u94zyf9

어릴 적 나는 초자연적인 현상을 정말 믿었다. 연습만 많이 하면 생각만으로 사물을 움직이는 초능력을 얻을 수 있다고 생각했다. 강한 염원을 담아 주문을 외면 축구 경기에서 페널티도 피할 수 있다는 생각에 인도 요가수련자가 쓴 공중부양법에 관한 책도 탐독했고, 나만의 비밀 주문도 만들었다. 당당히 밝히지만, 이런 생각은 대학 때까지 계속되었다. 나는 동물학 실습시간에 곤충들이 아이스크림 막대 너비만 한 얇은 나뭇가지를 따라 기어가는 모습을 보면서 곤충들이 방향을 전환하는 모습을 관찰했다. 가지 끝에는 오른쪽이나 왼쪽으로 방향을 틀어야 하는 T자 구간이 있는데, 여기에 도달한 곤충이 어떻게 처음에 좌회전했다가 다음번에 우회전하는지를 알아보려는 것이었다. 크게 보면 곤충은 방향을 수정하면서 일직선의 형태로 기어가는 걸 알 수 있었다. 이처럼 곤충을 자세히 관찰하면서 곤충이 처음 방향을 전환할 때, 인간이 생각만으로 곤충의 방향 전환에 영향을 미칠 수 있을지 궁금했다. 개미와 같이 사회성이 있는 다른 종의 곤충은 동료가 보내는 미세한 신호에 민감하게 반응하므로 쉽게 영향을 받으리라 생각했다. 인간 뇌 속의 전자기장이 개미 뇌 속의 전자기장과 반응을 일으켜 개미의 행동에 영향을 미칠 수 있다면, 혹은 나 혼자만의 뇌파로는 충분치 않다면, 수천 명의 관중으로 가득한 축구 경기장에서 개미의 움직임에 집중해 방향을 바꾸는 실험을 하면 어떨까? 과연 개미는 사람들이 원하는 방향으로 움직일까?

　이상하게 들리겠지만 나는 이런 생각이 '반과학적'이지 않다고 여겼고, 그래서 과학적인 실험방법을 사용해 내 가설을 시험해보기로 했다. 나에게는 명확한 가설이 있었다. 인간의 전기적 뇌파는 개미의 전기적 뇌파와 상호작용할 수 있어 개미가 방향을 정할 때 영향을 미칠 수 있다는 것이다. 나는 내 가설이 옳은지 그른지를 입증할 실험을 생각했다. 물론 내 가설이 반과학적이진 않았지만, 21세기 인간의 뇌파와 개미의 행동에 대해 알려진 사실을 생각하면 아마도 이성적이진 않을 것이다. 많은 사람은 처음부터 생각만으로 사물을 움직인다는 건 말도 안 된다는 '상식'을 들이밀며 내 생각을 깎아내리겠지만, 나는 그들이 세상이 어떻게 움직이는지에 대해 깊이 의문을 품지 않았다는 말로 반박했을지 모른다. 나는 흔히들 말하는 상식을 맹목적으로 받아들이고 싶지 않았고, 사람들의 생각에 도전장을 내밀고 싶었다. 다행히 나는 완전히 시간 낭비로 끝날 가능성은 낮은 프로젝트를 선택했다.

그로부터 몇 년이 흘러, 나는 직감적으로 생각이 물질을 지배한다고 믿었고, 조금 더 일반화하자면 초자연적인 현상을 믿는 성향은 이성적인 판단을 체계적으로 못하는 태생적인 '인지 편향'이라는 사실을 깨달았다. 우리 인간의 마음은 수많은 입력 데이터에서 인과관계의 패턴을 파악하는 식으로 진화했다. 가끔 잘못된 결론을 내리기도 하지만 적응력이 매우 뛰어나다. 심지어 아기들도 인과관계가 없는데도 인과관계를 찾으며 자신을 기만하는 능력이 있다. 초자연적 신념이 거짓이긴 해도 초기 인간들이 함께 협력하는 데 도움이 되었다면, 이는 여전히 득이 될 수 있다. 함께 협력하면 상을 내리고 남을 속이면 벌을 내린다는 초자연적 신에 대한 믿음은 작은 공동체에서 성공적이었다.

인간은 떼쓰는 유아기에서 자기애에 빠진 청소년기를 거쳐 결국 조용한 성인기에 도달한다. 인간은 나이가 들수록 더 이성적으로 변하며, 자기중심적인 성향은 줄어든다. 신경과학과 심리학의 최근 연구를 봐도, 우리의 마음이 서서히 성숙해 늦게는 30대까지 뇌의 전두엽이 계속해서 논리력을 발전시킨다는 것은 분명한 사실이다. 시적으로 표현하자면, 일생에 걸친 개인의 발달은 초기 인류Hominide부터 오늘날 호모 사피엔스까지 인류의 오랜 진화 과정을 압축해서 보여주는 '소우주'와 같다. 우리 뇌의 원시적인 부분과 공포와 공격적인 반응을 유발하는 회로와 초자연적인 현상을 믿는 성향은 초기 인간에서 지배적이었으며, 유년기부터 청소년기까지 인생 초기에 경험하는 것들이다. 인생의 후반기에는 완전히 발달한 성인으로 현대 호모 사피엔스만이 가진 도구인 뛰어난 인지 추론 능력을 갖추게 된다. 인간이라는 종은 생물학적 적응과 문화를 통해 진화해 우주의 객관적 진실에 접근하면서 미신 타파에 사용된 합리성을 발전시켰다. 인간 정신의 문화적 진화에서 중요한 이정표는 소위 '코페르니쿠스 혁명'으로, 지구가 우주의 중심이 아니라는 인식이었다. 그런데 우리에게는 타파해야 할 커다란 미신이 한 가지 더 있다. 바로 우리가 주관적인 우주의 중심에서 독립된 자아로 존재한다는 믿음이다. 우리는 각자가 세상에서 독립적인 개인으로 자율적으로 행동한다고 느낀다. 우리 주위의 변하는 세상 속에서 중심점 역할을 하는 불변의 내적 자아가 있다고 믿는다. 이것이 내가 이 책에서 다루고자 하는 환상으로, 인류 정체성에 코페르니쿠스와 같은 혁명이 시급하다는 점을 설득하고자 한다.

지금, 이 순간에도 지구상에는 70억 명 이상의 사람이 살고 있다. 여기에 모든 선조나 후손을 더한 다음, 각자 주변을 돌고 있는 자신만의 우주가 있는지 질문해보자. 모두가 각자 독립적인 중심점으로 존재하는가? 그게 아니라면 우리는 하나로 연결된 객관적 현실의 일부분으로 서로에게 너무나도 강하게 영향을 미치고 있으니, 우리가 독립적인 개체라는 주장은 잘못일까? 이 질문의 해답을 얻으려면, 인간의 중심으로 여행을 떠나야 한다. 우리에게 중심이라는 게 존재할까? 만약 중심이란 게 없다면, 우리는 과연 무엇을 찾게 될까? 지구의 내핵을 향해 여행을 떠나는 쥘 베른Jules Verne 소설의 등장인물들처럼, 우리의 내면으로 들어가기 위한 배가 필요할 것이다. 그 배는 다름 아닌 상상력으로, 과학적 사실을 연료로 사용해 우리 내면의 우주를 찾는 데 도움이 될 것이다. 우리는 함께 육체적 몸과 정신세계와 사회 세계의 다양한 측면을 여행하게 될 것이다. 여행이 끝나면 우리는 자신만의 결론을 내야 한다. 내 결론은 초자연적 힘은 존재하지 않으며, 그리고 놀랍게도 독립적 인간도 존재하지 않는다는 것이다. 우리는 다른 사람들과 더불어 우리를 둘러싼 주변 세상과 유기적으로 연결되어 있다. 우리의 독립성은 단지 환상일 뿐, 과거 한때는 적응을 위해 필요했지만, 이제는 오히려 인간종의 생존에 위협이 되고 있다. 자기중심적인 관점의 근본적 변화는 우리가 인간으로서 지속적인 진화 과정에서 겪을 다음 단계이다. 앞으로 알게 되겠지만, 우리가 개인주의적 생각과 원자론적 생각에 갇히면 끔찍한 결과가 발생하는 만큼 이는 정말 시급한 문제이다.

21세기에 당면한 시급한 환경 문제와 사회 문제를 해결하기 위해 이제 개별 인간이 중심이라는 환상을 깨고, 생각을 전환해야 할 때이다. 자아라는 '환상'을 극복해야 할 시점이다.

먼저 지금까지 믿었던 사실들이 전부 다 거짓이라고 상상해보자. 영화에 나오는 등장인물처럼 우리는 환상의 세계를 살고 있다. 그러나 할리우드 영화와는 달리, 우리의 장기를 매매하면서 우리를 꿈같은 상태에 가둬두려는 악당이 등장하지도 않으며, 키아누 리브스가 꿈속에 들어와 우리를 구해주지도 않는다. 세상을 바라보는 우리의 핵심 가치를 살펴보고, 이런 환상에서 벗어나 새로운 관점으로 현실을 직시해야 할 사람은 다름 아닌 우리 자신이다.

이 문장을 생각해보자. '나는 갈색 머리와 갈색 눈을 가진 남성으로 월링포트라는 마을에 살고 있다.' 언뜻 보기에는 문제가 없는 것 같은 이 문장에서 어느 부분이 사실이 아닐까? 성별이나 외모나 집 주소가 거짓이라고 대답할지 모른다. 그러나 단언컨대 우리 집에 찾아온다면, 나는 내가 한 설명 그대로라는 걸 알게 될 것이다. (그렇다고 찾아오지는 마시라.) 이 문장에서 거짓말은 첫 부분에 있다. 해될 게 없고 빼먹기 일쑤인 대명사인 '나'이다. 이 짧은 글자 뒤에 환상의 세계가 숨겨져 있고 환상의 씨앗이 싹튼다. 잠시 생각해보자. 자신을 '나'라고 부를 때 우리는 누구를 지칭하며 무엇을 뜻하는 것일까? 어쩌면 '나'는 자신의 성격의 핵심으로, 이 세상의 행동을 관찰하고 해석하고 실천하는 익숙한 자리라고 느낄지 모른다. 그러나 우리는 이렇게 생각하도록 짜여 있다. 팔다리가 일정한 방식으로 움직이도록 설계된 장난감 병정처럼 우리의 뇌는 '나'라는 환상을 만들도록 구조화되어 있다. 특정 철학과 문화에서는 개인주의라는 환상을 강력히 홍보하지만, 다른 철학과 문화에서는 우리가 현실을 더 깊이 인식할 수 있게 돕는다. 오늘날과 같은 지구촌에서 자아 환상 극복은 개인의 행복, 정의, 생존 가능한 지구 환경 유지와 같은 여러 중요한 문제에서 점점 더 중요해진다. '나'라는 생각은 결코 사소한 문제가 아니다.

그렇다고 해서 자아를 완전히 파괴할 생각을 하지는 말자. '나'도 생존을 위한 도구다. 숲속에서 연필깎이 칼이 소중하듯이 이 역시 인간 진화의 도구 중 하나로, 이 덕분에 20만 년이 넘는 세월 동안 인류라는 종이 번영할 수 있었다. 개인의 정체성이 없다면, 우리는 삶을 계획하고, 동기를 찾고, 방향을 찾을 수 없을 것이다. 그러나 지방 덩어리 음식을 애타게 찾는 행동이 야생에서 살아남는 데는 도움이 됐지만, 이러한 생물학적 생존 기제가 현대 세상에 최적화된 것은 아니다. 칼로리가 넘치는 환경에서 이제 우리는 지방이 많은 음식을 좋아하면 비만이 될 수 있다는 점을 깨닫고 있으며, 지방이 많은 음식을 마음껏 먹고 싶은 내면의 욕구를 없애는 데 이성을 사용하는 법을 점차 배워가고 있다. 이와 비슷하게 독립적인 '나'라는 환상은 진화에 적응을 못 한 채, 점차 하나로 연결되고 세계화된 세상에서 문제를 야기하고 있다. 전반적인 삶의 질이 개선되었지만, 개인의 행복은 잘못된 방향으로 나아가고 있다. 두려움, 우울증, 자해가 점차 늘면서 '정신질환'이 유행병처럼 퍼지고 있다. 우리는 이기적인 과잉소비로 자연을 파괴하고 있고, 재생 불가능한 자원을 빠르게 사용하고 있다. 오염과 항생제에 대한 내성이 확산하면서 최근 수십 년간 이룩한 인류 보건의 발전이 퇴보되고 있으며, 한편으로는 기후변화와 집단 이주로 인해 윤리적 딜레마도 생겨나고 있다. 나는 자아정체성이라는 생각이 왜 이런 세계적 이슈들의 근본이 되는지, 왜 문제가 더 심각해지는지, 정상화시킬 방법은 없는지를 설명하고자 한다.

개인주의적인 자아 관점을 바꾸면 세계적인 문제를 해소하는 데 필요한 마음가짐을 기를 수 있다. 모든 사람이 동등하며 하나로 연결된 시스템에서 서로 톱니바퀴처럼 깊이 맞물려 있는 존재가 아니라, 각자의 성공을 위해 경쟁하는 수많은 독립된 개체 중 하나로 인간의 상황을 인식하는 데서 문제의 원인을 찾을 수 있다. 세계에 대한 개인적인 관점들이 모여 우리의 제도에 담기고, 환경, 경제, 정의, 보건을 관리하는 이런 제도들이 우리의 잘못된 논리를 바탕으로 하는 한, 인간이 생존하기 위해 해결해야 할 큰 문제들은 여전히 해결할 수 없을 것이다. 문제의 해결은 우리로부터 시작된다. 독립적인 '나'라는 생각을 심는 환상의 베일 아래로 깊이 파고들어가는 일이야말로 자아정체성을 바꾸는 첫걸음이 될 것이다.

우리는 자신을 주변과는 분리되고 구분할 수 있는 별개의 주체라고 생각하지만, 신체에서부터 뇌와 마음에 이르기까지 여러모로 주변 세상과 깊이 연관되어 있다. 너무나도 깊이 연관되어 있어서, 외부의 누군가가 우리를 객관적으로 연구한다고 했을 때, 예를 들어 정체성에 대한 환상이 없는 지능 높은 외계인이 인간을 연구한다고 했을 때, 우리를 별개의 개체로 구분할 수 없을지도 모른다. 실제로 우리가 인생에서 집착할 정도로 기르고, 지키고, 논하는 중심된 독립적인 '나'라는 존재가 환상이라는 생각을 뒷받침하는 연구 결과들이 다양한 과학 분야에서 점차 나오고 있다.

우리의 몸이 정체성의 핵심이지만, 몸을 구성하는 약 37조 개에 달하는 세포의 수명은 대부분 불과 며칠에서 몇 주밖에 안 될 정도로 짧아서 우리의 몸을 구성하는 물질은 거의 계속 순환하고 있다고 말할 수 있다. 우주에서 가장 먼 곳에 있던 원자는 다른 수많은 동식물의 몸을 거쳐 이제는 우리의 몸속에 흐르고 있다. 우리 몸은 몇 주를 주기로 거의 새로 다시 만들어지고 있어서 몸속의 물질만으로 우리의 정체성의 일관성을 설명하기에는 분명 충분치 않다. 더욱이 우리 몸에 있는 세포 대부분은 인간의 세포도 아니다. 우리 몸에는 인간 세포보다 박테리아 세포가 더 많다. 이런 세포들이 우리의 기분에 영향을 미치고, 행동을 조종하면서, 우리가 생각하는 자율성을 더욱 훼손한다.

우리 몸속의 물질이 인간의 정체성을 담은 특징이 아니라면, 우리 몸을 설계한 코드를 담은 DNA는 어떨까? DNA 코드가 우리의 독특한 정체성을 구성하는 건 아닐까? 우리의 몸을 구성한 분자들처럼, 유전 코드는 생명의 나무(진화계통수)의 가지 사이를 너무나도 자유롭게 흘러 다닌다. 하나로 연결된 거대한 클라우드 컴퓨터 프로그램과도 흡사하다. 우리의 몸은 그 코드의 작은 일부분을 담고 있으며, 그 코드를 자르고 붙여서 한시적인 개체를 만든 것이다.

우리의 DNA 코드가 우리의 독특한 정체성을 구성하지 않는다면, 우리의 정신은 어떠한가? 정신은 확실히 우리만의 것이지 않을까? 심리학과 신경과학은 발달하면서 변하지 않는 독립적인 정체성이란 없다는 사실을 알려주고 있다. 우리의 정체성은 시간과 우리가 있는 장소와 우리와 함께 있는 사람에 따라 결정된다. 우리의 인식은 우리의 의식이 걸러내는데, 의식 자체도 우리의 인식의 산물이며, 우리의 정체성은 우리가 놓인 환경에서 끊임없이 진화한 산물이다. 그리고 이러한 환경은 다른 인간에 의해 크게 결정된다. 실제로, 인간으로서 우리는 환경의 거대한 건축가이다. 우리는 지구상에서 가장 상호 공생하는 종으로 환경을 건축해왔다. 여러분 가까이에 있는 사람이 만든 간단한 물건을 생각해보자. 그 물건은 여러 대륙에 걸쳐 수백 년이 걸려 수천 명까지는 아니더라도, 수백 명이 서로 협력해 만들어졌다. 이런 물건의 제작을 넘어 인간의 통합된 노력에는 육체의 벽을 넘어 우리의 정신으로 흘러들어가 사고방식을 결정하는 구전 문화와 기록 문화도 있다. 인간이 자신에 대해 주권을 가진 개인이라는 생각은 완전히 잘못된 것이다.

불행하게도 우리는 다른 사람과의 연결성과 주변 세상과의 연결성을 이해하기 어려워한다. 우리는 '개인주의적 시각'이라 부르거나, 부정적인 면을 인지해 다소 비판적으로 '자기 망상'이라 부르는 일종의 시각장애를 겪어 자신보다 더 큰 그림을 보지 못한다. 정신장애진단 및 통계 편람DSM IV(전문 정신과 의사들이 성격장애를 진단하는 바이블)에 따르면, 망상delusion이란 대다수의 생각과 모순되는, 잘못된 확고한 믿음이다. 여기서 망상의 정의를 왜 다른 사람들의 생각을 기준으로 하는지 의문이 들 수 있다. DSM IV의 정의에 따르면, 모든 사람의 생각이 똑같다면, 사회적 규범이 절대 진실의 자리를 대신해 명백히 잘못된 믿음도 망상이 아닌 게 될 수 있다. 이런 단서를 덧붙인 이유는 정신과 의사들이 대다수를 정신질환자로 진단해 논란의 중심에 서는 것을 피하려는 게 아니냐고 추측할 수 있다. 그러나 사회적 규범과 상관없이 객관적으로 진실이 아니라면 어떠한 믿음이라도 망상이라 지칭하는 것이 타당한 것일지 모른다. 생각을 실험해 보기 위해, 엘비스 프레슬리의 환생이라고 사람들이 믿는 사이비종교 지도자의 지휘에 따라 소수의 사람만 살아남는 미래 세계를 상상해보자. 이들 모두 같은 믿음을 가지고 있다 할지라도 망상에 사로잡혔다고 할 것인가? 여러분도 나처럼 그들이 당연히 망상에 사로잡혀 있다고 생각한다면, 망상의 정의를 객관적인 진실에 반하는 것에 기준을 두어야 한다는 말에도 동의할 것이다. 우리 인간은 인류의 문화사에서 이 같은 망상을 많이 경험했다. 초자연적인 존재에 대해 망상을 품었던 적도 있었고, 하늘에 있는 아버지와 같은 신에 대한 망상도 품었으며, 우리가 자율적인 독립된 개체로 존재한다는 망상도 가지고 있다.

우리는 전체가 서로 연결된 천의 웅장함을 인식하지 못하는 하나의 실과 같다. 우리의 무지는 어느 정도 타고난 탓도 있지만, 우리의 문화가 이 특성을 더욱 강화하기도 했다. 우리의 감각을 넘어서 우리 몸을 공유하는 다양한 박테리아와 바이러스와 같이 아주 작은 것들이 존재하고, 우리 행동의 결과가 지구 전체에 영향을 미치는 것처럼 거대한 프로세스로 구성된 세계가 존재한다. 시각장애인이 그들이 볼 수 없는 세상을 알려고 새로운 방식을 배울 수 있듯, 우리도 과학을 통해 세상을 알아가는 법을 배울 수 있다.

기술과 과학적 프로세스가 인간의 제한적인 감각 너머의 세상을 보여주고 있지만, 이 세상 전체를 '보려면', 세상과 그 속에 사는 우리의 위치에 대해 새로운 관점을 만들기 위해 마치 직소 퍼즐을 맞추듯이 사실들을 짜 맞추어 종합해야 한다. 여기에서는 상상력이 중요하다. 소설이 다른 사람의 입장이 되어 지금까지 경험해보지 못한 상황을 경험하는 데 도움이 되는 것처럼, 상상력은 우리의 감각을 넘어서 세상을 이해하는 데 도움이 될 수 있다. 오직 이 생생한 상상력을 통해서만 과학적 사실들을 통합해 우리가 깊이 연결되어 있다는 것을 보여주는 보다 정확한 세계관을 정립할 수 있다. 오직 상상력만으로 우리는 개인주의적인 관점을 넘어서서 볼 수 있고, 별개의 '나'라는 망상을 없앨 수 있다.

우주에서 지구를 관찰하는 외계인의 예로 다시 돌아가 보면, 외계인은 당신을 별개의 몸이라고 생각할까, 아니면 객관적이고 과학적인 관점에서 (우주에 사는 지능이 있는 외계인으로서) 지구의 모든 유기체를 분자가 이동하는 단일 생명체인 '유전자의 거미줄'의 일부로 여길까? 외계인은 여러분을 하나의 '의식'이라고 관찰할까, 아니면 '밈memes의 거미줄'과 같이 서로의 생각이 끊임없이 흐르는 연결된 하나의 '정신'으로 볼까?

지능 있는 외계인이 선택한 '시스템 과학Systems Science' 관점이 지구의 과학에서 점점 주류로 받아들여지고 있다는 사실은 고무적이다. 물리학, 생물학, 사회학, 경제학과 많은 다른 학문이 통합적 시스템 기반의 사고로 서서히 이동하고 있다. 이러한 시스템 접근법을 사용하면, 단순히 개별 요소를 분석할 때는 드러나지 않는 새로운 특징들을 관찰할 수 있다.

종교서와 철학서와 시를 비롯한 다른 분야의 문헌에서는 오래전부터 현상 간에 깊은 연관성이 있다는 사실을 인지해왔고, 통일된 경험을 설명하려고 시도했지만, 정밀하고 과학적인 증거 기반의 접근법은 부족했다. 비록 시스템적 사고가 과학 분야에서 주류로 편입되고 있지만, 인간과 이 세상에서 인간의 위치에 대한 영향을 시스템적으로 통합하려는 시도는 지금까지 거의 없었다. 이처럼 통합의 결과는 부분의 합보다 더 크다. 이 책을 읽으면서 여러분도 우리의 상황을 더 큰 맥락에서 볼 수 있는 새로운 관점을 얻어, 인류 전체가 직면한 문제를 더 잘 해결하고 행복하게 걱정 없이 살게 되길 바란다.

물론 이론적으로 진실을 이해하는 것과 이를 우리의 깊은 신념과 태도로 받아들여 행동 방식을 바꾸는 것은 다른 일이다. 행동으로 실천하려면 우리가 살면서 강화해온 뿌리 깊은 사고방식을 극복해야 한다. 상호연결성을 깊이 이해한다고 할지라도, 자기중심적이고 별개의 '나'라는 관점에서 사물을 보는 원상태로 재빨리 되돌아오게 된다. 어떤 일에 전전긍긍 고민하다가 문득 자기중심적으로 생각했다는 사실을 깨달은 적이 있는가? 이와 대조적으로 깊은 온정을 느끼면서 다른 사람들과 교감하거나 자연에 푹 빠졌을 때는 어떤 느낌인가? 잠깐이지만 일체감을 느끼게 되는 순간들이다. 그러고 나서 다른 사람에게 등을 돌리거나 다시 실내로 들어가면, 일체감은 빠르게 사라져버리고 자기중심적인 생각들이 다시 우리를 지배한다. 우리의 마음이 단절된 개인주의적 관점으로 빠르게 돌아가는 경향은 일종의 착시현상과 비슷하다. 뮐러-라이어 착시Muller-Lyer illusion에 대해 들어본 적이 있을 것이다. 양쪽 끝에 화살표가 달린 두 선분이 있다. 한 선분의 끝에 있는 화살표는 안쪽을 향하고, 다른 선분의 화살표는 바깥쪽을 향한다. 둘의 길이는 같지만, 직관적으로 다른 것처럼 느껴진다. 바깥쪽으로 향하는 화살표가 있는 선분이 더 짧아 보인다. 이론적으로 이해할 수 있고, 약간만 생각하면 두 선분의 길이가 똑같다는 현실을 인식하지만, 집중력을 잃게 되면 다시 처음에 본 것처럼 착시현상을 경험하게 된다. 이와 비슷하게, 우리의 마음은 생물학적 진화를 통해 프로그램되었고 문화적인 진화를 통해 강화되어 자율적인 별개의 개인이라는 망상으로 재빨리 되돌아간다. 이 같은 망상을 없애려면, 단순히 이론을 받아들이는 것보다 더 큰 노력이 필요하다. 세상을 바라보는 우리의 뿌리 깊은 생각을 적극적으로 되돌려야 한다. 이런 노력이 성공한다면, 사회에서 대변화를 촉발할 수 있다. 인류는 이미 중요한 갈림길에 서 있다. 우리의 마음과 행동에서 이기심을 빨리 걷어내야 할 때이다. 그러지 않으면 개인과 가족의 건강은 물론, 인류의 미래까지 위협하는 위험한 상황에 점차 놓이게 될 것이다.

우리의 삶을 통해 인간의 마음이 더욱 이성적으로 발달하는 과정은 인간의 뇌가 오랫동안 거쳐온 진화 과정의 소우주(축소판)와 같다는 점을 앞서 설명했다. 같은 맥락에서 개인의 마음이 더 팽창되고 연결된 자아정체성으로 바뀌면 대우주(확장판)와 사회에서 커다란 문화적 변화를 일으킬 수 있을 것이다. 수많은 사람이 동시에 바뀌면, 빠른 문화적 진화를 촉발하는 도미노 효과가 일어날 수 있다. 세계적인 지속가능성의 미래가 암울해 보이지만, 사회 변화는 빠른 속도로 일어날 수 있다는 사실을 잊지 말자. 널리 연결된 인간의 정체성으로의 변화의 바람이 곧 불지도 모른다.

이런 생각은 개미 떼를 생각만으로 움직이려 했던 어린 소년의 초자연적 발상과는 상당히 거리가 먼 것 같다. 처음부터 독립된 마음이란 없으므로 개미를 나 혼자만의 생각만으로 움직이는 건 불가능하다는 사실을 과학이 말해준다. 중요한 문제에 관해 생각이 바뀌었다는 비난을 받은 한 저명한 경제학자는 이렇게 대응했다. "사실이 바뀌면, 전 생각도 바뀝니다! 여러분은 그렇지 않나요?"[1] 이 책은 우리가 독립된 개인이 아니라는 사실과 우리는 깊숙이 연결된 우주의 일부분이라는 사실을 제시할 것이다. 앞의 인용문을 당시의 의도가 아닌 말 그대로의 의미로 받아들이길 바란다. 사실을 바탕으로 마음을 '바꾸길' 바란다. 생각의 관점을 바꾸고, 독립된 '나'라는 생각의 끈을 조금 풀고, 우리 주변에 숨겨진 모든 연결고리에 눈을 떠보자. 그러면 지금보다 더 재미있고 행복하며 공정한 세상으로 향하는 문이 열리리라 믿는다.

1부

연결되어 있는
우리의 몸

OUR INTERCONNECTED BODIES

한 알의 모래에서 세상을 보고,
한 송이의 들꽃에서 천국을 본다.
손바닥 안에 무한을 쥐고,
한순간에 영원을 담는다.

윌리엄 블레이크William Blake, 〈순수의 전조Auguries of Innocence〉

—

불멸의 힘으로
모든 것은 가깝거나 멀리
은밀하게
서로 연결되어 있어
그대는 별을 건드리지 않고는
꽃 한 송이 건드릴 수 없다.

프랜시스 톰프슨Francis Thompson, 〈환영의 여인The Mistress of Vision〉

—

모든 것은 우주의 한 부분이고,
온전한 하나를 만들기 위해 연결되어 있으므로,
우리는 인생이라는 길을 함께 걸어야 한다.

마리아 몬테소리Maria Montessori,
《잠재력을 깨우는 교육To Educate the Human Potential》

우리는 말 그대로
공기를 빨아들였다

You literally soaked up the atmosphere

이 장면을 상상해보자. 오래된 빅토리아 양식의 병원 유리창틀을 때리는 빗물과 울부짖는 바람 소리를 동반한 폭풍우가 몰아치는 시카고의 어느 날 밤. 번쩍이는 번개의 섬광에 피 묻은 메스를 손에 들고 탁자 위로 몸을 숙인 한 남자의 형체가 드러났다. 그가 천둥의 굉음에 맞춰 발을 질질 끌며 방을 가로질러 걸어가 펜을 집어 들고 기록하기 시작한다. "피험자는 46세의 백인 남성으로 몸무게 53.8kg에 키 168cm이다. 사망 원인은 추락으로 인한 두개골 파손이다." 그는 글을 잠시 멈추고 고개를 돌려 천에 덮인 형체가 있는 탁자를 흘깃 쳐다본 다음, 흥분에 들떠 계속해서 글씨를 휘갈겨 썼다. "연구를 위해 다양한 장기를 적출하고 세포를 채취하기 위해 시신 해부를······(중략)······폴리비닐에 덮인 스테인리스 스틸 탁자 위에서 진행했다. 스테인리스 스틸 나이프를 사용해 사각형으로 자른 연조직을 도자기로 된 용기에 담아 샘플 분석을 준비했다."

이 섬뜩한 장면은 공포 영화에나 나올 법한 장면 같다. 이 내용이 1953년 일리노이 대학의 R.M. 포브스 박사R. M. Forbes가 쓴 과학 저널 논문을 토씨 하나 빼놓지 않고 그대로 옮긴 것이라는 사실을 알면 깜짝 놀랄 것이다.[1] 아니, 어쩌면 우려스러울지 모른다. 무슨 이상한 실험용 해부이길래? 언뜻 섬뜩해 보이는 이 연구는 화학 분석을 통해 성인 몸의 구성 성분을 알아보려는 것이었다.

'인간은 무엇으로 구성되는가?'라는 질문이 우리를 천 년 동안이나 괴롭혔다. 고대 극동지방의 힌두교와 불교 학자들은 인간과 그 외 지구상의 모든 생명체는 불, 흙, 공기, 물 그리고 '아카샤akasha'라는 5대 원소로 구성된다고 생각했다. 불, 흙, 공기, 물이 물질세계를 구성하고 다섯 번째 원소인 '아카샤'가 물질세계 이면의 비어 있는 공간을 구성한다는 것이었다. 지구 반대편에 있는 고대 그리스인들도 이와 비슷한 생각을 했다. '에테르aether'라는 다섯 번째 원소를 생각한 것이다. 아리스토텔레스는 (비록 증거가 빈약하긴 하지만) 별들은 이 변하지 않는 천상의 물질로 만들어진 것이 분명하다고 시적으로 말했다. 한편, 히포크라테스는 인간의 신체가 황담즙, 흑담즙, 혈액, 점액의 4가지 체액으로 구성되어 있다고 설명했다. 4체액설은 19세기 유럽의 현대 의학이 도래하기 전까지 수백 년간 영향을 미쳤는데, 유리 용기에 들어 있는 혈액이 4개 층으로 분리되는 현상을 관찰한 데서 출발한 것으로 보인다. 4개 층으로 분리된 혈액의 맨 밑바닥에는 흑담즙의 검은 응고물이, 그 위에는 적혈구가, 그 위에는 그들이 점액phlegm이라 부른 백혈구가, 제일 꼭대기에는 황담즙이 있다. 당시 사람들은 이 4개의 체액이 불균형을 이루면 건강상 문제가 생기는데, 흑담즙이 넘치면 심한 우울증에 걸린다고 생각했다. 지금도 일부 영어 단어에 이러한 생각이 반영되어 있다. 'melancholy(우울감)'는 흑담즙을 의미하는 그리스어 'melankholia'에서 유래했으며, 'phlegmatic(침착한)'은 점액을 뜻하는 'phlegm'에서 유래했다(중세 과학에서는 점액이 침착하고 냉정한 기질과 관련이 있다고 믿었다. -옮긴이).

체액의 균형이 개인의 성격을 뒷받침한다고 생각했는데, 예를 들어 음식을 통해 이 균형을 바꿀 수도 있었다. 셰익스피어의 《말괄량이 길들이기Taming of the Shrew》에서 페트루치오는 너무 익힌 고기를 받자 아내에게 이렇게 소리친다. "이건 다 타고 말라비틀어져서, 담즙이 생기고 화가 치미니 손도 대지 마시오. 우리 둘 다 굶는 게 좋겠소!" 사람이 아프면, 완화제와 같은 이상한 약을 처방하거나, 체액의 불균형을 바로잡기 위해 피를 빼냈다. 엄격한 과학적 접근법으로 인해 이런 믿음을 불신하게 된 19세기 전까지 수백 년 동안 이런 방법이 통용되었다.

그렇다면 현대 과학은 '4체액' 이론을 대체하고 인간 몸의 구성을 설명하기 위해 무엇을 찾았을까? 우리의 친구 포브스 박사에게 돌아가 보자. 그의 섬뜩한 연구가 그 질문에 해답을 제시할 수 있을지도 모른다. 그의 실험 결과는 더욱 정교한 기법을 사용한 이후의 많은 연구들과 상당히 가깝다. 인간의 몸은 대략 다음과 같이 구성되어 있다. 산소(전체 질량의 65%), 탄소(18%), 수소(10%), 질소(3%), 칼슘(1.5%), 인산염(1%). 나머지 1.5%는 수많은 다른 원소들로, 수은, 티타늄, 비소와 같은 물질들이 미량 들어 있다. 우리는 여러 원소의 집합체로 황담즙은 보이지 않는다. 그러나 고대 치료사들이 한 가지는 정확했다. 물$_{H_2O}$은 우리 몸의 주된 구성 성분이라는 사실이다.

우리 몸의 구성 요소에 대한 모든 화려한 이론들과 비교하면 실상은 평범한 것 같다. 우리는 우주의 여느 존재와 똑같은 평범한 원소들로 구성되어 있다. 하지만 더 깊이 파고들면, 오히려 평범한 게 특별하다는 사실을 발견할 수도 있다. 현재 우리 몸의 화학 성분은 어디에서 왔는가? 산소와 탄소 분자는 각각 우리의 몸을 구성하기 전에 어디에 있었을까? 우선, 우리가 말하는 분자가 얼마나 많은지 생각해보자.

우리 몸에서 가장 흔한 구성 성분인 산소를 예로 들면, 사람은 평균 몸무게가 62kg이며,[2] 약 40kg이 넘는 산소를 가지고 있다. (우리가 걸어 다니지 둥둥 떠다니지 않는다는 사실이 놀랍게 느껴질 수 있지만, 물 분자 사이의 끌어당기는 힘 때문에 공기의 밀도보다 물의 밀도가 높다.) 이처럼 상당한 산소의 질량에 분자가 몇 개나 있는지 알아보려면, 학교에서 배운 화학 수업으로 돌아가야 한다. 원소의 질량을 분자의 개수로 변환하려면, 원소의 표준원자량을 먼저 알아야 한다. 주기율표를 보면, 산소를 상징하는 화학 기호 O 옆에 15.999라는 값이 적혀 있다. 이는 '몰mole' 한 개의 질량이다. ('몰'은 정해진 양으로, 12개 묶음을 나타내는 '더즌dozen'과 비슷한 개념이지만, 12보다는 크다. 사실 12보다 훨씬 더 큰 양으로 대략 6.02×10^{23}개의 분자를 나타내며, 아보가드로수Avogadro's number로도 알려져 있다.) 그램으로 표시한 산소의 질량을 표준원자량(15.999)으로 나누고, 아보가드로수로 곱하면 평균 인체에 1.52×10^{27}개의 산소 분자가 있다고 추정된다. 이는 우리가 쉽게 상상할 수 없을 정도로 아주 큰 수이다.

그러나 머릿속으로 그려볼 방법이 있다. 지구 주변 대기의 양을 상상해보자. 지구의 대기는 우주 공간과 융합되기 때문에 사실상 정해진 경계선은 없지만, 허용되는 임의적 정의는 '카르만 라인Karman line'으로(헝가리계 미국인 엔지니어이자 물리학자의 이름을 따서 지었다) 해발 100km이다. 지구와 카르만 라인 사이의 대기의 양은 520억km³에 가깝다.[3] 또 다른 커다란 수치이다. 다시 우리 몸을 구성하는 산소 분자 개수로 돌아가서, 몸속 산소 분자가 밖으로 폭발해 대기로 흩어지고 모두 일정한 거리로 떨어져 있어 지구 전체를 둘러싸는 분자 구름을 만든다고 상상해보자. 흩어진 산소 분자들 간의 간격은 얼마나 될까?

불과 0.33mm다. 다시 말해 지구 전체를 둘러싼 대기 $1m^3$ 당 약 2,900만 개의 산소 분자가 있는 것이다.[4] 지구를 둘러싼 빽빽한 분자 안개를 상상해보자. 그렇게 지구 전체를 둘러싼 자욱한 분자 안개가 지질학적 시간으로 눈 깜짝할 사이에 하나로 뭉쳐져 우리의 몸을 구성하게 된다. 평생 숨을 쉴 때마다, 음식을 섭취할 때마다, 물을 마실 때마다, 우리는 이 산소 분자들을 우리의 몸에 통합시켰다. 산소 분자들이 전 세계 농장, 강, 하천에서 왔다면, 그전에는 어디에 있었을까?

우리 몸속의 각 분자는 놀라운 역사를 지니고 있다. 특정 산소 분자는 거대한 사막과 극지방의 동토층(지면이 영하가 되어 지하 수분이 동결한 층)을 지나다니는 바람의 흐름에 따라 수백 년간 대기 중에 떠돌다가, 열대 폭풍우를 만나 바다로 떨어져 넓은 대양의 물결 속에서 느린 왈츠를 추듯이 서서히 이동했을 수 있다. 다른 분자는 어류에서 조류로, 식물에서 곤충으로, 수없이 많은 몸을 거치다가 마침내 우리의 몸속에 들어왔을지도 모른다. 우리 몸의 분자들이 수백만 년 전 지구에서 거닐던 공룡들의 몸을 거쳐 우리 몸으로 재순환했다는 말은 결코 과장이 아니다. 30억에서 40억 년 전 생명이 시작된 이래로 지구상에 존재했던 모든 생명체는 우주에서 끊임없이 순환한 바로 그 분자들로 구성되어 있다. 각 분자는 시간을 관통하며 지구상의 다른 길을 걷다가 이 순간 우리의 몸에 함께 모이게 되었다.

　그렇다면 그전에는 어땠을까? 우리의 몸을 구성하는 모든 원소는 원래는 우주가 탄생할 때 '빅뱅'의 결과로 생성된 수소와 헬륨이라는 두 원소에서 전환되었다. 별이 생기면서, 별의 중심부 깊숙한 곳에서 발생한 강렬한 핵융합으로 인해 수소와 헬륨이 생겨났고, 이들이 다양한 원소들로 바뀐 것이다. 우리 몸의 원자들은 여기에서 유래했다. 미국의 천문학자 칼 세이건Carl Sagan의 말처럼 우리는 말 그대로 별 부스러기로 이루어졌다. 그러나 우리는 단순히 우리 은하계의 별에서 온 원자들로 구성된 건 아니다. 2017년 미국과 캐나다 천문학자들의 연구에 따르면 우리 몸속의 절반이 넘는 원자들은 우주에서 멀리 떨어진 곳에서 이동해서 왔다고 한다. 대니얼 앙헬스 알카사르Daniel Anglés-Alcázar와 그의 동료들은 '우주론적 유체역학 시뮬레이션cosmological hydrodynamic simulations'이라 불리는 컴퓨터 시뮬레이션을 이용해 죽어가는 별이 초신성supernova5이 되면서 내뿜는 원자들이 은하와 은하 사이를 이동하는 '은하 간 바람intergalatic winds'으로 알려진 하전입자류stream of charged particles에 끌려간다는 사실을 확인했다. 우리의 은하계와 같이 거대한 은하는 최대 백만 광년 떨어진 이웃하는 성단에서 물질의 절반을 축적했다. 연구자들은 다음과 같이 간결하면서 다소 시적으로 표현했다. '은하 간 응축이 우주라는 거미줄에 있는 은

하의 먹이가 된다.' 우주의 가장 먼 곳에서 온 원자가 우리의 몸 안에 모인 것이다. 이런 생각은 우리가 고립감을 느낄 때 위로가 된다. 심호흡을 해보자. 그러면 우리 몸 깊숙한 곳은 우주에서 온 분자들이 만나는 장소가 된다. 별이 우리 몸의 일부를 구성하기도 하는 에테르로 구성되어 있다는 아리스토텔레스의 주장은 놀라울 정도로 진실에 가까웠다.

현재 수조 개의 분자가 우리 몸 안에 가깝게 뭉쳐져 있지만, 우주라는 생명에서는 지극히 작은 점에 불과하며, 우리의 생명이 끝나면, 분자들은 다시 몸 밖으로 나가 전 세계를 돌아다니는 여정을 이어간다. 시신이 건조되고 부패하면서, 분자들은 다시 몸 밖으로 뛰쳐나가 앞으로 생겨날 수많은 생명체의 몸을 구성하게 될 것이다. 물리학자 프리초프 카프라Fritjof Capra의 말처럼, 우리의 몸은 정말 죽는 것이 아니고, '계속해서 살고 또 사는' 것이다.[6]

이 장을 시작하면서 우리의 몸을 구성하는 물질에 대해 화려하고 환상적인 이론을 다루었다. 그에 비해 우리가 우주의 모든 생명체를 구성하는 화학 성분으로 만들어졌다는 진실한 설명은 처음에는 어리석고 따분하게 들렸을지 모른다. 그러나 이 주제에 대해 잠깐만 생각해보면 처음의 생각보다 훨씬 더 대단하고 흥분되는 진실이 드러난다. 코난 도일Conan Doyle의 소설에 등장하는 셜록 홈스가 베이커 가에서 벽난로 옆에 앉아 그의 친구 왓슨에게 말했다. "사랑하는 친구여, 생명은 인간의 정신이 만들어낼 수 있는 그 어떤 것보다 영원히 알 수 없다네. 허투루 볼 수 있는 존재라는 건 생각할 수조차 없다네." 생명은 우리 인간의 몸의 기원과 함께한다. 인간의 몸은 우주를 가로지른 분자들로 만들어졌고, 그 분자들은 과거에 수많은 다른 존재들의 몸을 구성했다. 우리가 일상적으로 이해할 수 있는 범위를 상당히 벗어나긴 했지만, 우리는 우리를 둘러싼 지구와 환상적으로 연결되어 있고, 지구와 떼려야 뗄 수 없는 부분이다.

우리는 완성품이
아니다

You are a work in progress

1994년 4월 4일 이른 아침, 애리조나 소노라 사막 날씨는 특히나 쌀쌀했다. 은색 달빛이 거대한 사와로 선인장의 치솟은 줄기에 반사되어 얼음처럼 반짝였다. 어떤 형체가 차가운 모래를 밟으며 서걱서걱 소리를 내면서, 조심스러우면서도 능숙하게 선인장 주위로 발걸음을 옮겼다. 저 높은 곳에는 이집트 피라미드와 같은 형상의 거대한 유리 조형물들이 환하게 빛을 밝히며 서 있다. 어두운 사막에 둘러싸인 거대한 빛의 도시처럼 건물들은 서로 연결되어 있다.

애비게일 앨링Abigail Alling의 발걸음이 향한 피라미드에는 열대우림 식물이 족히 150종이 자라고 있었다. 바깥의 추운 공기와는 달리 피라미드의 완벽한 내열 유리벽 안은 20℃로 훈훈했다. 수증기가 벽을 타고 흘러내려 아래에 있는 나무 위로 떨어졌다. 이 열대우림 생물 군계biome는 식물의 생존을 위해 수분을 공급하는 안개 사막, 해양, 복잡한 인간 거주지의 중심을 내려다보는 뾰족탑 모양의 구조물과 연결되어 있었다. 애비게일은 피라미드로 다가가 불빛이 비치는 피라미드를 등지고 섰다. 그 안에는 그녀가 10년 이상 연구한 성과가 있었다. 애비게일은 생물군의 설계에 참여했고, 그 안에 들어갈 종을 신중히 선별해서 심었다. 그녀는 1991년부터 밀폐된 유리 건물 속에서 2년간 진행된 선구적인 과학 프로젝트에 참여한 6명 중 한 명이었다. 이 과학자들에게 주어진 임무는 격리된 미니어처 세상에서 자급자족하며 생활하는 것이었다. 미션에 참여한 과학자들은 직접 식량을 재배했고, 대기와 광물과 물을 자세히 관찰했다. '바이오스피어 2'로 불리는 이 프로젝트는 지구생태계가 바이오스피어 1이라는 데서 착안해 지은 이름이었다.

애비게일은 주먹을 꼭 움켜쥐고 피라미드를 향해 걷다가 피라미드 아래쪽에 있는 두 개의 문을 향해 달렸다. 문에는 '긴급 상황이 아니면 문을 열지 마시오'라고 쓰여 있었다. 이 문을 열면 밀봉된 공간으로 외부 공기가 들어와 수개월간 진행한 과학 연구가 물거품이 되기 때문이다. 애비게일은 문손잡이를 잡아당겼다. 문이 열리면서 흙과 식물 냄새가 나는 따뜻하고 축축한 공기가 물밀듯 밀려왔다. 몇 분이 지나자 경찰차가 출

동했고 애비게일은 연방 보안관에게 체포되었다. 그녀는 무단 출입과 기물파손, 절도죄로 기소되었다.[1]

애비게일 앨링이 수년간 그 프로젝트에 참여했다는 점을 생각해보면 그녀의 행동은 더더욱 이상하게 보일지 모른다. 그러나 그녀는 안에 갇힌 동료 과학자들을 위한 행동이었다고 해명할 것이다. 바이오스피어 2 프로젝트는 수백만 달러의 적자에 시달리며 새로운 경영진이 투입될 수밖에 없는 상황 등 처음부터 문제가 많았다.[2]

사무실 문의 잠금장치가 바뀌었고, 경찰이 투입되었고, 이전 임원들은 현장에 오지 못하게 막았다. 그러나 새로 바뀐 팀은 복잡한 환경을 어떻게 운영해야 할지 전혀 몰랐고, 애비게일은 과학자들의 안전이 우려되었다. 그녀는 한 동료에게 이런 말을 했다. "바이오스피어에 사는 7명의 과학자에게 완전히 달라진 실험을 계속할지 떠날지 선택할 수 있게 하는 일이 윤리적으로 내가 해야 할 일이라 생각했어요. 과학자들이 새로운 상황에 대해 어떤 이야기를 들었는지 명확하지 않았죠."[3]

폐쇄형 생태계는 유지하기가 상당히 어렵다는 것이 드러났다. 바이오스피어 2 생물 군계 속 대기는 변동성이 컸다. 높은 이산화탄소 수치는 연구진의 건강이 위험하니 산소를 주입해야 한다는 걸 의미했다. 많은 동식물 종이 죽었고, 생존한 일부 동식물 종은 '우세종'이 되어 걷잡을 수 없을 정도로 퍼졌다.[4] 밀봉은커녕, 문을 주기적으로 열어 음식을 공급해야 했다. 첫

미션에서 바이오스피어 거주자들은 필요한 영양분의 80% 정도를 자급자족했다.[5] 비타민 D와 비타민 B_{12} 결핍으로 힘들었다. 이는 외부에서 칼로리와 비타민을 추가로 공급해야 함을 의미했다. 2년간의 미션이 끝나가면서, 인공조명이 필요하고, 식육 진드기와 생물학적방제 물질을 도입해 작물에 발생하는 해충을 통제해야 한다는 사실이 명확이 드러났다. 프로젝트를 진행하는 동안, 미국항공우주국NASA 전문가를 포함한 과학자 문단은 이사진과의 견해차로 하차했다. 막대한 비용이 들었지만, 폐쇄형 생태계를 만들겠다는 최종 목표는 결국 수포가 되었다.

만약 과학자들이 바이오스피어 1인 지구생태계가 어떻게 돌아가는지를 더욱 자세히 관찰했다면, 실험을 진행하겠다는 생각을 달리했을지도 모른다. 1970년대 (지금으로부터 20년도 더 전에) 과학자 제임스 러브록James Lovelock은 지구가 자기조절이 가능한 복잡계로 지구상에 있는 생명체가 살아갈 수 있게 조건을 유지하는 데 도움을 준다는 '가이아 이론'을 제안했다. 러브록의 이론에 따르면, 지구 생태계(광물의 순환, 대양의 해류, 대기와 가스의 교환)를 유지하는 데 필요한 프로세스는 거대한 지구 전체의 규모로 작동하며, 서로 긴밀하게 연결되어 있다. 그의 이론에 회의적인 과학자들에게 이론의 명칭은 공교롭게도 불운한 의미('가이아'는 어머니 지구Mother Earth를 의인화한 고대 그리스 여신의 이름이다)를 함축했다. 이 이론은 생명에 안정적인 조건을 유지하는 환경과 유기체 사이의 '공진화' 과정을 제안한다. 러브록의 이론에 따르면, 대기 중의 산소 농도, 바다의 염도, 세계 지표면의 온도 등 지구의 생태계가 생명체가 살아갈 최적의 조건에서 벗어나면, 시스템의 균형을 다시 잡는 기제가 작동한다. 이 이론의 대중화된 버전에서는 지구를 일종의 '초유기체superorganism'로 묘사하는 경향이 있으며, 조직적인 프로세스 이면에 직접성과 목적성을 강조했지만, 정작 이 이론의 창시자인 러브록은 후에 논문을 통해 그 부분을 부인했다.

이런 논란에도 불구하고, 가이아 이론은 한 가지 진실을 확실히 부각시켰다. 지구상의 모든 생명체가 있는 생물권, 지구상의 모든 물이 있는 수권hydrosphere, 모든 광석과 토양이 있는 암석권lithosphere과 지권pedosphere과 같은 지구 시스템 사이의 강력한 연결성은 이후 연구를 통해 계속해서 확인되었고, 지구 규모의 상호작용을 둘러싸고 지구시스템과학이라는 새로운 분야가 생겨났다. 많은 경우 연구 결과들은 놀라우면서, 우리의 관리 시스템에 도전장을 내민다. 연구된 프로세스가 국경을 뛰어넘기 때문이다. 예를 들어, 한 지역에서 숲을 개간해 목초지로 조성하거나 농지로 변경하면 인접한 지역에서 강우량이 감소할 수 있다. 이는 높은 강우량에 의존하는 아마존과 콩고 유역의 거대한 숲들이 국지적 산림파괴뿐만 아니라 남아메리카나 아프리카 일부 국가의 토지 관리로도 위협받을 수 있다는 것을 의미한다.[6] 아주 넓은 지역에 걸쳐 기상 패턴이 어떻게 형성되는지 연구하는 분야에서 '나비 효과'라는 대중적 용어가 생겨났다. 미국 수학자 에드워드 로렌즈Edward Lorenz가 처음 착안한 개념으로, 자신의 컴퓨터 시뮬레이션의 초기 조건값이 조금만 바뀌어도 세계 기상 패턴의 결과값이 상당히 달라지는 걸 발견한 데서 기인했다. 많은 과학적 발견이 그렇듯 그도 우연히 이 사실을 발견했다. 반복된 시뮬레이션에서 결과값이 상당한 차이가 나는 이유를 알 수 없던 그는 초기 조건값으로 0.506127 대신 0.506을 입력했다는 사실을 깨달았다. 초기 조건값의 작은 차이가 증폭되어 완전히 다른 세계 기상 패턴 예측치가 나온 것이다. 로렌즈는 이후 과학 발표 자료의 제목을 '브라질에서의 나비의 날갯짓이 텍사스에 토네이도를 유발할까?'라고 붙이면서, 한 지역에서 날아가는 나비의 작은 날갯짓이 다른 나라 날씨에 영향을 미칠 수 있다고 주장했다. 사실 여부를 떠나 지구 전체의 기상 시스템이 하나로 연결되어 있음을 강력히 시사한 것이다.

지구의 프로세스가 연결되어 있다면, 바이오스피어 2에서처럼 시스템의 작은 부분을 완전히 밀봉할 수 있다는 발상은 어쩌면 순진한 것이었다. 내부 환경을 통제할 계획을 아무리 꼼꼼히 세우더라도, 애리조나 사막의 유리로 만든 값비싼 생물 군계는 처음부터 실패할 수밖에 없었다(물론 그 과정에서 유용한 교훈을 얻었다고 주장할 수 있을 것이다). 그런데 인간의 기술은 그 일에 아직 적합하지 않지만, 수백만 년의 진화로 혁신할 기회가 있던 자연은 어떠한가? 포유류 종의 몸을 생각해보자. 수천 년에 걸쳐 진화하면서 자정능력 시스템을 보유한 훌륭한 사례가 된다.

우리 신체는 정말 환상적인 기계다. 당신이 이 책을 읽고 있는 동안에도, 수백 개의 복잡한 피드백 시스템이 작동해 코어 체온, 혈압, 산성도pH와 같은 내부 상태가 지속적인 생존을 위한 최적의 범위를 벗어나지 않게 한다. 우리 몸 밖의 온도는 문밖으로 걸어 나가거나 들어오면 수십 도씩 크게 차이가 나지만, 몸 안의 체온은 평균(보통 37°C)에서 0.5°C 이상 벗어나지 않는다. 실제로 체온이 2°C 이상 변하면 기억상실이 유발되고 인사불성이 된다. 지나치게 추우면(저체온증) 오심이나 구토가 생기고, 너무 더우면(고체온증) 두통 및 발작을 일으킨다. 둘 다 생명이 위태롭다. 따라서 우리 몸속 장기의 체온인 심부체온core temperature이 변하기 시작하면 매우 효과적인 다양한 피드백 작용feedback mechanism이 일어난다. 뇌에서 시상하부hypothalamus가 혈액 온도를 감시해 온도가 너무 높으면 신경세포를 따라 몸 전체에 전기신호를 보내고, 피부 근처의 작은 혈관이 팽창해 피부 표면에서 열이 발산된다(그리고 우리는 발그스레한 홍조를 띠게 된다). 땀샘도 활동해 수분을 방출하며, 수분이 증발하면서 열이 내린다. 반대로 심부체온이 너무 낮아질 위험에 있다면, 신체 말단에서 혈액을 끌어오고, 근육은 반복적으로 비자발적인 경련을 일으켜 열을 생성한다(그러면 우리는 창

백해지며 몸을 부들부들 떨게 된다).

다른 내부 조건들도 전부 비슷한 피드백 사이클을 따른다. 특히나 신장은 조절 기능을 하는 중요한 장기로, 혈액에서 글루코스, 나트륨, 칼륨과 같은 화학물질을 흡수해 적정 수준을 유지한다. 바이오스피어 2에서 토양이 공기를 뿜어내 독성 화학물질을 제거한 것처럼, 신장도 이와 비슷하게 (훨씬 더 효과적으로) 우리 몸의 화학적 균형을 건강하게 유지하는 역할을 한다. 뇌의 수용체들은 전기신호가 아닌 호르몬 분비를 통한 화학신호로 몸의 균형을 잡는다. 혈압이 위험할 정도로 떨어지면, 신장의 부신은 호르몬을 생성해 신장에 나트륨을 섭취하고, 칼륨을 분비해 수분량을 늘려 혈압을 최적의 수준으로 높이라는 신호를 보낸다. 이 모든 과정이 우리가 알지 못한 채 벌어진다.

모든 생물학 교과서에는 우리 신체가 몸 안의 환경을 규제할 수 있는 피드백 프로세스인 '항상성 메커니즘homeostatic mechanisms'의 진화 사례가 훨씬 많이 수록되어 있다. 인간의 문화는 이같이 생물학의 혁신을 토대로 더욱 발전해왔다. 항상성 냉난방 시스템이 갖춰진 집을 발명해 생존율을 높이고 편안함을 향상시켰다. 그러나 이러한 항상성을 우리가 외부 환경으로부터 독립적이라는 의미로 오해해서는 안 된다. 이건 머릿속으로 간단한 실험만 해도 충분할 것이다. 숨을 참고 얼마나 오랫동안 살 수 있는지 생각해보자!

분명 강력하게 조절하는 내부 조건이 있지만, 우리 신체는 어느 정도는 개방형 시스템이기 때문에 생존하려면 에너지와 물질이 외부에서 주기적으로 들어와야 한다. 숨을 내쉬고 땀을 흘리면서 잃어버리게 되는 수분을 보충해야 하며, 우리의 몸을 구성하고 연료가 되는 당과 탄소화물과 지방도 필요하다. 그래서 평생 35톤의 음식을 섭취하고 3만 1,000ℓ의 수분을 마신다.[7] 또한 음식에서 에너지를 얻으려면, 산소가 필요하다. 그래서 우리는 평생 약 3억ℓ의 공기를 들이마시고,[8] 이렇게 들이마신 공기 중 산소가 우리가 섭취한 음식에 저장된 에너지를 'ATP(아데노신 삼인산)'라 불리는 고에너지분자로 전환한다. ATP는 세포를 계속 재생하고 근육에 힘을 공급하는 분자 화폐와도 같다. 언제든지 우리 몸에는 약 250g의 ATP가 있으며, 이는 AA건전지 하나의 용량밖에 되지 않지만, 우리는 화학물질을 빠르게 생성하고 사용해 매일 전체 체중의 ATP로 전환하고 있다.[9] 이처럼 식량, 산소, 물을 섭취해 유용한 에너지로 효율적으로 전환하지만, 시스템의 아웃풋인 열과 대소변의 형태로 계속해서 에너지를 잃는다. 즉, 에너지와 식량이 들어가고 쓰레기와 열이 나오는 것이다.

우리의 몸은 개방형 시스템으로 에너지와 물질이 우리의 몸을 통과해 환경으로 연결되기 때문에, 이 시스템의 장벽(피부, 내장, 폐)은 반투과성semi-permeable이어야 한다. 우리 몸은 몸 밖의 환경과는 상당히 다르게, 일정한 온도, 산성도pH, 수압과 같은 내부 조건을 유지할 수 있는 능력을 진화시켰고, 몸을 움직이는 데 필요한 물질을 소화할 수 있게 진화했다. 이 반투과적인 신체 장벽 안에서 많은 특수 기관(간, 심장, 신장)이 함께 작동해 들어온 물질을 처리하고, 에너지를 추출해서, 필요한 곳으로 전달한다. 물질과 에너지가 계속해서 흐르도록 조정하는 이런 기관들은 스스로도 아주 역동적이다. 기관들을 구성하는 세포들은 평생 지속되는 게 아니라 계속 교체된다.

유명한 영국 TV 코미디 프로그램인 '오직 바보와 말Only Fools and Horses'의 한 에피소드에서 등장인물 트리거가 빗자루를 들고는 친구들에게 20년 된 빗자루라고 자랑하며, 이번에 머리 부분을 17번째로 교체했고 손잡이는 14번째로 교체했다고 덧붙였다. 그러자 그의 친구들은 어리둥절해한다. '그럼 어떻게 그걸 같은 빗자루라고 할 수 있지?' 그중 한 명이 트리거에게 질문했고, 트리거는 그 빗자루를 든 자신의 오래전 사진을 보여주며 사진 속 빗자루와 지금 손에 든 빗자루가 절대적으로 비슷하므로 그건 문제가 안 된다고 대답했다. 트리거가 TV 코미디에서는 바보일지 몰라도, 빗자루에 관한 한 그가 옳다. 그 빗자루는 처음에 그것을 만들었던 분자로 규정될까, 아니면 이제 그것은 그 이상의 무엇일까?

수세기 동안 비슷한 역설이 여러 차례 제기되었다. 그리스 수필가 플루타르코스Ploutarchos는 모든 널빤지를 교체한 배를 가지고 있던 아테네의 왕 테세우스Theseus의 이야기를 한다.

철학자들의 의견은 분분했다. 절반은 원래 배와 비교했을 때, 두 배는 같다고 주장했고, 나머지 절반은 그렇지 않다고 주장했다. 우리의 몸도 이와 거의 비슷한 역설의 문제를 안고 있다. 우리 세포는 자주 죽기 때문에 우리가 소화한 물질은 계속해서 우리의 장기를 다시 만드는 데 사용된다. 우리는 자기 몸이 평생 함께하므로 가까운 친구나 동반자처럼 여길 수 있다. 그러나 평균적으로 세포는 불과 7년에서 10년밖에 살지 못한다.[10] 스웨덴 스톡홀름의 카롤린스카 연구소의 연구자들은 인간의 몸에 있는 세포의 나이를 측정하기 위해 고생물학과 고고학에서 사용되는 것과 비슷한 C-14 연대기 측정법을 사용했는데, 많은 세포가 단명한다는 사실이 드러났다. 예를 들어, 장내막세포는 5일밖에 살지 못한다. 피부 표피세포는 2주, 적혈구는 4개월을 산다. 물론 꽤 오래 사는 세포들도 있다. 골격 세포와 창자 세포는 약 15년을 산다. 세포의 주인보다 먼저 죽는 세포는 '청소부' 세포에 의해 효과적으로 교체되어, 배설물을 통해 배출되거나 피부를 통해 공기 중으로 떨어져 나간다(인간은 매시간 약 백만 개의 미립자를 배출한다). 따라서 우리 몸은 거의 모든 물질이 주기적으로 교체되는 테세우스의 배와 흡사하다.

깊은 철학적 순간에, 스스로 '나는 정말 누구인가?'라는 질문을 한다면, 거울 속 자신의 몸을 보면서, '난 여기 있네, 이게 나지!'라고 말하고 싶을지 모른다. 그러나 지구의 생태계처럼, 우리의 경계선에는 에너지와 물질이 계속해서 드나드는 구멍이 많으며, 우리의 몸을 구성하는 세포들은 항상 순환한다. 우리가 외부 세계와 연결된 개방형 시스템이라면, 과연 우리의 몸을 변하지 않는 독자적인 '나'의 원천이라고 정의할 수 있을까?

우리는 인간인가
키메라인가?

Are you a human or a chimera?

어느 진드기의 일기장에서 발췌한 내용

첫째 날: 오늘은 머리가 조금 아파. 우리의 숙주 잭이 어제 나이트클럽에서 밤새 춤을 췄거든. 우리는 밤새 술을 마셨지. 모낭에 들어가 아늑하게 몸을 웅크리고 기름진 정크푸드를 먹었어……

둘째 날: 어젯밤에 정말 많이 걸었어. 그래서 지금 정말 몸이 건강해진 것 같고 기분도 좋아. 여긴 약간은 우울할 수 있어. 이 눈꺼풀에 있는 나머지는, 그러니까 내 사촌, 육촌, 팔촌

도 다 괜찮을 거야. 그렇다고 오해하진 말고. 걔들도 좋은 진드기들이야. 우리도 웃는 걸 좋아해. 그렇다고 내 남은 생을 걔들이랑 같이 보내고 싶진 않아. 언젠가 때가 되면 특별한 누군가와 같이 살고 싶어. 그런 누군가가 있었지. 멀리서만 봤어. 잭이 매표소에 있는 그 소녀에게서 영화표를 샀거든. 예쁜 갈색 눈과 멋진 눈썹을 가진 흑갈색 머리 소녀였어. 그때 난 잭의 왼쪽 눈꺼풀 위에 매달려서 새 영화가 뭐가 있나 보고 있었지. 그러다 맞은편에 있는 그녀를 봤어. 여태껏 본 진드기 중 제일 예뻤어. 사랑스러운 얼굴에 꽃잎 같은 집게발이라니! 잭이 영화표를 사면서, 그 소녀와 눈을 맞추며 서로 미소를 지었어. 바로 그 순간에, 농담이 아니라 바로 그 순간에, 맞은편 매표소 아가씨의 속눈썹에서 뒤나^{Däna}(나중에 알게 된 이름이야)가 나를 쳐다봤어. 우리는 시선이 마주쳤어. 아름다운 순간이었고, 내 인생에서 처음으로 마침내 집에 온 것처럼 느껴졌지. 그 순간은 그렇게 끝났어. 잭이 영화표를 샀고, 우리는 영화를 봤어(쓰레기 같은 빈 디젤 영화였어). 그리고 우리는 추운 밤 버스를 타고 집으로 돌아왔어.

셋째 날: 못 먹은 음식을 먹느라 바쁜 하루였어. 별로 쓸 내용이 없어. 뒤나를 계속 생각했어. 머릿속에서 그녀를 지울 수 없어.

여섯째 날: 잭이 데이트를 해! 영화표 뒤에서 전화번호를 발견했고, 그 번호로 전화를 걸었지. 둘은 오늘 밤에 만나기로 했어. 정말 기대돼!

일곱째 날: 세상에! 말이 안 나와. 대단한 밤이었어. 완벽한 밤이었지. 잭은 흑갈색 머리의 매표소 아가씨와 식사를 하러 갔고, 둘은 가까워져서, 잭이 그 아가씨에게 키스하려고 몸을 기울였어. 둘의 얼굴이 맞닿았고 나는 잭의 속눈썹에서 나와 뒤나의 8개의 팔 안으로 뛰어들었어. 우리는 정말 잘 맞았고, 사랑에 빠졌지.

열다섯째 날: 한동안 일기를 못 써서 미안해. 뒤나와 나는 이제 커플이 됐어. 곧 아기 진드기들이 태어날 거야!

앞의 상황이 벌어졌을 수 있다. 어쩌면 (정말 어쩌면) 속눈썹에 사는 진드기의 감정이 앞에서 묘사한 것만큼 풍부하지는 않을지 몰라도, 벌어진 사건들은 사실 그렇게 틀리지 않다. 모낭충Demodex 진드기는 거의 모든 사람의 얼굴에 살고 있으며 밀접 접촉으로 다른 사람의 얼굴로 옮겨갈 수 있다. 이들은 몸길이가 0.2~0.4mm며 두피 모낭에 있는 유분을 먹고 살고, 대부분 사람에게 해를 끼치지 않는다.[1] 이 작은 동물들은 그냥 사람들의 신체와 연관된 하나의 미세 동물일 뿐이다. 우리는 수천 종의 박테리아와 균과 원생동물과 바이러스의 숙주이며, 모두 다 걸어 다니는 생태계라고 말할 수 있을 만큼 개체 수도 많고 역동적이다.

우리 몸에 사는 미생물군유전체(마이크로바이옴)인 전체 박테리아 수는 약 38조 개로 추산된다. 인간 세포 수보다 약간 많은 수치다.[2] 미생물 세포에 들어 있는 DNA 수를 보면, 그 비율은 더 놀라운데, 인간은 약 2만 4,000개의 유전자를 가지고 있으며, 우리 몸과 관련된 미생물의 전체 유전자 수는 약 2백만 개로 추산된다. 얼굴에서 겨드랑이까지, 입안에서 우리의 장 가장 깊은 곳까지, 우리 몸의 모든 표면은 이러한 미생물들로 덮여 있다. 인간 마이크로바이옴 프로젝트Human Microbiome Project는 우리와 관련된 미생물의 수를 확인하려는 거대한 공동 프로젝트로, 박테리아 종이 우리의 입속에 1,000개 이상, 팔꿈치에는 440종, 귀 뒤에는 125종 있는 것을 알아냈다. 게다가 이 비밀스러운 미생물 세계를 관찰하는 과학적 방법이 점차 발전하면서, 더 많이 발견되고 있다. 더 많이 살펴볼수록 더 많이 발견된다. 심지어 폐, 눈, 뇌와 같이 무균 상태라고 여겼던 부위에서도 인간 이외의 생명체가 발견된다.

일부 생명체는 잠깐 동안 우리와 같은 길을 걷다가 우리의 곁을 떠나는 여행자들처럼 한시적인 길동무이다. 그들은 채소 등 음식에 생기는 대장균Escherichia coli 같은 박테리아처럼 우리 몸 밖의 야생 환경에서도 완벽하게 잘 생존하며, 우리 내장을 식민지로 만들어 때로는 아프게 한다. 우리의 미생물군유전체는 역동적이며 우리 삶 전체에 걸쳐 변화하며, 때로는 불과 며칠 사이에 급격하게 바뀌기도 한다. 우리의 식습관이 바뀌면, 장 속 박테리아 구성도 바뀐다. 우리 피부의 박테리아 종류도 비누와 스킨케어 제품과 데오드란트에 의해 바뀐다. 얼마나 오랫동안 야외에서 시간을 보내며 누구와 같이 사는지와 같은 일반적인 환경 역시 미생물군유전체에 영향을 미친다. 연구자들은 우리가 거의 접촉이 없는 낯선 사람들보다 같은 집에 사는 사람이나 애완동물과 공통적인 박테리아를 더 많이 공유한다는 사실을 밝혀냈다.[3]

우리 인간들에게 미생물군유전체의 변화는 상당히 빠른 것처럼 느껴져, 어떤 경우에는 박테리아 전체 세대가 20분 만에 바뀌는 것 같지만, 생명 주기가 훨씬 더 빠른 박테리아의 입장에서는 여러 세대에 걸쳐 전투를 오랫동안 치르는 것처럼 느껴질 수 있다. 박테리아의 크기에 비해 인간의 몸은 오래된 거대한 대륙이다. 새로운 땅에 들어온 침입자인 박테리아는 원하는 서식지에 정착한다. 일부는 사방이 트인 우리 배 위에 자리를 잡고, 일부는 아찔하게 높은 속눈썹으로 기어오르며, 또 다른 일부는 축축한 습지 같은 겨드랑이에 자리를 잡거나 동굴 같은 코와 귓속에 정착한다. 그리고 시간이 지나면서 전투가 벌어진다. 새로운 종의 미생물 부대가 영토를 정복하려고 몰려오고, 결국 새로운 식민지배자들이 생겨나 먼 땅을 찾아

다시 길을 떠나며, 수평감염horizontal transmission이라 알려진 밀접 접촉을 통해 다른 인간 숙주에게로 넘어간다. 어떤 박테리아 종은 우리와의 관계가 훨씬 더 긴밀해 우리의 생애 동안뿐만 아니라 우리 자녀들에게 전달되어 아이들의 생애에도 함께한다. 이처럼 수직 전파되는 박테리아 종은 여러 세대에 걸쳐 인간과 상호작용했다. 진화와 함께 인간과 이러한 종들의 경계선이 점차 흐려졌다. 박테리아의 수직 전파가 어떻게 일어나는지 이해하기 위해, 몇 가지 사례를 살펴보자. 어머니의 자궁 속에 있는 아기는 박테리아의 영향을 받지 않는다고 생각되지만, 출산 과정에서 질 벽에 있던 박테리아 종들이 아기의 피부로 전달된다는 사실을 과학자들이 밝혀냈다. 이러한 박테리아 종들은 아기의 소화계에 도움이 되며, 놀라울 정도로 적당한 시점에 등장해 아기에게 전달되어 다음 세대로 전파된다.

박테리아와 인간의 긴밀한 관계는 내가 박사학위를 위해 연구하던 개미 종과 다른 유기체의 관계를 떠올리게 한다. 개미는 잘 조율된 군대처럼 먹이를 찾으며, 먹이 채집을 위해 일반적으로 먹파리나 그린파리로 알려진 수액을 먹는 진딧물이 분비한 달콤한 물질을 모은다. 이 달콤한 단물은 진딧물에게는 쓰레기지만 개미에게는 유용한 식량이다. 개미는 그 대가로 진딧물을 새로운 목초지로 데려가 소 떼를 관리하듯 관리하면서 포식자로부터 보호해준다. 개미가 새로운 군락을 형성할 때, 어린 여왕개미는 적당한 장소를 찾기 위해 앞으로 날아간다. 꿀을 제공하는 진딧물을 턱에 달고 이동해 새로운 장소에 도착하면 새롭게 군락을 이루기 시작한다. 대부분 포식자인 개미 종들이 지능적이고도 부드럽게 행동할 수 있다는 점에 나는 항상 감동하였다. 만일 개미를 인간의 크기로 확대해 본다면, 그들의 턱은 산업용 볼트 분쇄기와 같을 것이다. 그들은 연약한 몸을 가진 진딧물을 성공리에 운반해 새로운 개미 세대와 새로운 파트너 관계를 시작한다. 개미가 상호작용에서 이익을 얻는 만큼 이 놀라운 행동은 진화를 통해 생겨났다. 그들은 진딧물의 수직 전파, 즉 자신들의 '소 떼'를 새로운 군락으로 운반하는 것을 돕는 적응 능력을 진화시켰다.

우리가 박테리아에 의존하는 양상이 어떻게 진화했는지를 보여주는 다른 사례는 인간의 면역체계에서 찾을 수 있다. 우리의 신체는 질병을 유발해 우리에게 피해를 주는 병원균을 막아내는 전투를 끊임없이 치러야 했다. 적군인 '비자기non-self' 세포는 혈류에 있는 군인과 같은 면역세포들에 의해 효과적으로 파괴되는데, 만약 '비자기' 세포가 적군이 아니라면 어떻게 될까? 실제로 우리에게 이익이 된다면 어떻게 될까? 다행히도 우리 몸의 방어 능력은 이러한 종에 대응할 수 있게 진화해 정상적인 면역 반응을 억제한다. 면역세포는 한발 물러나 아군에게 총질하는 '오인 사격'을 피한다. '좋은' 비자기 세포와 '나쁜' 비자기 세포를 지능적으로 구별하기 위해 '훈련' 중 몸에 이로운 박테리아 종들이 나타나, 면역세포는 어느 세포를 공격하면 안 되는지를 배운다. 한마디로 말해, 이 박테리아들은 인간의 세포처럼 다뤄지며, 면역체계는 '얘들은 괜찮아, 우리 편이야'라는 걸 배우게 된다. 물론 이런 결론에 도달하기 위해서는 상당히 수준 높은 후천성 면역체계adaptive immune system가 필요하다. 인간이 이로운 박테리아에 많이 의존하고 인간의 장 속에 수천 종의 미생물이 필요하다는 점이 후천성 면역체계가 진화하게 된 주요한 이유이다.

2007년에 과학자 마거릿 맥폴나이Margaret McFall-Ngai는 무척추 생물은 그처럼 높은 수준의 면역체계가 없다는 사실을 관찰했다. 무척추 생물은 '좋은' 비자기 세포와 '나쁜' 비자기 세포를 구분할 능력이 없는 '선천성' 면역체계만 가지고 있다. 공교롭게도 무척추동물은 장 속에 오랫동안 소수의 미생물 종만 사는 훨씬 더 단순한 미생물군유전체를 가지고 있다. 이 발견으로 인해 맥폴나이 박사는 박테리아에 대한 인간의 높은 의존성과 인간의 장 속에 수천 종의 박테리아 종이 존재해야 할 필요성이 후천성 면역체계를 진화시킨 주요한 요인일지 모른다고 주장했다.

박테리아 종들이 주는 주요한 이점으로 인해, 우리 몸속에 사는 박테리아 생태계를 유지하는 복잡한 메커니즘이 진화하게 되었다. 우리 장 속의 박테리아 종들은 우리가 먹는 음식을 분해해 비타민 섭취를 돕고, 우리의 영양 균형뿐 아니라 에너지 레벨과 심지어 기분에도 도움을 준다. 미생물군유전체의 파괴는 우울증과 같이 정신적 신체적으로 발생하는 다양한 질병과 점점 더 관련성이 높아지고 있다. 미생물군유전체와의 인과관계를 시험하기 위해 헤엄치는 쥐를 사용한 흥미로운 연구 결과가 있다. 그렇다. 여러분이 잘못 읽은 게 아니다. 헤엄치는 쥐가 맞다. 쥐가 익사하기 전에 헤엄치는 시간의 길이를 생존 의지의 척도로 사용했는데, 우울한 쥐는 더 일찍 체념해 헤엄을 중단한다(슬픈 일이다. 나도 동감한다. 연구자들이 쥐가 죽자마자 물탱크에서 바로 꺼내길 진심으로 바란다). 우울증이 없는 쥐는 높은 생존 의지를 반영하며 훨씬 더 오랫동안 헤엄을 친다. 그런데 이 쥐들에게 항생제를 주면 쥐들의 미생물군유전체가 방해를 받아 쥐들은 우울한 성향을 보이기 시작하며, 강제적인 헤엄 실험에서 더 빠르게 실패해버린다. 장내 미생물군유전체가 생각보다 우리에게 더 근본적인 역할을 하는지도 모른다.

박테리아가 다른 해로운 종을 대신해 우리의 장 속 공간을 차지하는 것이 우리에게 도움이 되기도 한다. 박테리아 사이의 주도권 전쟁에서는 영토가 전부이며, 침입자는 발판을 마련하면 몸에서 더 널리 확산할 수 있다. 따라서 불필요한 항생제를 먹는 건 위험할 수 있다. 우리 몸에 좋은 박테리아를 없애 나쁜 '와일드카드' 박테리아 종들이 텅 빈 공간을 차지할 수 있기 때문이다. 우리 피부에 있는 '좋은' 박테리아는 피부 질환[4]을 유발하는 종이 우리 피부를 장악하는 걸 막을 수 있으며, 장내 미생물군유전체에 손상이 가면 과민성장증후군, 비만, 크론병, 대장암, 셀리악병을 비롯한 다양한 질병이 점차 생길 수 있다.[5] 이러한 질병 중 상당수는 '면역계' 질환들로 지나친 면역반응을 보이는 면역체계의 손상과 관련 있다는 걸 의미한다. 미생물군유전체와 긴밀하게 진화하면서 이들에 대한 우리 의존도가 지나치게 높아져 주요 종들이 사라지면 마치 다리를 하나 잃거나 신장과 같은 장기를 잃는 것과 같이 우리 몸이 제대로 작동하지 못하게 된다.

단세포 생물 아메바를 연구하던 과학자 전광Jeon Kwang은 1960년대 우리가 긴밀하게 상호작용하던 유기체에 대한 '진화한 의존성'을 보여주었다. 그가 배양한 아메바가 우연히 병원성 박테리아에 감염되었다. 병원성 박테리아는 수많은 아메바를 죽였지만, 소수의 아메바는 살아남았다. 놀랍게도 살아남은 아메바 후손의 몸속에는 병원성 박테리아가 들어 있었다. 그런데 전 박사가 박테리아를 죽이려고 항생제를 투여하자, 아메바도 같이 죽었다. 불과 몇 개월이라는 짧은 기간에 아메바는 박테리아에 완전히 의존하도록 진화된 것이다. 어떻게 그리고 왜 이런 일이 일어날까? 자연은 효율성을 좋아한다. 그래서 '공생체(서로 가깝게 사는 파트너 생물)'가 유용한 물질을 만들어내면, 공생관계에 있는 다른 유기체가 갖고 있는 같은 기능의 유전자는 다른 용도로 사용되거나 완전히 사라질 수 있다.[6] 이처럼 종 사이에 진화한 상호의존성은 양방향으로 작용한다. 가벼운 관계로 시작했지만 결국 긴밀한 상호의존관계가 만들

어질 수 있다. 바로 이런 현상이 인간 미생물군유전체에 생겨
난 것 같다. 우리는 몸속에 있는 특정 박테리아 종과의 상호작
용이 방해받으면, 고통을 겪게 된다. 가공식품을 섭취하고, 항
생제를 사용하며, 밤 근무와 자연광 노출이 줄어들어 생체 시
계가 방해를 받는 현재의 생활방식은 우리의 미생물군유전체
의 활동을 방해하고 우리 건강에 부정적인 결과를 낳는 것 같
다. 다행히 미생물군유전체에 대한 밀접한 의존성을 이해하
게 되면서, 아직 과학적으로 매우 초기 단계이긴 하지만, 인간
과 미생물의 이로운 동반자 관계를 유지하고 회복하는 새로운
방법들을 찾아가고 있다. 제안된 일부 방법은 다른 방법들보
다 더욱 즐겁다. 가장 매력적인 방법은 우리의 식단을 바꾸어
이로운 박테리아가 들어간 프로바이오틱 식품과 이로운 박테
리아의 성장을 자극하는 프리바이오틱 식품을 더 많이 섭취하
는 것이다. 반면 말 그대로 가장 매력적이지 않은 방법은 대변
이식faecal transplant일 것이다. 대변 이식이란 건강한 미생물군
유전체를 가진 사람의 대변을 섭취해, 파괴된 미생물군유전체
를 회복하는 것을 말한다. 구역질이 난다고 소리치겠지만, 대
변 이식 치료는 혐오감을 주는 만큼 아주 효과적인 것으로 밝
혀졌다. 미생물군유전체가 제한된 신생아를 돕는 다른 방법으
로는 '질 면봉법vaginal swab'이 있다. 제왕절개 출산의 경우 이로
운 박테리아가 아기에게 전파되는 자연분만 과정을 거치지 않
기 때문에, 아이의 장내 미생물군유전체가 부족하게 된다. 따

라서 의사는 산모의 질에서 채취한 박테리아를 신생아에게 이식해 신생아의 장내에 미생물군유전체가 정착하도록 돕는다.

미생물군유전체 조작 방법들은 원시적인 것 같지만, 미생물군유전체를 복원하는 과학은 아직 초기 단계이다. 미래에 우리는 개인의 유전자에 맞게 만들어진 특정 박테리아를 예방접종할지 모른다. 그때까지는 애초에 우리 몸속 생태계의 질서를 깨트리지 않는 게 최상의 방법일 것이다. 분명한 사실은 식습관이 핵심이라는 점이다. 우리가 먹는 음식을 연료로 여기고 음식 섭취를 에너지를 생산하기 위해 보일러에 가스를 공급하는 것과 비슷하다고 생각할 수 있지만, 앞의 사실들은 이보다는 인간의 생태계라는 정원을 가꾸는 '원예'에 더 가깝다고 생각하는 편이 좋다는 점을 시사한다. 우리가 먹는 음식이 몸속에 어떤 박테리아가 증식하고 성장할지를 결정하는 데 핵심이다. 또한 박테리아의 활동이 신진대사는 물론, 에너지 레벨에서 감정까지 모든 것에 영향을 미치기 때문에, 우리는 이에 조금 더 관심을 기울이는 정원사가 되어야 할 것이다.

한 가지 사례가 더 있다. 지금까지 우리는 미생물군유전체 –우리 몸 안팎의 표면을 점령한 인간 이외의 모든 생명체–에 대해 논의했는데, 7조 개나 되는 인간의 세포 중 적혈구가 아닌 세포 하나의 안을 잠시 들여다보자.[7] 현미경과 특수 염색으로 어떻게 각 세포에 미토콘드리아라 불리는 많은 '소기관 organelles(문자 그대로 작은 장기라는 뜻)'이 들어 있는지를 볼 수 있다. 소기관은 우리 세포의 발전소로 우리 몸이 움직이는 데 필수적인 화학 에너지를 생산한다. 이러한 미토콘드리아는 원래 독립적인 박테리아에서 유래했다. 광합성을 위한 식물의 발전소인 식물 세포의 엽록체도 독립적인 박테리아에서 유래했다. 약 20억 년 전에 어떤 사건으로 원생미토콘드리아박테리아가 소화되어, 모든 동식물을 구성하는 진핵세포eukaryotic cell의 일부가 되었다. 그리고 앞서 언급한 '진화된 의존성'을 통해 이 긴밀한 관계가 다져졌다. 박테리아는 숙주세포가 제공하는 기능들로 인해 필요 없는 유전자를 많이 잃어버리게 되었으며, 이와 비슷하게 숙주세포는 에너지 생산을 위해 박테리아에 거의 전적으로 의존하게 되었다.[8] '핵'과 미토콘드리아라는 두 개의 유전자는 서로를 조절하는 화학 신호를 보내면서 함께 밀접하게 진화했다.[9]

따라서 우리 인간은 진정한 키메라가 된 것 같다. 미생물은 우리 몸의 표면 전체를 식민지화했을 뿐 아니라, 모든 세포 속에도 존재하고 있다. 우리는 진정으로 미생물과 하나로 연결되어 있다. '미생물은 우리에게 이롭다'는 말은 이 관계를 표현하기에 충분치 않다. 우리의 심장이나 다른 중요한 장기들이 우리에게 이롭다고 말하는 정도로밖에 들리지 않으니 말이다. '나'와 '타인' 사이의 경계가 흐려지며 우리는 우리 몸의 거의 모든 부분을 점령한 모낭충, 박테리아, 균과 바이러스까지 다 통틀어 인간을 초유기체superorganism의 한 형태라고까지 말할 수 있다. 그러나 미생물과 우리 인간의 목표가 다를 때가 있다. 다음 장에서 보겠지만, 때로는 미생물이 인간과 가까운 관계를 이용해 인간의 내부에서 인간을 조종하기도 한다.

해킹당하다:
우리의 몸이 정말 우리의 것일까?

Hacked: is it really you controlling your body?

때는 2043년, 마스 로버2 미션^{Mars Rover 2 mission}이 외계 생명체에 대한 최초의 소식을 싣고 지구로 귀환한 지 10년이 흘렀다. 처음에는 외계 생명체가 단순한 박테리아 형태라는 사실을 대수롭지 않게 여겼다. 이 같은 생물체는 지구의 거의 모든 서식지에서 발견되기 때문에 어쩌면 당연한 반응이었다. 그러나 새로운 외계 생명체에 대한 조사가 진행되면서, 이 스토리는 훨씬 더 흥미로워졌다. 그들은 지구에 있는 비슷한 생명체처럼 탄소와 핵산을 기반으로 한 비슷한 유전자 코드를 지니고 있었다. 그러나 근본적인 차이가 하나 있었다. 지구상에 있는 박테리아 유전자는 자신의 몸과 행동의 패턴을 담당하지만,

때는 2043년, 마스 로버2 미션Mars Rover 2 mission이 외계 생명체

외계 박테리아 유전자는 '밖으로 뻗어나가' 다른 생물의 신체를 조작할 수 있다는 점이었다. 이들은 자신에게 유리하게 다른 생명체의 신경계와 생리학을 조작하는 화학물질을 생성할 수 있었다.

이와 같은 발견은 생물학계에 큰 파문을 일으켰다. 지구에 외계 박테리아를 저장한, 안전한 줄 알았던 바이오 시설의 봉쇄 절차가 깨졌다는 사실이 알려지자 언론은 흥분하며 이를 보도하기 시작했다. 극심한 태풍으로 연구시설 중 한 곳이 파손된 뒤, 알 수 없는 양의 배양된 박테리아가 외부로 유출되었다. 몇 주가 지나자, 초기의 공포감은 사라졌고, 외계 박테리아의 유전자가 다른 생물에 전달될 수 있을지에 중점을 둔 언론 보도에 학문적 논의가 시작되었다.

2042년 9월 15일, 동물병원 수의사가 외계 생명체 봉쇄 시설에서 2,500마일 떨어진 수술실에 들어온 쥐의 피부에 있던 박테리아에서 외계 유전자를 발견하면서, 그 의문이 해소되었다. 박테리아 사이에 유전자를 실어 나르는 '박테리오파지' 바이러스를 통해 외계 생명체의 유전 물질이 지구 종으로 전이된 것으로 추정됐다. 다른 생명체의 몸을 조종할 수 있는 유전자가 지구상의 모든 생명체의 유전정보(범유전체)pangenome를 점령하기 시작했다.

불과 몇 개월 만에 전 세계 언론은 박테리아와 균과 같은 다양한 미생물에서, 심지어 곤충처럼 빠르게 번식하는 '더 고

차원적인' 생명체에서도 외계 유전자가 발견되었다며 새로운 사례들을 보도했다.

속보 2043년 10월 1일: 거미를 습격하는 기생말벌 종에서 외계의 '조종자' 유전자가 발견되었다. 이 말벌은 자신의 알을 거미의 몸에 부착시키고, 말벌의 알에서 태어난 애벌레는 거미의 피를 빨아먹는다. 이 과정에서 말벌의 조종자 유전자가 일종의 화학물질을 생성해 거미의 혈류로 전달하는데, 이것이 거미의 신경계와 상호작용해, 거미줄을 만드는 행동을 아주 많이 바꾼다. 거미는 일반적으로 만들던 거미줄을 짓지 않고 굵은 선을 몇 개 만들어 애벌레가 그 선에 매달려 안전하게 번데기로 변신할 수 있게 한다.

속보 2043년 12월 3일: 개미를 전염시킨 기생 곰팡이가 외계의 조종자 유전자를 습득해 개미의 뇌에 들어가, 숙주인 개미의 행동을 조종할 수 있게 된 것 같다. 개미가 숲의 바닥에서 먹이를 찾지 않고 노출된 높은 곳으로 기어 올라가면, 그곳에서 곰팡이 세포가 증식해 개미의 몸을 뚫고 자루 눈을 뻗어 아래 숲을 향해 곰팡이 포자를 뿌린다. 이 과정에서 조종자 유전자는 새로운 생애를 시작하기 위해 다른 개미를 감염시킨다.

속보 2043년 4월 21일: 기생 '보석' 말벌은 조종자 유전자를 사용해 숙주인 바퀴벌레를 자신의 굴로 유인한다. 말벌은 움직임을 관장하는 바퀴벌레의 뇌에 침을 겨냥하고, 바퀴 벌레의 뇌에 삽입된 말벌의 조종자 유전자가 신경전달물 질을 모방하는 화학물질을 조작해서 바퀴벌레는 고분고 분해지고 '마취'가 돼서 도망을 못 가게 된다. 그러고 나면 말벌은 바퀴벌레를 목줄을 채운 개처럼 끌고 굴속으로 데 려간다.

당신은 앞에서처럼 '조종자' 유전자라고 꾸며낸 사건들이 이상하고 놀랍다고 생각하거나, 우리도 조종당할 수 있다는 생각에 걱정이 될 수도 있을 것이다. 그러나 이미 알거나 짐작 했겠지만, 이 사건들은 지구에 도착한 외계 유전자와 관련한 가설이 아니다. 앞에서 언급한 모든 사건은 현재 지구상에서 실제로 있었던 사건들이다. 조종자 유전자는 이미 당신 주변 의 많은 생명체에 확산되어 있다. 일부 사건에서 과학자들은 정확한 개별 유전자와 다른 생물의 행동 변화를 유발하는 작 용 경로를 파악했다. 예를 들어, 2011년 펜실베이니아 주립대 학의 곤충학자 켈리 후버Kelli Hoover는 바큐로바이러스baculovirus 로 불리는 바이러스의 한 유형을 연구했다. 이 바이러스는 유 럽매미나방European gypsy moth의 애벌레와 같은 곤충을 공격한 다. 감염된 나방의 애벌레는 바이러스가 있는지도 모르고 먹이를 섭취하고, 바큐로바이러스는 애벌레의 몸속에 증식하게 된다. 바큐로바이러스는 완전히 능력을 찾으면 효소를 생산해 애벌레의 세포를 미끈거리고 찐득거리는 당밀로 녹인다. 그 다음 식물의 잎 위에 있는 새로운 개체를 감염시키려고 아래로 뚝뚝 흘러내린다. 높은 곳에 있으면 다른 애벌레를 감염시킬 확률이 높아지기 때문에, 바큐로바이러스는 애벌레의 행동에도 영향을 미친다. 애벌레는 바이러스를 전파하는 즙의 형태로 녹아버리기 전에 높은 곳으로 올라간다. 이런 행동은 낮동안에 몸을 숨기기 위해 땅으로 내려오는 정상적인 행동과는 완전히 반대된다. 후버와 동료 과학자들이 애벌레가 자기의 호르몬을 교란하는 효소를 생산하게 만드는 바큐로바이러스의 유전자를 찾아내기 전까지, 과학자들은 어떻게 이런 일이 벌어지는지 도무지 알 수 없었다.[1] 바큐로바이러스의 유전체에서 이 조종자 유전자를 제거하자, 바이러스에 감염된 애벌레는 감염되지 않았을 때 일반적으로 하는 행동을 했다. 즉 위쪽이 아닌 아래쪽으로 기어 내려갔다. 한동안 조종자 유전자가 있다는 것은 알고 있었지만, 이 사례는 한 생명체의 유전자가 다른 생명체의 행동을 바꾸려고 어떻게 진화하는지를 명확하게 보여주는 첫 번째 사례일 것이다. 1976년 진화생물학자 리처드 도킨스Richard Dawkins는 유전자란 무엇이며, 어떻게 작동하는지에 대해 대중의 이해를 높인 《이기적 유전자The Selfish Gene》라는 기념비적인 책을 집필했다. 그 책의 한 장에서 도킨스는 '확장된 표현형extended phenotype'이라는 개념을 집중적으로 다루었다. 그는 생명체 내에 있는 유전자는 생명체의 생리학과 행동(표현형)에 영향을 미칠 뿐 아니라, 생명체 외부 세계에도 손을 뻗어 변화를 일으킬 수 있다고 주장했다. 날도래가 작은 돌을 수집하게 만드는 것과 같이 유전자는 외부로 발현되면 기본적인 물리적 환경도 바꿀 수 있다. 날도래의 다른 유전자는 실크를 만들고 작은 돌들을 엮어 그물 같은 구조를 만들어 식량을 모으고 피난처로 사용하도록 단백질을 암호화한다. 이런 껍질 구조의 설계(날도래 종에 따라 구성과 모양이 다양하다)는 날도래의 유전체에 담겨 있으므로, 날도래의 집은 날도래의 몸이 확장된 형태라고 볼 수 있다. 날도래 집은 곤충 세포가 아닌 주변 환경 물질을 이용해 만들어졌지만, 집을 짓는 행동은 날도래 몸의 일부처럼 DNA에 암호화되어 있다. 식량을 공급하고 포식자로부터 몸을 지키기 위해 비버가 강에 만든 나무 댐과 같이 '확장된 표현형' 예들은 많다.[2] 도킨스는 무생물의 물리적 환경뿐만 아니라, 일부 경우에는 다른 생명체의 몸도 조종될 수도 있다고 주장했다. 특히 기생충이 이 경우에 해당하는데, 숙주와 밀접한 관계가 '확장된 표현형'을 만들기 위해 조종자 유전자가 진화할 수 있는 최적의 조건이기 때문이다. 숙주의 행동과 생리를 조종할 수 있는 유전자들은 공상과학소설에나 나올 법한 이야기가 아니라, 이미 지금 우리 세계에 만연하다.

다른 생명체를 조종하는 일이 만연하다면, 우리는 어떨까? 다른 생명체의 유전자가 우리에게 영향을 미치려고 '손을 뻗는' 상황에 인간도 취약할까? 당연히 취약하다. 우리는 어떻게 인간의 생태계에 인간 이외의 생명체를 가지고 있는지에 대해서 이미 읽었다. 이러한 생명체 중 일부는 인간과 서로 도움을 주고받는 관계이며, 일부는 유해하지 않은 무임승차자이고, 다른 일부는 자신의 목적을 위해 우리를 조종할 수 있다.

'광견병'은 약간의 무게가 실린 단어다. 광견병은 빠르게 발병하며 입에 거품을 물고, 물을 무서워하고, 공격성과 마비, 높은 사망률과 같은 무서운 증상[3]을 동반하기 때문에 두려움의 대상이 되고 있다. 광견병은 대부분의 온혈 종을 지배할 수 있는 바이러스에 의해 생겨난다. 조류만 상대적으로 걸리지 않는 것 같다. 인간의 경우, 대다수는 감염된 개에게 물려 발생한다. 감염된 개는 아주 공격적으로 되면서 더 잘 물기 때문에 광견병 전파의 빈도는 높아진다. 감염된 개의 행동 변화는 바이러스 유전체에 들어 있는 조종자 유전자에 의해 생겨난다. 질병의 증상을 질병을 유발하는 생명체의 '확장된 표현형'의 탓으로 돌리는 것은 까다롭다. 그렇게 하려면, 예를 들어 전파 속도를 높이는 것과 같이 증상이 질병에 명백한 이득을 주어야만 한다. 광견병의 경우에는 광견병에 걸린 개가 사람을 물면, 바이러스가 확산할 수 있으므로 분명히 증상이 질병에 득이 되는 것 같다. 그러나 과학자들이 바큐로바이러스와 애벌레의 사건에서 밝혀낸 것처럼, 어떤 특정 유전자가 숙주의 행동을 바꾸었는지를 살펴보지 않고는, 질병의 영향이 단순한 부작용임을 배제할 수 없다. 그러나 많은 인간의 질병의 경우, 숙주의 행동이 변하는 방식이 확실히 질병 전파에 도움이 되는 것 같다. 예를 들어, 광견병은 침샘에서 증식하며, 숙주가 다른 동물을 물면서 전파되며, 침을 삼키거나 희석하면 광견병 전파가 줄어든다. 따라서 감염된 숙주는 물을 보면 공포에 떨며 마실 수 없게 되는 '공수증'이 생긴다. 또한 공격적인 행동도 늘어나며, 평상시에 유순한 동물이 사나워지고 식욕이 왕성해져, 누군가를 물어서 질병을 전파할 가능성이 훨씬 더 커지게 된다. 바이러스가 이러한 행동 변화에 책임이 있을까? 의도적으로 행동을 바꾸는 것일까? 광견병 바이러스는 인간의 행동을 관장하는 숙주의 신경계를 감염시키기 위해 숙주 안에서 세포 이동 메커니즘을 활용하는 것으로 알려진 만큼 바이러스의 전략이 진화했을 가능성이 커 보인다.[4] 광견병이 우리의 신경계에 어떻게 영향을 미치는지 정확하게 알아내기 위해 더 많은 연구가 필요하지만, 광견병이 조종자 유전자를 가진 강력한 후보임은 분명하다.

인간의 행동을 조종하는 다른 유력한 후보로는 후천성면역결핍증AIDS의 원인이 되는 인간면역결핍바이러스HIV가 있다. 모든 바이러스는 스스로 증식할 수 있는 능력이 없기 때문에, 어느 정도는 조종의 전문가들이다. 이들은 숙주 세포 안의 기계를 납치해 바이러스의 복제판을 강제로 만들게 하기도 하는데, HIV는 특히나 이 일에 능숙하다. HIV는 바이러스가 증식할 수 있는 환경을 만들기 위해 숙주와 상호작용하는 400개가 넘는 유전자를 가지고 있다. 보통은 면역계가 병원균침입자들을 효과적으로 없애는데(감기의 경우 증상을 유발하는 바이러스를 색출해 몸에서 제거하기 때문에 1~2주가 지나면 낫는다), HIV는 어떤 경우에는 수년 동안 면역세포 안에 '숨어 있을 수' 있다. 인간의 면역세포는 바이러스를 없애기는커녕, 아이러니하게도 바이러스 입자를 더 생산하는 공장으로 변한다. 면역세포는 감염을 없애기 위해 스스로 파괴되지만, 바이러스가 이미 다른 세포들을 감염시켰기 때문에 별 영향이 없다. 게다가 바이러스는 숙주의 자체 면역반응을 심각하게 손상시켜 효율성이 떨어지게 만든다. 감염된 곳에 도착한 새 면역세포도 똑같은 운명을 겪게 된다. 자기에게 총을 겨누는 군인들처럼, 스스로 파멸한다.[5]

앞서 언급한 질병들은 비교적 드물어서 우리가 기생충의 조종을 받게 될 가능성이 적다고 생각할 수 있다. 그러나 비록 건강에 해를 미치지는 않지만, 이런 능력을 갖춘 기생충들이 인간의 몸에 기생하고 있다. 일례로 많은 인간의 뇌에서 발견되는 단세포 원생동물 기생충인 톡소플라즈마 곤디Toxoplasma gondii가 있다. 우리 중 30~50%는 뇌 속에 이 기생충을 가지고 있다.[6] 고양이가 이 기생충이 증식하는 주된 숙주이며, 쥐는 이 기생충을 가지고 있거나 전파하는 두 번째 숙주이다. 그런데 톡소플라즈마는 인간의 몸속에서도 생존할 수 있다. 이 기생충은 쥐에서 고양이로 옮겨가는 똑똑한 조종 수단이 있다. 고양이를 키우는 사람이라면 잘 알듯이 고양이는 사냥을 잘하고, 쥐는 조심스러운 생명체로 고양이를 피해 자주 숨거나 도망간다. 이런 상황을 극복하기 위해, 톡소플라즈마는 쥐의 신경계를 조종하도록 진화해, 쥐를 감염시켜 고양이의 소변 냄새를 피하지 않고 좋아하게 만든다. 톡소플라즈마에 감염된 쥐는 훨씬 더 활동적으로 바뀌어 새롭고 노출된 환경을 탐험하게 되며, 집으로 돌아가는 길을 기억하지 못해 위험에 더 노출된다.[7] 이 모든 변화로 인해 쥐는 고양이에게 붙잡힐 가능성이 커진다. 이제 우리는 기생충이 어떻게 이 같은 행동 변화를 유발하는지 이해하기 시작했다. 공포 반응을 관장하는 뇌 영역에서 유전자가 발현되는 것을 생화학적으로 방해하여 쥐를 용감하지만 어리석게 행동하게 만드는 것이다.

그렇다면 인간은 어떨까? 우리는 톡소플라즈마가 의도한 조종 대상은 아니며, 고양이가 인간을 잡아먹지 않기 때문에, 그냥 '의미 없는' 숙주일 뿐이다.[8] 그러나 우리 뇌는 비슷한 구조로 되어 있어서, 많은 인간이(적어도 남성들의 경우) 고양이의 소변 냄새를 덜 꺼리기 시작했다![9] 고양이 소변 냄새를 평균보다 덜 싫어하게 된 건 대수롭지 않은 일 같지만, 안타깝게도 인간이 톡소플라즈마에 감염되면 나타나는 많은 심각한 영향들이 밝혀지고 있다. 뇌 속에 톡소플라즈마가 있는 사람들은 교통사고를 내거나, 자살하거나, 조현증을 앓게 될 확률이 더 높다.[10] 이처럼 다른 생명이 우리 뇌를 조정하게 될 경우를 심각하게 받아들여야 할 이유는 분명하다.

목적달성을 위해 인간을 조종하는 널리 퍼진 매개체로 감기 바이러스가 있다. 더욱 정확하게 말하면 감기와 비슷한 증상을 일으키는 많은 바이러스군이다. 이러한 바이러스들은 우리의 상기도에서 증식하며, 재채기, 콧물, 기침과 같은 증상을 유발한다. 이러한 증상들이 상당히 효과적인 전파 방법이라는 사실은 단지 우연일까? MIT에서 유체역학을 연구하는 리디아 부르우이바Lydia Bourouiba 박사는 질병의 유행과 전파라는 전염병 연구를 시작했고, 고속카메라를 사용해 재채기 장면을 촬영했다. 재채기가 터져 나오는 동안 점액방울이 커다란 포물선을 그리며 1~2m까지 바깥쪽으로 튀어 나가는 것을 발견했다. 게다가 더 미세한 침방울 구름은 상공으로 8m 높이까지 올라가 공기 중에 10분 정도 머무는 것으로 밝혀졌다.[11] 이러한 침방울은 바이러스 입자와 함께 쉽게 냉방장치로 이동한다 (아마도 이것이 장시간 비행기를 타면 감기에 꼭 걸리는 이유인 것 같다). 이는 감기 바이러스가 확산하기에 가장 효과적인 방법으로, 감기 바이러스는 숙주에게 기침과 재채기 증상을 일으키도록 진화했을 것이다. 이 점은 여전히 추측에 불과하지만, 가능성은 상당히 커 보인다.

살모넬라 박테리아처럼 식중독을 유발하는 유기체는 감지되는 것을 피하기 위해 우리의 면역세포를 납치해 우리의 몸을 조종하는 게 분명하다. 살모넬라 박테리아는 우리의 장 속에서 증식하며 면역반응을 유발한다. 그러나 일반적으로 우리 몸속의 이물질을 삼키고 소화해 우리의 몸을 보호하는 백혈구의 한 종류인 '대식세포'에 소화되지 않게 단백질막을 형성해 자신을 보호하도록 진화했다. 일단 면역세포 안에 안전하게 진입한 살모넬라 박테리아는 장의 전기신호를 교란해, 대식세포가 장에서 간과 비장과 같은 다른 장기로 이동하게 하여 장 속에 안전하게 숨는다.[12]

인간은 자주 다른 생명체가 조종하려는 대상이 되는 것 같다. 우리는 자기 몸을 완전히 통제한다고 생각할지 모르지만, 다른 생명체는 자신의 이익을 위해 원격으로 우리를 제어할 기발한 방법을 만들었다. 광견병과 같이 드문 사례도 있지만, 톡소플라즈마나 감기 바이러스와 같은 사례는 우리에게 자주 영향을 미친다. 활발한 증상active symptoms이 없어도, 바이러스는 잠복기처럼 활동을 중단하고 우리 몸속에 숨어 있을 수 있다. 많은 바이러스가 우리 몸 가장 깊숙한 신성불가침한 영역인 세포 안에서 유전 물질과의 통합에 성공했다. 레트로바이러스(RNA를 유전자로 가지는 종양 바이러스 무리)는 우리의 몸을 구성하고 유지하는 데 사용하는 유전 교본에 들어왔다. 이들은 DNA 형태로 전환해 우리 유전체를 침략한다. 우리의 세포가 이 바이러스의 DNA를 전사transcribe하면, 우리의 몸을 위한 단백질이 제조되기보다는 바이러스가 기능을 발휘하도록 바이러스 단백질이 만들어져 배열된다. 결국 숙주세포가 분열하여 DNA를 두 개로 복제하면, 바이러스의 DNA도 복제되어 새로운 세포에 전달되고, 우리의 몸에서 다른 무고한 숙주로 전파되어 이를 감염시킨다. 따라서 조종자 유전자들은 우리와 아주 깊은 관련이 있다. 사실 우리 DNA 중 최대 8%가 바이러스에서 왔다.[13]

심지어 우리가 '원래부터 가지고 있던' DNA 상당수도 실제로 우리 몸을 위해 움직이지 않는다. 유전학자들은 인간 유전체 염기서열을 한 뒤, DNA의 70% 이상이 유용한 유전자의 암호를 담고 있지 않은 것을 발견했고, 이런 DNA들을 '정크 DNA'라고 불렀다.[14] 이러한 DNA는 우리를 위해 기능하지 않지만, 바다의 섬과 같은 다른 종의 유전체 사이를 돌아다니면서 자체적으로 복제할 수 있는 기능이 있다. 이는 실제 인간에게 해로울 수 있다. 우리 DNA에 들어온 '이동성 DNA'는 변이를 일으켜, 인간의 생식능력이나 생존에 부정적인 영향을 미친다. 이 주제에 관해 2005년 논평을 쓴 존 브룩필드John Brookfield는 이 같은 유전체 구성 요소들을 기생충과 다르다고 구분할 수 없다고 결론 내렸다.[15]

대중적인 과학서에서는 우리의 DNA 코드를 우리 몸이 움직이는 데 필요한 여러 특별한 세포들을 전부 만드는 교본이

들어간 컴퓨터 프로그램에 종종 비유한다. 정말 우리의 DNA가 컴퓨터 프로그램과 같다면, 바이러스가 우리 컴퓨터의 암호를 해킹한 것이다. 우리 컴퓨터에는 기생충 DNA라는 형태로 악성코드Malware가 들어 있으며, 우리의 소프트웨어를 다른 생명체가 원격으로 조종할 수도 있다. 허술한 방화벽처럼, 우리 몸의 방어체계가 이러한 침입자들을 막지 못했고, 침입자들은 자유롭게 자신의 목적에 따라 우리를 조정한다. 따라서 우리 인간의 몸을 오직 인간만의 것으로 생각하는 건 환상일 뿐이다. 다른 많은 생명체가 우리 몸을 구성할 뿐 아니라 우리의 자율성까지 빼앗아, 우리에게서 식량을 얻고, 우리를 집으로 삼고, 단순한 이동 수단으로 사용하고 있다. 우리는 많은 생명체가 우리의 행동을 지배하는 '초식민지super-colony'가 되었다.

우리는 생명의 책에서
그대로 복사해 덧붙인 존재다

You are a copy and paste from the book of life

**종과 변종을 구분하는 것이 얼마나 작위적이고 모호한지를 알게
되어 정말 놀라웠다.**

찰스 다윈Charles Darwin, 《종의 기원On the Origin of the Species》

우리는 우리 몸을 탐구하는 여정을 시작했고, 우리를 하나밖
에 없는 독립된 존재로 쉽게 정의할 수 없다는 사실을 알게 되
었다. 우리 몸은 지구의 다른 생명체뿐 아니라 우주 전체와 같
은 기본 물질로 구성되어 있다. 우리 몸을 구성한 분자는 일시
적이고 짧은 역할을 끝내고 나면, 다른 물체와 생명체를 구성
하기 위해 옮겨갈 것이다. 우리의 몸은 '개방형' 시스템으로 물
질과 에너지가 계속해서 드나드는 다공성 경계선을 가지고 있

으며, 평생 우리와 함께 살아가는 세포는 거의 없다. 더욱이 인간이 아닌 작은 수의 생명체들이 인간의 몸 안팎에 무임승차해, 자신에 맞게 인간 몸의 기능을 미묘하게 바꾼다. 우리 몸이 계속해서 변화한다는 특성과 인간의 몸과 몸 밖의 세상과의 경계선이 모호하다는 사실을 고려할 때, 점차 노화의 신호가 보이긴 하지만 거울 속에 비치는 사람을 평생 '나'라는 존재로 인식하게 만드는 것은 무엇이라 할 수 있을까?

아마도 우리 몸의 '교본' 속에 그 해답이 있을 것이다. 우리 몸의 구조를 만드는 계획이 들어 있는 DNA에 새겨진 유전자 코드 말이다. DNA는 '데옥시리보 핵산deoxyribonucleic acid'의 줄임말로, 티민, 아데닌, 구아닌과 사이토신이라는 네 가지 염기 중 하나로 구성된 뉴클레오타이드로 이루어진 기다란 사슬 모양의 분자다.[1] DNA 사슬을 따라 네 가지 염기의 배열이 단백질 분자를 만드는 법에 관한 지시가 들어 있는 암호를 형성한다. 앞서 언급했듯이, 이 프로세스의 작동은 컴퓨터의 코드 기능과 비교된다. 텍스트 표시, 게임 시행, 화상 통화와 같이 데스크톱 컴퓨터나 핸드폰이 실행하는 모든 복잡한 절차는 1과 0의 아주 기다란 서열인 '이진법'이라는 가장 기본적인 형태로 정보가 암호화된다. 우리의 감성을 움직이는 복잡한 베토벤의 심포니나 사랑하는 사람의 얼굴을 아주 간단한 코드로 표현할 수 있다는 건 실로 엄청난 일이다.[2] 이진법은 아니지만, 우리의 DNA 코드도 이와 비슷하다. 어떤 뉴클레오타이드 염기가 있느냐에 따라 결정되는 염기서열에서 자리마다 네 가지 조합이 가능하다. 우리의 유전 암호는 20가지 아미노산 암호를 담고 있는 '코돈codons'이라 불리는 세 개의 DNA 염기쌍에서 읽히는데, 이러한 아미노산이 기능을 결정하는 데 아주 중요한 3차원 구조의 단백질 분자를 구성한다.

세포가 분화할 때, 유전 암호의 복제는 컴퓨터에서 잘라 붙이는cut and paste 기능만큼 정확할 수는 없지만, 신뢰도는 놀라울 정도다. 인간 세포가 복제될 때마다 대략 32억 개의 DNA 염기쌍 전부가 충실히 복사된다. 가끔 실수가 있긴 하지만, 복제되는 3천만 염기쌍당 한 건의 비율로 돌연변이가 발생한다. 이는 하나의 세포와 그 세포가 복제되기 직전의 세포 사이에 약 100개의 염기쌍 차이가 있는 것과 같다.[3] 우리의 몸에서 세포가 분화하면서 이러한 차이들이 쌓인다. 만약 모든 세포가 동일한 유전 암호를 가지고 있다는 이야기를 들었다면, 이는 결코 사실이 아니다. 우리의 몸은 비록 차이가 아주 작긴 하지만, 약간씩 다른 많은 유전 암호의 집합체이다. 유전 암호가 쓰인 중복성으로 인해 이런 소소한 차이는 기능에는 거의 영향을 미치지 않는다. 일부 다른 코돈이 같은 아미노산의 코드가 될 수 있다. 예를 들어 TCT(티민-사이토신-티민)에서 TCA나 TCC 또는 TCG로 돌연변이를 일으킨 코돈도 여전히 '세린serine'이라는 같은 아미노산의 암호가 된다.

해로운 영향이 있는 대부분의 돌연변이는, 특히나 복제하기 전에 초기 단계의 돌연변이는 유전자 풀에서 '걸러지는' 경향이 있다. 돌연변이를 가진 세포는 성공적으로 복제할 가능성이 작아지게 되며, 그 결과 다음 세대에 전달될 가능성도 작아진다. DNA 복제의 정확도가 높고 해로운 돌연변이가 자연선택 과정에서 걸러진다는 사실은 우리가 다른 사람들뿐 아니라 다른 많은 종과도 놀라울 정도로 비슷한 유전 암호를 공유한다는 것을 의미한다. 우리는 다른 사람들과 유전자의 95.5%가 일치하며, 박테리아와 같은 단순한 원시적인 생명체와도 무려 37%가 일치한다.[4] 인간들이 서로 상당히 긴밀하게 연관되어 있다는 점은 정말 사실이며, 우리는 지구상의 다른 생명체와도 놀라울 정도로 비슷하다.

세대 간 DNA 복제의 정확성이 높아서, 우리의 DNA 코드는 우리의 조상으로부터 '빌려왔다'고 말할 수 있다. 우리에게 아이들이 있다면, 우리도 상당히 같은 형태로 미래 세대에 DNA 코드를 전승하게 될 것이다. 리처드 도킨스의 말처럼, 현재 동식물의 유전 암호 안에 역사가 들어 있는 만큼 역사 연구를 위해 화석은 필요 없다.[5]

우리 인간의 몸은 (별에서 찾아낸) 물질을 담고 있는 껍질로, 스스로 회복할 수 있으며, 우리의 세포 속에 담긴 정보는 어머니와 아버지의 세포에 담긴 정보와 상당히 같으며, 단순한 박테리아를 비롯해 다른 생명체와도 정확히 똑같은 유전정보를 상당한 부분 가지고 있다는 게 놀랍지 않은가!

물론 우리는 고유한 정보의 집합체이며, 지구상의 다른 생명체와 단순히 같은 집단은 아니다. 유성생식을 하는 생명체의 경우, '재결합' 과정은 어머니와 아버지에게서 유전자의 절반씩을 무작위로 받는다는 것을 뜻한다. 따라서 우리는 어머니나 아버지와 똑같지는 않다는 것도 분명한 사실이다. 그러나 재결합 과정에서 근본적으로 새로운 정보를 생성하지는 않는다.[6] 유전자 돌연변이만 새로운 정보를 생성한다. 마치 카드를 나누어주기 전에 카드를 섞는 것과 같다. 우리는 각자 다른 카드를 받을 수 있지만, 모든 인류는 결국 같은 묶음의 카드에서 뽑힌다. 개개인의 차이를 생각해보면, 차이점은 상당히 미미하다. 저 여성은 파란 눈을 가졌지만, 저 남성은 초록색 눈을 가졌다. 그 남성은 하얀 피부를 가졌지만, 그 여성은 짙은 색 피부를 가졌다. 이 여성은 키가 크지만, 이 남성은 키가 작다. 그러나 우리는 모두 다리가 두 개, 신장이 두 개, 뇌가 하나, 심장이 하나, 맹장이 하나, 간이 하나, 소장이 하나, 대장이 하나이다. 유전자를 섞으면 외관상 다양해지고, 생물학적 성도 결정되지만, 기본적인 DNA 프로그램은 수천 세대에 걸쳐 놀라울 정도로 보존된다. DNA는 수천 세대에 걸쳐 우리의 몸이라는 옷을 만들 때 공통으로 사용된 실이다. 분명 DNA가 우리만의 것이라고 주장하거나 별개의 정체성의 근원이라고 주장할 수 없다.

서로 다른 개인 간에, 서로 다른 종간에 존재하는 DNA의

강한 유사성은 유전 코드 비유에 흔히 사용되는 '생명의 나무'의 문제점을 보여준다. 이 비유에서는 종을 나뭇가지의 끝으로 보며, 각각의 나뭇가지는 서로 다르고, 모든 종이 진화한 초기 조상을 상징하는 나무의 중심 몸통과도 구별된다. 이런 관점은 인간이 자연과 다소 다르다는 애초의 생각보다는 훨씬 낫다. 그러나 이 역시 오해의 소지가 있다. 종들 사이의 역사적 연관성에도 불구하고, 가지 '끝'이 분리되어 있어, DNA의 놀라운 공통점들이 아닌 종간의 차이점을 부각하기 때문이다. 종들은 조상이 같아서가 아니라, 유전 암호에 실제로 같은 정보를 상당히 많이 가지고 있기 때문에 서로 연결되어 있다. 우리 인간은 단지 DNA가 비슷해서가 아니라, 완전히 똑같은 정보를 대부분 사용해 만들어졌기 때문에 서로 연결되어 있다. 우리의 정체성을 규정하는 우리 몸을 설계한 정보와 달리, 우리는 정체성을 정하는 정보 대부분을 다른 사람들과 공유한다.

또한 '생명의 나무' 비유는 부분적으로는 틀렸다. 나뭇가지 끝은 사실상 연결되어 있기 때문이다. 다른 종의 개체들 사이에 정보 공유가 이뤄진다. '수평적 유전자 이동' 과정에서 완전히 다른 종의 개체들이 서로 DNA를 공유하며, 같은 종(수직적 유전자 이동) 내에서 부모가 자손에게 유전자를 일반적으로 전달할 때도 DNA를 공유한다. 이것이 박테리아의 다양한 DNA 전달 방법의 커다란 공통점이다. 여기에는 환경에서 '느슨한' DNA가 들어오는 형질전환transformation과 바이러스를 매

개체로 박테리아 유전체에 DNA를 삽입해서 전달되는 형질도 입transduction과 직접적인 세포 간의 접촉으로 두 개의 박테리아 세포 사이에 DNA가 전달되는 접합conjugation이 있다.

박테리아 간의 보편성으로 인해 연구자들은 하나의 종의 모든 계통에 발생하는 전체 유전자 세트를 뜻하는 '범유전체 pangenome'라는 개념을 생각해내게 되었다. 하나의 종 안에서 그리고 서로 다른 종끼리 유전 물질을 주고받는 이러한 경향은 박테리아가 새로운 환경을 이용하려고 빨리 진화할 수 있다는 것을 의미한다. 그 결과, 박테리아는 지구상에서 가장 널리 분포한 생명체로, 심해 분화구에서 극지방의 빙하와 지표면의 수킬로미터 아래에 있는 암석층에 이르기까지 척박한 환경에서도 생겨난다. 불편하게도 병원성 박테리아는 의학적 치료에 질병이 잘 반응하지 않게 만들며 새로운 항생제에 내성을 갖게 진화해 인간에게 도움이 되지 않는다. 박테리아 종간에 유전자를 자유롭게 공유한다는 것은 박테리아 개체의 항생제 내성이 생각보다 더 빠르게 나타난다는 것을 의미한다. 돌연변이만으로 개별 박테리아에 내성이 생길 가능성은 매우 낮으며, 이는 항생제에 대한 내성이 생기기 전까지 시간이 오래 걸린다는 것을 의미한다. 반대로, 박테리아가 범유전체라는 공통의 유전자 풀에서 유전자를 가져오면, 저항성을 가진 유전자를 획득할 가능성이 훨씬 크다.

종간 수평적 유전자 이동의 용이성에 있어서는 박테리아가

으뜸이지만 더 복잡한 생명체에서도 수평적 유전자 이동이 발생한다. 자신의 유전자와 다른 종의 유전자 둘 다를 삽입해 숙주 DNA에 자신을 통합시키는 바이러스 매개체들에 의해 유전자는 다른 종간에 빈번하게 전달된다. 최근 DNA 염기서열 기술의 발달로 관계가 아주 먼 종 사이를 '뛰어넘은' 유전자들도 볼 수 있다. 예를 들어, 진딧물은 자기의 몸을 붉은색으로 착색시키는 색소를 만드는데, 이러한 카로티노이드 색소를 합성하는 유전자는 보통 균류와 식물과 미생물에서만 발견된다. 진딧물의 경우 균류에서 그 유전자가 전달된 것 같다.[7] 생명체가 다른 생명체 안에 사는 것과 같이 가깝게 접촉할 때, 유전자가 가장 자주 전달된다. 많은 곤충과 선충은 볼바키아Wolbachia라고 불리는 세포 내 박테리아를 가지고 있는데, 볼바키아의 유전자는 숙주 유전체에 통합된다. 비슷한 과정이 인간의 세포에서도 일어난 것 같다. 앞서 설명했듯이, 지구상의 모든 동식물을 생성하도록 다변화될 운명이었던 진핵세포eukaryotic cell의 진화 초기에 작은 박테리아가 더 큰 세포 안에 통합되었다. 그들은 현재 우리가 미토콘드리아라 부르는 세포에 중요한 에너지를 공급하는 막으로 된 세포소기관을 형성했다. 여기서 중요한 점은 어떻게 미토콘드리아의 오리지널 유전자가 우리의 핵 DNA에 들어오게 됐느냐는 것이다.[8] 이 유전자들은 분자를 쪼개고 세포 안에 작은 재활용센터와 같은 역할을 하는 소화효소를 가진 세포소기관에 의해 전달되었을 가능성이 있다.[9]

바이러스는 유전자가 인간과 다른 종 사이에 수평적으로 전달되는 또 다른 메커니즘이다. 일부 경우, 우리는 바이러스에서 직접 유전자를 받는다. 예를 들어, 포유류 태반의 발달에 사용되는 핵심 단백질은 숙주 세포를 융합하려고 단백질을 처음으로 진화시킨 바이러스에서 빌려왔다.[10] 우리의 진화사에서 생명의 나무로부터 유전자를 수확하는 이 과정은 여러 번 발생한 것 같다. 우리의 2만 개 유전자 중 약 145개가 이 같은 수평적 유전자 이동을 통해 생겨난 것으로 보여진다.[11]

또한 이 과정은 역방향으로도 일어난다. 즉, 인간에서 다른 종으로 유전자가 이동하기도 한다. 말라리아를 유발하는 원생 기생충 삼일열 말라리아 원충$^{Plasmodium\ vivax}$은 인간에게서 많은 유전자를 습득한 것으로 알려져 있다. 이들은 실제로 이 유전자들을 인간에게 불리하게 사용해 우리의 면역계를 빠져나간다. 미래에는 새로운 유전 공학 기법을 사용해 인간 사이에 그리고 다른 생명체 간에 유전자를 전달하는 일이 훨씬 더 많아질 것이다.

따라서 생물학적 종간의 경계선에는 우리의 생각보다 구멍이 훨씬 더 많으며, 과거의 형태에서 현재의 형태로 이어진 직선적인 진화의 과정을 보여주는 '생명의 나무'보다 분명히 구멍이 더 많다. 미생물학자 칼 워즈$^{Carl\ Woese}$는 이런 글을 썼다. "공통 조상의 원칙을 의심하는 것은 필연적으로 보편적인 계통수를 의심하는 것이다. 생물학을 표현할 때 우리는 강렬한 나무 이미지를 생각한다. 그러나 나무는 시각적 장치에 불과하다. 자연이 진화 과정에 강요한 선험적 형태가 아니다." 워즈는 실제로 생명의 나무는 없다고 설명한다. 수평적 유전자 이동의 빈도를 고려했을 때, 진화 개념은 우리가 보통 생각하는 다윈주의처럼 선형線形으로만 움직이지 않는다. 근본적으로 네트워크 같은 형태이다.¹²

생명의 진화가 역동적으로 상호 연결된 네트워크와 같다는 생각은 '세포 내 공생설'의 창시자이자 제임스 러브록과 함께 가이아 이론의 강력한 지지자였던 린 마굴리스Lynn Margulis의 연구에 강력히 등장하기도 한다.¹³ 마굴리스는 진화가 선형적 가계도가 아니며, 지표면 전체를 덮을 만큼 성장한 다차원적인 단일 존재의 변화를 나타낸다고 말했다.¹⁴ 여기에서 우리는 과거와 현재를 통틀어 지구상의 모든 종을 아우르는 범유전체 개념이 극도로 확장되는 모습을 볼 수 있다.

우리는 워즈와 마굴리스와 같은 진화이론 거장들의 견해를 가볍게 무시해서는 안 된다. 진화는 오직 한 방향으로만 진행되며 생명의 나무의 가지들과 같이 종들은 방사형으로 바깥쪽으로 퍼져간다는 개념을 급격히 수정해야 할 것 같다. DNA 정보가 빈번하게 수평적으로 이동하는 상황이므로, 우리의 복잡하게 얽힌 생명의 거미줄에서 많은 진화적 피드백 루프feedback loop(시스템의 출력값 중 일부가 향후 동작을 위한 입력값으로 사용되는 시스템의 일부분-옮긴이)를 구성하는 종들 간에는 강력한 연결성이 있다. 이걸 생각했을 때, 우리는 DNA의 비유도 수정해야 한다. 우리는 이제 각 생명체 안에 독특한 컴퓨터 프로그램이 존재하는 것이 아니라, 많은 다른 생물학적 기계 안에 상당히 같은 정보의 복사본이 존재한다는 사실을 안다. 그 정보는 전체 프로그램이 새로운 유닛(세포가 복제되는 동안 정보를 수직적으로 전달)을 생성하려고 복사될 때 생물학적 기계 간에 전송될 수 있다. 우리가 데이터 펜을 사용해 유용한 컴퓨터 파일을 전송할 때처럼, 작은 정보 단위는 기계 간(수평적으로 유전자를 전달하는 동안)에 직접적으로 전송될 수도 있다. 따라서 생명은 환경에서 주워온 물질로 몸을 만들기 위해 정보를 사용하는 하나의 거대한 네트워크 클라우드 컴퓨팅 드라이브와 가깝다. 이제 거울을 들여다보자. 우리의 세포 하나하나에 담긴 암호화된 놀라운 정보인 DNA가 우리 몸의 설계자이다. 그렇다면 DNA는 누구의 것인가?

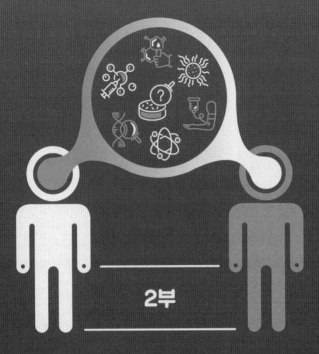

2부

연결되어 있는
우리의 마음

OUR INTERCONNECTED MINDS

우리는 바다의 섬들과 같거나 숲속의 나무들과 같다.
단풍나무와 소나무는 서로 잎을 통해 속삭일지 모른다…….
그러나 그 나무들도 캄캄한 땅속에서는 뿌리가 서로 얽혀 있으며,
섬들도 해저 면에서는 서로 붙어 있다. 정확하게 우주의 의식은 지속되며,
거기에 대항해 우리의 개별성이 우연의 울타리를 만들며,
우리의 마음은 어머니의 바다나 저수지에 들어가듯 그 속으로 뛰어든다.

윌리엄 제임스William James, 수필가 겸 강연자

—

그 누구도 그 자체의 온전한 섬이 아니다.
인간은 대륙의 일부분, 전체의 부분이다.

존 돈John Donne, 〈비상시의 기도문과 내 병중에 몇 가지 과정 –
기도문 17Devotions Upon Emergent Occasions and Seuerall Steps in my Sicknes – Meditation XVII〉

우리의 모든 생각은 집단이 만들었다

All your ideas are crowd-sourced

우리의 언어를 해석하는 뇌는 놀라운 존재이다. 뇌는 약 1,700억 개의 세포로 꽉 차 있으며, 대부분이 뉴런(신경세포)으로 피질이라 불리는 3~4mm 두께의 켜켜이 쌓인 층에 들어 있다. 치밀하게 접혀 있는 피질은 표면적을 증가시켜, 뉴런들이 식물의 초미세 뿌리처럼 보이는 세포막의 아주 미세한 돌기를 이용해 서로 연결할 수 있게 한다. 신경돌기라 불리는 필라멘트를 연결하는 가는 전선같이 생긴 돌기의 두께는 약 0.1㎛다. 이 신경돌기 1만 개를 옆으로 나란히 놓으면 1mm가 된다. 인간의 뇌 속에 있는 신경돌기의 총 길이는 수백만km이니 신경세포는 엄청나게 복잡하게 연결될 수 있다. 이런 연결이 바로 우리 뇌가 정보를 저장하는 방법으로, 신경세포의 네트워크를 통해 전기 활성화 파의 형태로 이뤄진다. 각 신경세포는 동시에 수천 개의 신경세포와 연결될 수 있으며, 인간의 뇌가 연결될 수 있는 경우의 수는 우주의 원자 수보다 더 많다. 우리의 뇌에서 잠재적인 전체 연결성은 흰색 도화지와 같으며, 모든 사람은 항상 작은 수의 신경세포만이 연결되어 있는데, 이를 '커넥톰Connectome(뇌 지도)'이라 부른다. 커넥톰은 우리의 생각과 성격과 기억의 한계를 정한다. 이 모든 것은 우리의 신경세포가 연결된 방식에 달려 있다. 우리의 마음이 움직이는 방식을 물질주의적 관점에서 보면(현재까지 과학적 근거가 있는 유일한 견해), 우리의 의식적 경험은 신경세포의 구성과 신경세포에 흐르는 전기적 파장에 달려 있다. 뇌의 신경 활동은 신경 자극nerve impulse과 양방향으로 흐르는 화학적 메시지를 통해 우리 몸의 나머지 부분과 긴밀하게 연결되어 있으며, 우리 감각을 통해 외부세계와도 긴밀하게 연결되어 있다.

우리 뇌에 있는 신경세포 사이의 연결을 어떻게든 바꿀 수 있다면, 우리는 세상에 있는 다른 개인들과 사고 과정과 성격까지 공유할 수 있으며, 심지어 앨버트 아인슈타인, 에이다 러브레이스, 아이작 뉴턴이나 마리 퀴리와 같은 천재와도 공유할 수 있다고 생각한다면 이상할 것이다. 그런데 사실 우리는 그 이상을 할 수 있다. 신경세포들 사이의 잠재적 연결망이라는 차원에서, 과거 인간의 마음에 일어난 모든 생각이나 앞으로 일어날 모든 생각은 이론적으로 이미 우리 머릿속에 존재하며, 물리적으로 연결만 하면 된다. 당신의 머릿속에 거의 무한대의 생각이 있는 것이다! 그러나 문제가 있다. 우리의 뇌가 어떻게 발달하느냐, 그리고 1,700억 개의 신경세포가 어떻게 연결되느냐가 우리의 사고방식과 우리의 존재에 매우 중요하다.

인간의 아이가 성장하고 학습하면서, 신경세포들이 연결된다. 처음에는 놀라운 속도로 연결된다. 쥐와 같은 포유류를 실험하면 1초당 신경세포 25만 개가 연결되는 것으로 나타난다.[1] 하나씩 연결될 때마다 신경세포 사이에 수백만 개의 통로('시냅스'라 불림)가 생성된다. 세포 간 시냅스의 연결 밀도는 $1mm^3$당 약 10억 개로 추정된다. 이러한 시냅스를 통해 전기 자극에 반응하며 도파민과 세로토닌 같은 신경전달물질이 하나의 세포에서 신경전달물질을 받는 세포의 표면에 있는 수용체로 분사된다. 신경전달물질을 받는 세포에 신경전달물질이 쌓이면 전기적 활성화electrical activation가 일어나, 전기신호가 확산된다. 따라서 우리의 뇌를 전기로 움직이는 컴퓨터와 같이 생각하기 쉽지만, 정보의 화학적 전달이 핵심이다. 머릿속에 생각이 떠오를 때마다, 신경망을 연결하는 화학물질이 작지만 빠르게 증가한다.[2] 뇌세포 사이에 새로운 시냅스 연결이 생겨날 때 동시에 다른 시냅스 연결은 사라진다. 새로운 교차로 구간을 만들면서 다른 구간은 해체해 수요에 대응하는 거대한 철도망과 비슷하다. 우리 뇌는 이렇게 회전목마와 같이 돌아가면서 학습한다.

신경정신학자 도널드 헵스Donald Hebbs가 발견하고 "함께 활성화된 신경세포는 서로 연결된다"고 요약한 이 프로세스에서 새로운 활성화 패턴을 강화하고 시냅스 연결을 향상시키는 것은 바로 경험이다.[3] 자주 사용한 신경세포 연결 부위는 사람들이 자주 이용하는 길처럼 쉽게 이동할 수 있다. 따라서 연습을 하면 기술이 향상된다. 반대로 덜 사용한 신경세포 연결 부위는 잡초가 무성한 길과 같아서 좁아지다가 결국 사라지게 된다. 뇌마다 연결성의 차이가 사람마다 성격과 기술의 차이를 설명하며, 커넥톰의 역동적인 특성이 시간이 지나면서 성격의 차이를 설명한다. 우리는 예전과 다르며, 10년 전은 고사하고 5분 전과도 다르다.

우리의 커넥톰, 즉 신경세포 간의 전체 연결망은 우리의 현재 의식과 정체성을 담당한다. 감각을 통해 들어오는 정보를 관장하며, 세상을 인식하고 해석하며 반응하는 방식에 영향을 미친다. 잠시 인식의 과정을 생각해보자. 그리고 가까이 있는 사물을 자세히 살펴보자. 사물의 색상과 빛의 반사와 질감의 음영을 살펴보자. 이제 우리가 인식한 것은 우리 앞에 '놓인' 사물이 아니라, 우리 머릿속에 있는 사물의 표현일 뿐이라는 점을 생각해보자. 앞에 '놓인' 실제 사물은 우리의 뇌에서 반짝이는 수백만 개의 신경세포의 활성화에 반영된다. 고개를 살짝 돌려 다른 사물을 선택해보자. 활성화의 파동은 눈 깜짝할 사이에 다른 사물을 반영하기 위해 빠르게 재구성된다. 시각적 인식이 카메라와 같이 작동하고, 렌즈와 같은 우리 눈이 고해상도 이미지를 전송해 우리 뇌가 바로 해석한다고 생각하고 싶다. 그러나 감각을 통해 너무나도 많은 정보를 받게 되고 계속해서 마이크로세컨드 단위로 업데이트하면, 우리의 뇌는 과부하가 걸려 '소음' 속에서 생존과 생식과 관련된 유용한 신호를 감지하는 능력이 줄어들 것이다. 그 대신 우리의 관심은 선택적이며, 우리와 관련 있다고 예상되는 환경으로 향한다. 여기에 유명한 생리학 실험 사례가 있다. 흰색 셔츠를 입은 선수들이 공을 패스하는 횟수와 같이 구체적인 사항에 중점을 두고 농구 경기를 시청하라고 피험자들에게 요구했다.[4] 그런데 경기 중간에 고릴라 복장을 한 남자가 농구 경기장 정중앙으로 가로질러 지나간다. 사람들은 당연히 이 이상한 장면을 눈치채지 않을까? 하지만 피험자의 절반은 고릴라를 봤냐는 질문 자체를 전혀 이해하지 못했다. 이런 실험은 우리가 특별히 관심을 기울이지 않는 일을 얼마나 보지 못하는지를 보여준다.

우리가 무엇에 어떻게 관심을 쏟느냐는 현재 우리의 뇌가 어떻게 구성되어 있느냐에 달려 있다. 즉, 커넥톰의 상태에 달린 것이다. 커넥톰은 시간에 따라 달라지는데, 우리가 얼마나 외부 지향적인지 또는 내면 지향적인지에 좌우된다. 또 언제든지 우리의 기대에 따라 달라진다. 사람들마다 관심의 초점은 상당히 다르다. 개인의 커넥톰도 끊임없이 변하지만, 개인의 내면 커넥톰 차이보다 사람들 간 커넥톰 차이가 꾸준히 증가하는데, 이것이 사람마다의 성격 차이를 설명한다. 자연의 세계를 사랑하는 사람은 항상 동식물을 손가락으로 가리키지만, 증기기관차를 좋아하는 사람은 엔진 카트리지 사이의 미세한 차이를 알아차린다는 사실은 그리 놀랍지 않다. 이들은 나무와 울타리를 배경으로 한 똑같은 시골 기차역 사진을 봐도 다른 것을 '본다'. 세상을 인식하는 필터뿐 아니라 신경망의 구성에 따라 주어진 내용을 해석하고 평가하는 방법이 결정된다.[5] 예를 들어, 어떤 상황에서도 긍정적인 면을 찾아내는 친구가 있는가 하면, 부정적이고 우울한 감정만 생각하는 친구도 있다.

우리는 커넥톰에 차이가 있지만, 서로 양립할 수 없을 정도로 성격이 다르지 않다는 점은 놀랍다. 1990년대 인기를 끈 《화성에서 온 남자, 금성에서 온 여자Men Are from Mars, Women Are from Venus》라는 심리학책이 있다. 성별의 차이를 떠나, 우리 뇌가 세상을 다르게 인식하고 해석하기 때문에, 모든 개인은 타인과 거리가 멀고 고립된 자기만의 행성에 있다는 결론을 충분히 내릴 수 있다. 이 개념에 대해 작가 찰스 디킨스Charles Dickens는 《두 도시 이야기A Tale of Two Cities》에서 이렇게 썼다.

모든 인간 피조물은 서로 아주 비밀스럽고 신비한 존재가 된다. 내가 밤에 위대한 도시에 들어가면 어둡고 밀집

된 집들은 각자 자기만의 비밀을 안고 있고, 각자의 집 안
에 있는 방도 각자의 비밀을 안고 있으며, 수십만 개의 뛰
는 심장도 각자 상상 속에서 가장 가까운 곳에 비밀을 품
고 있다는 장엄한 생각이 들었다!

나는 우리가 모두 고립되어 있고 서로에게 말 못 할 비밀을
간직하고 있다는 사실이 어둡고 암울하다고 생각됐지만, 디킨
스는 이것을 '경이로운 사실'이라고 말했다. 그렇다면 우리 인
간은 본능적으로 드는 생각보다도 서로 더 가깝게 연결되어
있다는 이 책의 중심된 생각은 무엇을 남기는가? 우리의 마음
은 모두 다 다르다는 말은 사실이며, 지구상에 존재하는 수십
억 명의 사람들이 유일무이하다는 생각은 정말 놀랍다. 그러
나 우리의 DNA 암호처럼, 독특하다고 해서 독립적이라는 뜻
은 아니다. 우리의 마음은 역동적이며, 끊임없이 변한다. 우리
의 마음은 우리에게 유일무이한 보석이지만, 모든 방향에서
정보가 들어오는 세상의 교차로이기도 하다. 이 바쁜 교차로
로 들어오는 정보의 거대한 출처는 다른 사람들이다. 우리가
서로 교류하면, 거의 공상과학 영화처럼, 각자 마음속 생각을
나타내는 신경 활동의 패턴이 서로의 커넥톰을 통해 전달될
수 있다. 개인 간 DNA 정보의 수평적 이동과는 달리, 우리의
커넥톰 간에 정보의 수평적 이동은 드문 현상이 아니다. 오히
려 정보는 거의 끊임없이 커넥톰 간에 흐르며 우리의 뇌는 봉

인된 보물 상자라기보다는 열린 문에 가깝다.

　이 같은 정보 전달 이면의 기제를 일부 알아보기 전에, 머릿속에서 실험을 한번 해보자. 중앙에 분홍색 원이 들어 있는 초록색 삼각형을 떠올려보자. 그 이미지를 머릿속에 계속 생각하자. 자, 지금 막 '신경세포적으로 표현된' 생각을 멀리서 성공적으로 전달했다. 이 생각은 우리의 뇌 속에 신경망을 둘러싸고 고동치는 전류에 저장된 정보에 의해 반영되었다. 내가 이 문장을 쓸 때, 내 머릿속의 신경세포가 발사된 것 같이, 여러분이 삼각형과 원을 시각화할 때, 삼각형과 원 모양을 표현하기 위해 여러분의 뇌 속의 신경세포도 발사되었다. 우리는 서로 약간씩 다르게 '연결되어' 있으므로, 여러분의 뇌에서 신경망의 공간상 배치는 나의 뇌 속 신경망의 배치와는 다를 것이다. 그러나 우리 마음속에 연상되는 개념은 동일하다.[6] 분명히 서로 다른 뇌인데, 나와 떨어진 곳(어디에서 이 글을 읽는지에 따라 달라지겠지만)에, 게다가 다른 시간대에 생각이 쉽게 전달됐다. 이것이 바로 글의 마법이다. 전 세계의 거대한 도서관들은 먼지 덮인 책으로만 채워진 것이 아니라, 다양한 시대에 걸쳐 수백만 명의 커넥톰에서 유래한, 완벽하게 저장된 정보를 보유하고 있다. 그 책의 작가들은 자기 머릿속의 신경세포가 표현하는 생각들을 종이 위에 옮길 때, 나중에 우리가 그 글을 읽고 그 페이지 속의 신경세포들이 우리 뇌 속의 신경세포로 전달되기를 기다렸다.

인터넷 시대에 마음 간의 정보 전달은 훨씬 더 쉬워졌다. 거의 실시간으로 대화할 수 있게 되어 인간이 지식을 축적하고 이해하는 속도가 빨라질 수 있는 잠재력이 향상됐다. 그러나 일부 회의적인 사람들도 있다. 미국 수학자 형제 도널드 저먼Donald Geman과 스튜어드 저먼Stuart Geman은 2016년 〈미국국립과학원회보Proceedings of the National Academy of Sciences〉에 커뮤니케이션 기술의 발달이 지난 50년간 훌륭한 과학 혁신이 부족한 이유일 수도 있다는 내용의 편지를 실었다.[7] 그들은 '집단 사고'와 독립적인 창의력이 감소한 원인으로 지나친 커뮤니케이션을 꼽았다. 저먼 형제는 다양성으로 이어지는 진화의 과정(종들이 진화하려면 어느 정도 독립적인 고립이 필요하다)과 새로운 아이디어의 다양성 사이의 유사점을 찾았다. 종간 유전자 풀의 완전한 동질화가 새로운 종의 형성을 방해하는 것은 사실이지만, 일부 유전자의 종간 수평적 이동이 새로운 종의 진화를 이끈다는 것도 사실이다. 이와 비슷하게, 사람들은 사람들 사이의 소통으로 계속해서 독창적인 아이디어를 창조할 수 있고, 새로운 통찰력을 가속화할 수도 있다. 앞서 박테리아가 종간에 유전자를 공유할 때, 항생제 화학물질에 대한 해결책을 빨리 찾는 것처럼, 우리는 생각을 공유할 때 더 빠르게 혁신한다. 편지를 주고받으며 정보를 공유해 진화론을 다듬을 수 있었던 찰스 다윈과 알프레드 윌리스Alfred Wallace가 전형적인 예이다. 진화론을 만든 공이 주로 다윈에게 돌아가지만, 윌리스와 유전학자 그레고리 멘델Gregor Mendel과 같은 다른 많은 과학자가 진화론의 토대가 된 연구에 상당한 기여를 했다. 이와 비슷하게, DNA의 이중나사구조 발견은 로절린드 프랭클린Rosalind Franklin, 모리스 윌킨스Maurice Wilkins, 제임스 왓슨James Watson, 플랜시스 크릭Francis Crick(앞의 두 명은 크게 인정받지 못하고 있다)의 공동 노력의 결과였다. 현대사회에서 실시간에 가깝게 국제적으로 협력할 수 있는 덕분에 이 같은 연구진의 규모는 훨씬 더 커졌고, 개별 과학자가 전체 해결 방법에서 작은 한 조각의 직소 퍼즐을 맞추는 임무를 맡게 되는 거대한 혁신 프로젝트가 탄생하게 되었다. 이런 사례들로는 인간의 전체 DNA 암호를 이해하는 데 도움이 된 인간유전체프로젝트와 우주의 기본적인 물리학의 비밀을 풀기 위한 대형 강입자가속기Large Hadron Collider와 세계 최대의 해저탐사선 넵튠Neptune과 방사광가속기Advanced Light Source와 유럽 초대형 망원경E-ELT이 있다.

혼자의 힘으로 역사를 만든 천재에게 훌륭한 아이디어를 만든 공을 돌리고 싶지만, 과학의 역사를 살펴보면 혼자서 역사를 만든 경우는 거의 없다. 여러 시대에 걸쳐 많은 인물이 기여한 지식이 축적되어 훌륭한 아이디어가 탄생하게 된다. 이렇게 말하면 상투적으로 들릴지 모르지만, 우리 개개인에게는 거인의 어깨를 딛고 올라서 인간 지식의 지평선을 넓힐 기회가 있다. 이렇게 지식이 연결되어 있다는 증거는 여러 명이 '때가 도래한' 똑같은 아이디어나 혁신을 우연히도 동시에 생각해내는 일이 빈번하다는 데서도 찾을 수 있다. 역사적으로 발명가 한 명의 성과로 공을 돌리긴 하지만, 형광등 전구, 온도계, 전화기, 증기선, 피하주사기는 모두 다 다른 장소에서 여러 사람이 발명했다.[8] 발명가들이 독자적으로 아이디어를 낸 것처럼 보이지만, 그들은 공동의 지식 풀에서 지식을 합성하고 있었다. 직접 확인하고 싶다면, 존 브록만John Brockman이 엮은 《엣지 시리즈Edge Question Series》를 살펴보자. 호기심을 자극하는 이 책에서는 여러 유명한 사상가, 작가, 철학가, 과학자들에게 단 하나의 질문만 던진다. 브록만은 응답자들의 직업별로 답변을 정리했는데, 읽어보면 얼마나 많은 사람이 똑같이 새로운 아이디어를 제시하는지 놀라움을 금치 못한다. 우리는 말과 글로 우리의 커넥톰을 연결하여 인류의 지식 총량을 빠르게 늘리고 있다. 창조와 혁신은 독자적으로 행동하는 천재들의 전유물이 아니라, 하나로 연결된 인류 전체의 공동 노력의 성과물이다.

말과 글을 넘어서 신경과학자와 인지과학자들은 최근 우리의 커넥톰이 다른 사람의 커넥톰과 어떻게 상호작용하는지 더 많이 알게 되었다. 여러 프로세스 가운데 특히나 원시적이지만 중요한 '공명resonance'이라는 과정이 있다. 여기에서 신경 패턴은 생각이 아니라 감정을 촉발한다. 아이가 울고 있는 비디오를 보면, 우리는 공감 상태가 되어 아이가 겪는 고통이 반영된 깊은 감정을 느낀다. 이러한 감정은 우리가 고통을 단지 관찰하는 게 아니라 우리의 뇌 속에서 정확히 똑같은 통증 센터가 활성화되는 것으로, 우리가 이러한 공감 상태에 있을 때 타인의 고통을 실제로 느낀다는 것을 의미한다.[9] 공명 과정은 기쁨의 감정에도 동일하게 발생한다. 누군가 미소를 짓고 웃으면, 본능적으로 우리 내면에도 같은 감정이 솟구치는 걸 느낀다.

이와 관련되는 과정으로는 다른 사람의 행동을 관찰하고 그 사람의 행동을 똑같이 따라하는 '미러링'이 있다. 거울신경 세포가 활성화되어 다른 사람의 행동을 무의식적으로 따라 하게 되는 것이다. 우리와 대화하는 상대방이 팔짱을 끼고 우리와 같은 자세로 등을 기대고 있다면, 아마도 그들의 커넥톰에서 미러링 시스템이 활성화되어 있을 것이다. 우리의 커넥톰도 마찬가지다. 이러한 미러링의 기능에 대해 몇 가지 설명이 가능하지만, 아직 어떤 설명이 옳은지 완전히 정리되지 않았다. 미러링의 기능은 다른 사람의 행동과 의도를 더 잘 이해하기 위해서일 수도 있고, 사회적 결속과 단합을 높이기 위해서일 수도 있다. 상호신뢰 관계를 형성하거나, 다른 사람으로부터 새로운 기술을 따라 배울 수 있도록 진화됐을 수도 있다. 이유가 무엇이든, 미러링이라는 행동은 인간과 다른 영장류에 널리 퍼져 있다.

찰스 디킨스는 또한 이러한 현상과 사람들 사이의 감정의 전파를 깊이 인지했다. 《두 도시 이야기》에서 그는 법정 재판

장면을 다음과 같이 묘사했다.

> 많은 사람이 주목한 장면에서 여주인공은 얼굴에 강한 감
> 정을 표출했고, 그걸 지켜보는 관중도 무의식적으로 여주
> 인공의 감정을 따라서 느꼈다. 여주인공이 증거를 제시하
> 면서 느끼는 극도의 걱정과 의지가 그녀의 이마를 통해 드
> 러났다. 판사가 기록할 수 있게 말을 멈춘 그녀는 판사의
> 행동이 찬반을 결정하는 변호인단에게 어떤 영향을 미치
> 는지 지켜보았다. 재판장 곳곳에 있던 관중들도 주인공과
> 같은 감정을 표출했다. 대다수 관중의 이마는 여주인공의
> 감정이 투영된 거울이 되었을지 모른다.

찰스 디킨스가 쓴 같은 소설의 앞부분에 나오는, 모든 사람
의 마음이 잠겨 있다는 내용과 이 장면은 다소 모순된다. 앞부
분과는 반대로 감정은 사람들 사이에 빠르게 퍼질 수 있는 것
같다. 우리의 마음이 잠겨 있다면, 다른 사람이 우리의 마음을
여는 열쇠를 가지고 있을 것이다. 어쩌면 우리는 감정을 꽁꽁
숨겨두지 않고 상투적인 표현처럼 '낯빛에 감정을 여실히 드러
내고' 있을지 모른다. 그런데 이런 표현을 넘어서, 사람들의 마
음 사이에 생각과 감정이 신경 패턴의 전달을 통해 강력하고
일관되게 연결되어 있다는 사실은 과학적 증거와도 일치한다.
물론 다른 사람의 관점에서 세상을 '보도록', 우리 전체의 커넥

톰을 전달할 수는 없다. 어쩌면 미래에는 세바스찬 승Sebastian Seung(승현준)이 《커넥톰, 뇌의 지도》에서 추측한 것처럼, 누군가의 커넥톰을 컴퓨터로 전송해 '다운로드' 받을 수 있을지도 모르지만, 한동안은 불가능할 것이다. (우리 뇌가 엄청나게 복잡한 걸 생각했을 때, 기대하진 말자.)[10] 따라서 현재로서는 말과 글, 음악과 미술, 공명과 미러링과 같은 프로세스를 통해 커넥톰에 있는 신경 패턴을 부분적으로 전달하는 데 만족해야 할 것이다. 이러한 도구들은 예술적으로 사용되어 다른 사람의 내면을 들여다보는 훌륭한 창문이 될 수 있다. 또한 잘 알겠지만, 우리가 사랑하는 사람과 오랜 시간을 함께하면 그들의 눈을 통해 세상을 완전히 볼 수는 없겠지만, 그들의 커넥톰이 어떻게 돌아가는지를 알 수 있는 직관력이 생긴다.

디킨스의 우울한 예측처럼 우리는 결코 다른 사람의 마음 속 비밀을 전부 다 알 수는 없다는 말이 어쩌면 맞을 것이다. 그러나 우리 마음은 외딴섬이 절대로 아니라는 점은 분명하다. 우리는 계속해서 말과 글을 통해 그리고 공명과 미러링과 같은 공감 프로세스를 통해 커넥톰 사이에 정보를 공유하고 있다. 그리고 여기서 다루진 않았지만 음악과 미술 같은 비언어적 커뮤니케이션 방법들도 있다. 우리는 다른 모든 인풋처럼 커넥톰이 현재 어떻게 구성되어 있느냐에 따라 이러한 미디어를 자신만의 방식으로 해석하지만, 정서적인 반응에는 강력한 공통점이 있는 것 같다. 음악가는 악보를 통해 음악을 감상하는 사람들이 생각에 잠기게 하거나 환희나 슬픔을 느끼게 할 수 있다. 오케스트라가 백 명의 청중을 대상으로 바흐의 곡을 연주하는 장면을 상상해보자. 연주를 듣는 사람들의 머릿속 신경세포는 약간의 변주가 있지만 악보에 따라 전반적으로 같은 패턴으로 반짝인다. 250년 전, 한 독일인의 머릿속에 있던 복잡한 신경 패턴이 악보로 표현된 뒤 수백 명의 사람의 고막을 울리는 공기의 진동으로 바뀌어, 요한 세바스찬 바흐의 머릿속에 있던 오리지널 정보와 어쩌면 똑같은 감정을 느끼게 하는 것은 마법과 같은 일이다.

감정도 공기 중에 화학적 메시지를 통해 사람들 사이에 전달된다. 이러한 화학적 메시지를 의식적으로 감지할 순 없지만, 기분에 따라 달라지는 개인마다 특징적인 페로몬은 느낄 수 있다. 우리의 감정 상태는 우리의 페로몬 향을 맡은 사람에게 전달된다. 릴리안 뮤지카 패로디Lilianne Mujica-Parodi와 동료 과학자들은 2009년 실험에서 초보 스카이다이버의 겨드랑이에서 땀 샘플을 채취한 뒤 피험자들 몰래 공기 중으로 분사해 냄새를 맡게 했다.[11] 대조군으로 또 다른 피험자들은 러닝머신을 뛴 사람의 겨드랑이 땀 냄새를 맡게 했다. 이 경우에는 흘린 땀의 양은 같았지만, 아드레날린은 없었다. 냄새만으로는 둘의 차이를 구분할 수 없었다. 둘 다 약간씩 땀 냄새가 났다. 그러나 뇌 스캔을 한 결과, 러닝머신을 뛴 사람이 아닌 스카이다이버의 땀 냄새가 공포와 연관된 신경 구역인 뇌의 편도체 부분에서 큰 반응을 유발한 것으로 나타났다. 뮤지카 패로디는 인간의 사회적 역학에는 생물학적 요소가 숨겨져 있다고 주장했다. 감정 스트레스는 경고성 페로몬을 생성해, 다른 사람들에게 감정을 전염하는 것 같다. 2017년에 다른 팀의 과학자들이 진행한 연구에서는, 스트레스를 유발하는 페로몬이 이에 노출된 사람들의 실적을 떨어뜨릴 수 있다는 사실이 발견됐다. 치의대 학생들은 스트레스를 많이 받는 시험에서 학생들이 입었던 티셔츠를 입힌 마네킹을 대상으로 치과 진료를 해야 하는 상황에서 능력치가 떨어지는 결과가 나왔다(반대로 대조군에는 평온한 강의를 들은 학생들이 입었던 티셔츠를 마네킹에게 입혔다).[12] 바로 여기에 인생의 교훈이 있다. 스카이다이빙을 한 뒤나 스트레스를 받는 시험을 친 다음에는 치과에 가지 말라는 것이다.

우리는 매일 대부분의 시간에 다른 사람의 커넥톰과 연결되어 있다. 같은 책을 읽으면서 글을 통해 다른 사람과 연결되어 있을지 모른다. 동시에 주위에 목소리가 들리거나, 음악을 듣거나, 방 안에 있는 다른 사람을 의식하면 우리의 신경 패턴이 다른 사람의 신경 패턴과 연결되어 있는지 모른다. 따라서 우리가 진짜로 고립된 적이 있다고 주장하긴 힘들다. 그것은 단지 관점의 차이일 뿐이다. 다행히도 우리의 커넥톰은 역동적이므로 우리는 관점을 바꿀 수 있다.

이웃을 사랑하라
(그리고 그들을 따라하라)

Love thy neighbour(then copy them)

겨울철에 캐나다 매니토바의 기온은 밤새 영하 40°C까지 떨어졌고, 수 주 동안 기온이 영하 18°C를 밑돌았다. 작은 외딴 마을은 두꺼운 눈 속에 갇혔다. 퍼스트 네이션 원주민들만 사는 한 마을에는 한때 이상한 사건들이 잇달아 발생했다. 이 마을은 비행기를 타야만 들어갈 수 있으며, 한겨울에 6~8주의 짧은 기간 동안 얼어붙은 주를 가로지르는 길이 만들어질 때만, 사람들은 육로로 바깥세상과 왕래할 수 있다. 아마도 이렇게 고립된 위치와 외지인을 달가워하지 않는 분위기가 이 마을에서 벌어진 불행한 사건들을 설명할 수 있을 것이다.

일 년 중 가장 춥고 어두운 4개월의 마지막 달인 1995년 2

월 1일에 모든 일이 시작됐다. 목을 매단 14세의 소년이 발견됐다.[1] 정확히 한 달 뒤에 16세 소녀가 비슷하게 죽은 채 발견됐다. 전체 주민이 1,500명이 채 안 되는 작은 마을에 두 명의 청소년이 자살한 사건은 끔찍했지만, 이는 불행히도 뒤이어 발생할 수많은 자살 사건의 신호탄에 불과했다. 그다음 달에 두 명이 추가로 자살을 했다. 둘 다 20대 초반으로 한 명은 목을 매달았고 다른 한 명은 총으로 자살했다. 12~15세 사이의 남자아이 세 명도 목을 매달아 자살을 시도했지만 실패했다. 다음 달인 4월에 추가로 3명이 목을 매고 자살 기도를 했고, 한 명은 약물로 자살을 시도했다. 이러한 사건들이 그렇게 작은 마을에서 독립적으로 발생할 확률은 아주 낮으므로, 이 사건들은 어떻게든 연관되어 있다고 결론 내렸다. 사람들은 이 현상을 자살 전염이라 불렀는데, 아직 상황이 끝난 건 아니었다.

5월에는 상황이 더 빠르게 전개됐다. 소녀 4명이 약물 중독으로 자살을 시도했고, 뒤이어 18세 소년과 17세 소녀가 목을 매달려고 했으며, 23세 소년은 총으로 자살을 시도했지만 치명상을 입지는 않았다. 다른 4명의 아이는 자살 시도를 할 위험성이 높다는 정신감정 결과를 바탕으로 마을 밖으로 이송됐다. 이러한 노력에도 불구하고, 당국은 15세 소녀와 21세 소년이 목을 매달고 자살한 사건을 막지 못했다.

불과 몇 주 사이에 6명이 사망하고 수십 명의 자살 시도가 이어진 이 끔찍한 비극의 원인은 무엇일까? 자살 사건이 언론에 보도되면, 어떻게 보도되느냐에 따라 또 다른 자살 시도에 영향을 미칠 수 있다. 이제 대부분의 언론은 이런 사태를 예방하기 위해 특정 방식으로 자살 사건을 취재하게끔 기자들을 훈련한다. 최근의 자살 사건으로 인해 사람들은 스스로 자살을 생각하게 되었다. 그러나 그 이면을 들여다보면 작은 매니토바 마을에서는 자살한 사람들끼리 서로 교류한 것이 분명하다. 적어도 세 명은 가까운 친구 사이였고, 자살에 관한 내용의 편지를 서로 주고받았다. 이 사회적 교류에서 자살은 '전염성이 있는' 행동일 수 있고, 어울리는 무리 중에 자살한 친구가 있으면 다른 친구도 자살할 확률이 높다는 것을 보여 준다.

자살 행동이 정말 전염성이 있을까에 의문을 제기하며, 성격이 비슷한 사람들끼리 어울린다는 점을 지적할 수도 있다. 우울증과 같은 특징이 자살 성향으로 이어질 수 있으며, 자살 성향이 있는 사람들이 함께 모이게 된다는 것이다. 이것이 기여 요인이 될 수 있지만, 직장 동료처럼 친구가 아닌 관계에서도 자살이 전염성이 있다는 증거가 있다. 스웨덴 스톡홀름에서 120만 명의 사람들을 대상으로 진행한 연구 조사에서 자살한 동료가 있는 사람이 자살할 확률이 3.5배 높은 것으로 나타났다.[2]

소셜 네트워크에 대한 설문조사에서는 다른 많은 경향과 행동이 사람들 사이에 빠르게 전파되는 것으로 나타났다. 여기에는 비만 위험, 음악 취향, 투표 성향과 같은 것도 포함된다. 함께 어울릴 무리를 직접 선택했다는 사실을 감안하더라도 소셜 네트워크에서 가깝게 연결된 사람들은 서로 행동과 의견이 비슷했다.

물론 다른 사람의 영향을 받을 수 있다는 사실은 오래전부터 알려져 있었다. 네덜란드 철학자 스피노자는 우리는 마음대로 결정할 수 있는 완전한 자유 의지가 있다고 느끼지만, 다른 사람이 우리의 결정에 얼마나 강한 영향을 미칠 수 있는지에 대해 글을 썼다. 과거보다 우리를 더욱 연결시키는 인터넷과 소셜 미디어의 부상으로, 일부 연구자들은 경고의 목소리를 내고 있다. 심리학자 로버트 엡스타인Robert Epstein의 말에 따르면, '과거에는 없던 일이 현재 벌어지고 있다. 사람들이 인지하지 못하지만, 기술은 빠르게 발전해 사람들의 행동과 의견, 태도와 신념에 큰 영향을 미칠 수 있다.'[3]

역사학자 유발 노아 하라리Yuval Noah Harari는 학자들이 문화를 '정신적 감염 또는 인간이 자신도 모르게 숙주 역할을 하는 기생충'이라고 보는 관점이 어떻게 증가하는지를 설명한다.[4] 2016년 세계 정치는 점차 분열되었고 소외받던 의견들이 중심을 차지하고 있다. 영국은 막대한 비용이 드는 유럽연합EU 탈퇴를 투표로 결정했고, 미국은 도널드 트럼프 대통령을 당선시켰다. 많은 전문가는 지면 매체와 온라인 매체가 사실에 근거하지 않는 메시지를 전파하며 사람들의 표심에 큰 영향을 미치고 있다고 지적했다. 인터넷을 통해 퍼지는 해로운 '밈'의

또 다른 예는 백신 반대운동의 확산이다. 백신접종의 안전성에 대한 회의론은 처음 대두된 게 아니며, 백신접종을 처음 시작한 이래로 계속 있었다. (중국 황제 강희는 1661년 부왕이 천연두로 사망한 이후 천연두 백신접종을 지지했으며, 백신접종이 널리 확산되도록 부정적인 대중의 의견을 뛰어넘어야 한다는 글을 썼다.)[5] 물론 사실이 제한적일 경우 의심을 하는 건 좋은 자질일 수 있지만, 백신접종으로 인한 심각한 부작용의 위험성은 미미할 정도로 줄어들었으며, MMR(홍역, 유행성 이하선염, 풍진) 백신과 자폐 사이의 연관성은 전혀 없다는 사실이 현대 과학으로 명백히 밝혀졌다. 그러나 소셜 미디어와 인터넷에는 음모론이 판치고 있고, 사람들은 자신들의 생각이 맞는다는 걸 확인해 줄 그럴듯한 정보를 찾고 있으며, 메아리 방과 같은 공간에서 생각이 비슷한 사람들과 서로 교류하면서 자신의 생각을 굳히고 있다.[6] 그 결과 최근 들어 전 세계적으로 홍역이 급증했다. 세계보건기구WHO에 따르면 2016년과 2017년 사이에 보고된 홍역 발발 건수가 30% 증가했으며, 2017년에는 전 세계적으로 홍역으로 인한 사망자 수가 11만 명으로 집계되었다. 유럽을 비롯한 많은 곳에서 이러한 추세가 더욱 가속화되고 있는데, 2016년에 5,000건 남짓하던 것이 2018년에는 8만 2,500건 이상으로 급증했다.[7] 백신에 대한 사람들의 태도 변화로 집단 면역 달성에 필요한 접종률이 95% 아래로 떨어진 결과이다.

소셜 네트워크를 통해 사람들 사이에 아이디어가 어떻게

빠르게 확산되는지를 보여주는 증거들이 쏟아져 나오고 있다. 또한 남의 의견에 따라 행동하도록 서로에게 매일 영향을 미치는 현상을 우려하는 목소리도 커지는 것 같다.[8] 이런 현상이 증가하자, 세계경제포럼WEF은 오늘날 우리가 직면한 가장 중요한 지정학적 위험 요소 중 하나로 '디지털 산불과 잘못된 정보'를 꼽았다.

물론 소셜 네트워크를 통해 퍼진 정보가 전부 다 거짓 정보는 아니다. 본질적으로 사람들을 연결하는 이 네트워크에는 구멍이 많으며, 네트워크 자체는 긍정적이지도 부정적이지도 않고 중립적인 매체일 뿐이다. 인간은 영장류로 사회성이 강해, 우리의 커넥톰은 서로의 마음 사이에 '슈퍼 하이웨이'를 만들기 위해 효과적으로 연결될 수 있다. 우리는 세상의 잘못된 정보에 맞서 이러한 연결성을 긍정적인 도구로 적극적으로 사용할 수 있다. 이는 특히 소셜 네트워크를 빠르게 확장하는 신기술에 필요하다. 사회 전반적으로 긍정적인 영향을 미칠 수 있게 소셜 네트워크가 발전하도록 하는 긍정적인 조치가 필요할 수도 있다. 아인슈타인은 "세상은 사람들이 나빠서가 아니라 아무런 행동을 하지 않아서 위험하다"라고 말한 적이 있다. 여기에 행동하는 사람들의 몇 가지 사례가 있다.

웹사이트 페이션츠라이크미PatientsLikeMe[9]에 거의 50만 명의 사람이 가입했는데, 그중 많은 사람이 희귀질환을 앓고 있다. 이들은 온라인 네트워크에서 최신 치료법에 대한 정보를 공유해 최선의 방법을 찾을 수 있고, 자신의 질병을 더 잘 이해하는 사람들과 자신의 경험을 공유하면서 서로를 응원하고 있다. 이런 온라인 네트워크가 없었다면, 자신이 사는 지역에 비슷한 희귀질환을 앓는 사람들을 만날 확률은 아주 낮을 것이다. 다른 경우에도 사람들은 도움이 필요한 사람들을 위해 연결성을 활용하고 있다. 국제위기지도작성자네트워크The International Network of Crisis Mappers[10]는 실제로는 조직들의 메타 커뮤니티meta-community로 인류의 위기를 실시간으로 지도에 표시하기 위해 지리정보시스템과 모바일 기술과 크라우드소싱을 통합하고 있다. 이들 시스템은 필수 정보를 제공해 의료진, 소방관, 구급대원과 같은 재난대응팀이 가장 시급한 장소로 빠르게 달려갈 수 있게 돕는다. 그들은 2010년 아이티지진과 그 이후의 많은 재난에서 수천 명의 목숨을 구해 그들의 가치를 입증했다. 마지막 사례는 환경정의지도Atlas of Environmental Justice[11]로 이들은 전 세계 환경 분쟁 지역에 대한 실시간 데이터를 일반 시민들에게 제공해 시민들의 인식을 높이고, 네트워킹을 할 수 있는 플랫폼과 환경정의를 위해 활동할 수 있는 리소스를 제공한다. 세계적으로 납치되거나 투옥되는 환경운동가들의 수가 늘어나고 있는데, 이런 사건들을 사람들에게 알려 환경운동가들의 석방을 사회·정치적으로 압박하는 역할도 한다. 또 중공업 산업의 채굴이나 화학물질 배출로 대지와 수자원이 오염된 지역이나, 불법적으로 주민들을 퇴거시키고 환경에 해로운 활동을 벌이는 지역을 지도에 표시한다.

이러한 사례들은 신기술로 사람들을 연결하면 어떻게 서로에게 큰 혜택이 돌아가는지를 보여준다. 일부 사람들은 기술의 발전 속도를 두려워하며, 빌 게이츠Bill Gates와 고인이 된 스티븐 호킹Stephen Hawking과 같이 존경받는 사람들을 비롯해 많은 사람이 정보기술과 인공지능의 규제 없는 팽창에 대해 우려의 목소리를 냈다. 그러나 지금보다 연결성이 떨어지던 세상으로 돌아가지는 않을 것이다. 기술의 도움을 받아 더욱 확장된 소셜 네트워크는 앞으로도 우리 곁에 있을 것이다. 우리가 배웠듯이, 인간은 다른 사람들과 연결되도록 만들어진 뇌를 가진 사회적 동물로 소셜 네트워크를 통해 생각과 감정을 자유롭게 공유할 수 있다. 21세기에 신기술은 이러한 네트워크를 확대할 수 있게 했고, 이로 인해 다른 사람들에게 영향을 미치는 위력과 범위가 매우 커졌다. 이제 우리는 이러한 기술의 발달을 이끌어갈 지혜가 필요하며, 이를 통해 이 기술들을 사회에 이롭게 사용할 수 있다. 인간의 정체성은 우리의 몸의 경계에서 끝나지 않는다. 우리 마음은 서로 깊이 연결되어 있어, 이러한 소셜 네트워크와 사회를 만드는 행동이 곧 자신을 스스로 돌보는 논리적이고 단순한 행동이 된다. 그러므로 소셜 네트워크가 테러를 조장하고 잘못된 정보를 전파하며 외국인 혐오증을 생산하는 등 나쁜 목적으로 사용되지 않게 억제하고, 지구촌 수십억 명의 사람들 간에 더 긍정적이고 진보적

으로 연결되어 융성하게 꽃을 피울 수 있게 하는 제도 수립이
필요하다.

우리는 외딴섬으로
살아남을 수 없다

You cannot survive as a separate unit

결론은 바로 이것이다. 모든 생명은 연결되어 있다. 우리는 빠져
나갈 수 없는 연결된 네트워크에 갇혔고, 운명이라는 하나의 옷
에 연결되어 있다. 한 사람의 운명이 영향을 받는 것에 모두가 간
접적으로 영향을 받는다.

마틴 루서 킹 주니어Martin Luther King Jr.1

우리 인간은 지구상에서 가장 상호성이 큰 단일 종으로, 복잡
하고 놀라운 방식으로 함께 협력하는 능력이 있다. 연필을 집
어보자. 단순하고 겉보기에 명백한 사물이다. 연필은 라커 칠
을 한 나무막대가 흑연 심을 둘러싸고 있고, 끝에는 약간의 금
속과 고무가 박혀 있다. 그런데 우리가 이런 연필을 혼자서 똑

같이 만들 수 있을까? 연필을 만들려면 어떤 과정이 필요한지 잠시 생각해보자. 1958년, 미국인 사업가 레너드 리드^{Leonard} Read도 그런 생각을 했고, 〈나는 연필〉[2]이라는 단편 수필에서 자신의 생각을 표현했다. 그는 우선 연필 만드는 일은 그렇게 쉽지 않다는 점을 지적한다.

간단하다고? 그런데, 이 지구상에서 나를 만드는 방법을 아는 사람은 단 한 명도 없어. 우리 가계도는 사실 노던 캘리포니아와 오리건에서 자라는 결이 곧은 삼나무에서 시작하지. 삼나무 목재를 잘라서 철도 지선으로 운반할 때 필요한 톱과 트럭, 밧줄과 수많은 다른 장비들을 생각해봐. 목재를 가공하는 데 들어가는 인력과 수많은 기술을 생각해봐. 철광석을 채굴하고, 톱과 도끼와 모터를 사용해 철을 만들고, 삼을 길러서 무겁고 단단한 밧줄로 만들고, 침대와 식당이 있는 벌목꾼들의 캠프와 그들이 먹을 모든 식량을 기르고 요리하는 과정들을 생각해봐. 게다가 벌목꾼들이 마시는 커피 한 잔에도 수천 명의 노동이 담기지! 목재는 캘리포니아 샌 리드로의 제재소로 운송돼. 무개화차와 철로와 철로 엔진을 만든 사람들과 거기에 부수적으로 따르는 통신 시스템을 만들고 설치하는 사람들을 상상할 수 있니? 내가 만들어지기 전에 이렇게나 많은 선행사건이 필요해.

나는 이 마지막 문장이 훌륭하다고 생각한다. '선행사건 antecedent'(논리적으로 다른 것을 앞선 것들)이라는 단어를 사용하면서 그는 연필을 만드는 데 어떻게 많은 다른 사람과 그들의 발명품이 필요한지를 강조한다. 그런 다음 연필이 탄생하기까지 필요한 사람들 간의 조화로운 강한 협력을 설명한다. 제재소, 수송, 흑연 채굴 등은 한 대륙에 국한된 활동이 아니라 전 세계적으로 수천 명의 일손이 필요한 작업이다. 겉보기에 단순해 보이는 라커 칠에 이르기까지 모든 것이 많은 사람의 손과 생각을 거친다. 우리는 라커의 모든 성분을 알고 있을까? 피마자를 키우는 사람들과 피마자유를 정제하는 사람들이 필요하다고 누가 상상이나 했을까? 그런데 그들도 필요하다. 심지어 라커를 아름다운 노란색으로 만드는 과정에도 셀 수 없이 많은 사람의 기술이 필요하다! 리드는 수천 명의 지식이 필요하다는 걸 생각했을 때, 연필 한 자루를 만들 수 있는 전문 지식을 가진 사람은 아무도 없다고 주장한다. 그는 또한 연필을 제작하기 위한 모든 과정은 어떤 훌륭한 지휘자가 조율하는 게 아니라, 연필에 대한 수요와 인간 사회의 협력에서 생겨난 산물이라고 주장한다. 주목할 점은 이런 협력이 어떤 훌륭한 이타심으로 생겨난 게 아니라, 개인들이 물건이나 서비스를 교환함으로써 생겨나는 개인적 이익에 따른 단순한 결과라는 것이다. 경제학자들은 이러한 현상을 '보이지 않는 손'이라고 부른다.[3]

실제로, 수백만 명이 나를 만드는 과정에 참여하며, 그들 중에서 남보다 더 많이 아는 사람도 없다. ······ 연필 회사 사장을 포함해 수백만 명이 극히 적은 양의 정보를 알 뿐 그 이상을 아는 사람은 단 한 명도 없다. 나, 연필은 나무, 아연, 구리, 흑연 등 기적의 집합체이다. 이러한 자연의 기적에 더 놀라운 기적이 더해진다. 바로 창의적 인간의 에너지이다. 앞에서 지휘하는 사람이 없는데도 수백만 개의 작은 노하우가 인간의 필요와 욕구에 반응해 자연적으로 즉석에서 만들어지는 것이다!

단순한 연필에 이렇게 복잡한 사연이 있을 거라고 누가 생각이나 했을까! 지금 여러분이 입고 있는 옷을 비롯해 인간이 만든 모든 물건이 그렇다. 말 그대로 수천 명의 사람이 사물들의 디자인, 생산, 운반에 일조했다. 또한 이들이 사용하는 기계를 지원하는 사람들도 수없이 많다. 모든 사물에서 나온 거대하고 복잡하게 연결된 거미줄이 지구상의 수백만 명의 사람들을 연결하고 있다.

'여럿에서 하나로'를 의미하는 '에 플루리부스 우눔e pluribus unum'이라는 라틴어 문구가 있다. 미국 동전에 새겨진 이 문구는 어떻게 여러 식민지 사람들이 함께 모여 국가를 만들었는지를 지칭하지만, 인간이 만드는 물건에도 이 문구를 적용할 수 있다. '여러 사람으로부터 하나의 물건이'는 하나의 물건이 수천 명의 손을 거쳐 만들어진다는 뜻이다. 우리는 인생의 거의 모든 면에서 남에게 의존한다. 우리가 입는 옷, 전화기, 신발 그리고 이 책까지 모든 것은 우리 이전의 수많은 사람이 만든 것을 바탕으로 한다.

우연히도 컴퓨터 공학자 존 클라인버그Jon Kleinberg는 '에 플루리부스 우눔'이라는 문구를 약간 다르게 사용한다. 그는 인간이 만든 지메일이나 페이스북과 같은 '사물'이 하나의 독립된 사물이 아니라, '분산된 개체'들의 인지를 나타낸다는 의미로 이 문구를 사용한다. 사용자인터페이스UI는 단일 개체라는 허상을 만들지만, 클라인버그는 사실상 전 세계의 컴퓨터 서버가 물리적으로 흩어져 있는 많은 개체로 구성된다는 점을 지적한다. 이러한 부분들이 '독립적이지만 함께 작동해 하나의 통일된 경험이라는 환상을 만들어낸다.'[4] 물리적으로 흩어져 있는 컴퓨터 프로그램이 작동하는 방식과 '겉으로 보기에는 하나이지만 흩어져 있는' 일종의 혁신인 인간의 마음이 움직이는 방식에는 공통점이 있다. 우리 뇌는 상호작용을 하는 많은 신경망(여럿에서 하나로)에서 하나의 통일된 자아라는 허상을 만든다. 하지만 그 이면에 우리의 자아라는 허상은 주변의 다른 사람(여럿에서 하나로)의 영향을 받으며, 우리 손에 들고 있는 모든 유용한 도구는 수천 명의 결과물(여럿에서 하나로)이다. 우리의 '하나'는 다른 여러 명에 너무나도 많이 의존한다.

개미, 꿀벌, 흰개미와 같은 사회적 곤충 종들은 비슷한 방식으로 생활한다. 군락에 속한 개체들은 서로 긴밀히 협력한다. 집단의 일관된 기능을 위해 조화롭게 자신이 맡은 일을 각자 수행한다. 개별 개체는 혼자서는 살아갈 수 없다. 일벌레들은 스스로 번식조차 할 수 없다. 그들은 자율생식 기능을 포기하는 대신, 일 년에 한 번 번식 계층을 만들 수 있게 군락을 건강하게 유지한다. 우주에서 외계인들이 지구 생명체를 관찰한다면, 개미 군락이 얼마나 긴밀하게 협동하는지를 보고 나서, 개별 개체들이 사실상 하나의 집단이라는 결론을 내릴 것이다. 마찬가지로 호기심 많은 외계 생명체가 인간이 협력하고 서로의 혁신을 바탕으로 여러 손을 거쳐 제품을 만들며 그 과정에서 개개인이 조금씩 기여하는 복잡한 방식을 관찰한다면, 모든 인간은 사실상 하나로 연결된 개체이며 부분으로는 전체를 정확히 분석할 수 없다고 결론 내릴 것이다.

결국 이처럼 상호작용으로 이루어지고 얽히고설킨 집단에서 개인 한 명을 끄집어낼 때, 집단에서 분리된 이 개인이 혼자서 생존할 수 있다는 증거가 어디에 있는가? 인간의 상호보완적인 의존성을 관찰한다면, 독자적 생존이란 불가능해 보인다. 우연히 한 개인이 협력의 상호작용이라는 생명줄에서 깨끗하게 끊어져 나간다면, 그 개인은 거의 생존할 수 없다. 홀로 남겨진 오지나 툰드라의 환경은 잔인하다. 비행기 사고 이후 야생에 남게 될 때, 좋은 칼이 생존을 위한 최소한의 필수품이라는 이야기가 있다. 그러나 그 칼 하나에도 인류 전체의 거미줄이 있다. 우리는 '나는 칼'이라는 제목으로 레너드 리드가 어떻게 또 다른 수필을 쓸지 쉽게 상상할 수 있다. 옷이나 다른 모든 물건과 마찬가지로 칼을 떼어놓는다면, 우리에게는 연약한 몸밖에 남는 게 없다. 상호작용이라는 복잡한 거미줄에서 혼자 떨어뜨려 놓으면, 집단에서 쫓겨난 개미처럼 우리는 오래 생존하지 못할 것이다. 이처럼 우리는 다른 사람과의 상호작용으로 뒤엉킨 거미줄에 매달려 있다.

전체가 잘 살아야
잘 산다

You thrive when the whole is intact

현재 지구는 사람들끼리 연결하기 바쁘다. 거대생명체처럼 우리는 지표면과 지하와 대기를 가로질러 물질과 에너지의 직접적인 흐름으로 연결되어 있다. 6,400만km가 넘는 도로가 전세계에 걸쳐 있으며,[1] 동맥에서 혈액세포가 우리 몸 곳곳으로 산소를 나르는 것처럼, 도로 위에는 11억 대의 자동차가 수요가 있는 곳으로 물건을 실어 나르고 있다.[2] 세계의 대양에는 56만 척 이상의 배가 부피가 큰 물건을 싣고 운송하고 있고, 여러분이 지금 이 문장을 읽는 순간에도 6천 대 이상의 여객기가 180만 명의 사람들을 싣고 4만 1,000개의 공항 사이 하늘을 날고 있다.[3] 무엇보다 지구의 신경계통이 제일 놀라운데, 수백만 마일의 전선이 해저에 묻혀 있거나 미세한 거미줄처럼 건물 사이를 연결하고 있고, 그 위로는 1만 3,000개의 인공위성이 인간이 만든 거대한 천체처럼 지구 궤도를 돌면서 모든 방향으로 전자기파를 송신해, 70억 명의 사람들이 전화하거나, 라디오, TV, 인터넷을 통해 서로 연락할 수 있다. 공중에 손을 뻗은 채 잠시 있어 보자. 그 순간에도 백 개의 대화가 여러분의 손을 통과한다!

전 세계를 연결하려면 사람들 사이에 매우 효율적이고 복잡한 협력 네트워크가 필요하다. 게다가 여기에는 케이블과 건물과 전기 장치를 위한 금속, 시멘트를 위한 모래, 플라스틱 제품을 위한 석유, 매일 수십억의 사람이 먹을 식량 등 수천 가지의 자원이 필요하다. 앞에서 언급했듯이, 우리 인간의 몸은 개방형 시스템으로 화학물질이 음식의 형태로 주기적으로 공급되어야 한다. 우리의 몸은 그것을 열과 운동 에너지로 전환한다. 끊임없이 70억 개의 인간 엔진이 작동하고 있으므로 인간의 몸을 지탱하기 위해서는 엄청나게 많은 연료와 생산 인프라(건물, 도로, 옷, 장비)가 필요하다. 사회 전체는 매일 1,640억 kg이 넘는 원자재를 사용하고 있는데, 이는 1초에 거의 2톤 정도에 해당하는 수준으로,[4] 사용량은 점점 늘어나고 있다. 자원을 추출하고 사용한 뒤에 배출되는 쓰레기는 지구 생물물리학 과정에 아주 강력한 영향을 남기고 있으며, 지리학자들은 우리가 인류세Anthropocene라 불리는 새로운 시기에 접어들고 있다고 주장한다. 이런 주장이 인간이 세상을 지배한다는 우리의 자만심을 충족시킬지는 모르지만, 사실상 자연 세계와 인간의 관계는 점차 불안정해지는 시대에 접어들었음을 의미한다. 우리가 사용하는 많은 자원은 유한하며, 우리의 산업이 배출하는 쓰레기인 온실가스, 대기 중 미세먼지, 핵폐기물, 대양으로 흘러들어가는 미세플라스틱, 농지에서 침출되는 비료와 살충제와 같은 화학물질들이 환경에 축적되어, 우리의 건강과 다른 종들의 건강에 갈수록 더 큰 피해를 주고 있다. 〈란셋Lancet〉과 〈브리티시 메디컬 저널British Medical Journal〉과 같은 유명한 의학 저널은 이제 기후변화, 생물학적 다양성 상실, 대기오염과 같은 대규모의 전 세계적 과정을 사람의 건강과 연결 짓고 있다. 특히 가난한 국가와 도시 빈곤 지역에 사는 사람들이 이러한 위협을 더 크게 느낀다.

우리는 점점 더 자원을 효율적으로 사용하고 있으며, 쓰레기를 새로운 산업의 자원(잘 알려진 '순환 경제')으로 재사용하고 있고, 태양, 풍력, 바이오연료와 같은 재생 가능한 에너지원을 빠르게 개발하고 있다. 그러나 이러한 변화도 극히 제한적이어서, 늘어나는 자원 수요에 대응할 수준이 되지 못한다. 경제학자들은 효율성은 늘리면서 국가의 GDP 1달러를 생산하는 데 투입되는 양을 줄이는, 자원 사용과 경제 성장 간의 '상대적 탈동조화relative decoupling'를 어떻게 달성할지에 대해 말한다. 그런데 우리는 경제 성장을 위해 더 이상의 자원 고갈에 의존하지 않는 '절대적 탈동조화absolute decoupling' 근처에도 못 가고 있다. 실제로 새로운 광산과 유전과 집약 농업을 하는 경작지가 계속 커지고 있으며, 생태계에 영향을 미치고 있다.

환경주의자들은 생태계의 어떤 면을 걱정하고 있을까? '생태계'라는 용어는 생태학자 아서 탠슬리Arthur Tansley5가 만들어낸 것으로, 살아 있는 생명체들이 서로 연결된 네트워크와 물질과 에너지의 흐름을 통해 물질세계가 연결된 네트워크를 지칭한다. 가장 기본적으로 종들은 포식자-희생자, 초식동물-식물, 숙주-기생충과 같은 '영양'의 상호작용으로 서로 연결되어 있다. 다른 생명체를 먹으면 하나의 몸에서 다른 몸으로 물질과 에너지가 전달된다. 이런 흐름을 생물량피라미드biomass pyramid로 요약할 수 있다. 식물과 같은 모든 일차생산자의 생물량은 생물량피라미드의 제일 밑바닥을 구성하며, 초식동물이 중간층을, 포식자가 최상층을 구성한다. 초식동물이 식물을 먹고, 초식동물은 포식자에게 먹히면서, 에너지와 물질은 피라미드 위쪽으로 흐른다. 각 층에서 에너지의 10%만 다음 층으로 올라가며, 90%는 생명체가 신진대사를 하는 연료로 사용된다. 즉 피라미드 측면에서 운동에너지와 열에너지로 소모된다. 따라서 피라미드는 위로 갈수록 작아진다.

종들은 서로를 잡아먹는 방법 외에 더 미묘한 방식으로도 상호작용을 한다. 일부는 공동의 자원을 차지하기 위해 서로에게 영향력을 행사하고, 다른 이들은 상호이익을 위해 서로 협력한다. 조화롭게 움직이는 종의 가장 대표적인 예는 식물과 벌 같은 곤충으로, 꽃가루 매개자인 벌은 식물에서 에너지가 풍부한 꿀을 모아 이득을 얻고, 꽃 사이에 꽃가루를 옮겨 식물이 번식할 수 있게 한다. 상리공생에는 다양한 유형이 있다. 포식자 물고기는 작은 청소 물고기를 잡아먹지 않으며, 작은 청소 물고기는 포식자 물고기의 몸에 붙어 있는 기생충을 잡아먹는다. 개미는 식물 줄기의 구멍을 집으로 사용하며, 그 대가로 식물을 초식동물로부터 보호한다. 상리공생은 너무나 복잡해 하나의 종이 어디에서 끝나고 다른 종이 어디에서 시작되는지 구분하기 어려울 때가 있다. 예를 들어, 나무와 바위 표면에 자라는 딱딱한 지의식물은 실제 서로 다른 균류와 조류가 같은 몸을 공유한 공생체이다. 앞서 우리가 어떻게 우리 체내 세포 속에서 독립생활을 하는 고대의 박테리아와 인간 세포의 키메라인지 논의했으며, 일상적으로 우리가 장내 박테리아에 의존하고 있다는 점도 언급했다.

종간의 이 모든 상호작용의 결과는 생태계가 작동하는 방식의 복잡성이다. 이는 생태계 한 부분이 영향을 받으면, 예상치 못한 방식으로 다른 부분도 영향을 받을 수 있다는 것을 의미한다. 과학 연구가 진행 중이고 우리는 아직 이런 관계 대부분을 이해하지 못하지만, 이 상호작용의 연쇄효과가 가진 놀라운 잠재력을 보여주는 집중 연구 사례들은 있다.

영국 남서부 지역 언덕에서 한때 엄청난 수의 큰점박이푸른부전나비가 발견되었는데, 20세기 중반 들어 수십 년 사이 개체 수가 줄어들기 시작했다. 하지만 아무도 감소 원인과 감소를 막을 방법을 알지 못했다. 1979년 큰점박이푸른부전나비는 안타깝게도 영국에서 멸종했다. 과학자들이 이 나비의 멸종을 유발한 복잡한 상호작용을 조사했고, 큰점박이푸른부전나비가 토양에 사는 특정 종류의 붉은개미에 의존한 사실을 발견했다. 큰점박이푸른부전나비가 붉은개미를 속여 나비의 애벌레를 개미의 유충으로 착각하게 만들고, 개미는 나비 애벌레를 땅속으로 데려가 자신의 새끼처럼 기른다. 그 결과 일 년도 안 돼 나비가 안전하고 건강하게 탄생한다. 이 붉은개미는 열을 좋아하는 종으로 풀이 짧고 따뜻한 곳에서 잘 살았는데, 부분적으로는 풀을 먹는 포유류의 수가 줄면서 그 지역의 풀이 길게 자라게 되었다. 농부들이 목초지에서 방목하는 양의 수를 줄였고, 점액종 바이러스myxomatosis virus가 토끼의 개체 수를 어마무시한 수준으로 줄였다. 풀을 먹으며 풀을 짧게 유지시키던 양과 토끼가 줄어들면서, 풀은 우거졌으며, 그로 인해 토양이 그늘져 개미가 살기에 추운 환경이 되었다. 사건들이 아주 복잡하게 연쇄적으로 작용해 나비의 운명을 결정한 것이다. 바이러스와 가축 수를 줄인 농부들의 결정이 초목 길이에 영향을 미쳤고, 그 결과 개미의 수에 영향을 미쳐, 나비 개체 수의 하락으로 이어졌다. 이런 연쇄작용을 알게 된 보호주의자들은 스웨덴에서 큰점박이푸른부전나비를 다시 도입했고, 방목 관리에 신경을 써서 최적의 목초지를 유지했다. 그 결과, 영국 남서부 지역 언덕에는 30개 이상의 나비 군락이 다시 번성하게 되었다.[6]

토지 관리 방식이 약간 바뀌고 초식동물 두 종의 개체 수가 줄어든 결과가 생태계에 이처럼 커다란 영향을 끼칠 수 있다면, 수천 종이 줄어들 때 어떤 영향을 미칠지 생각해보자. 집약적인 농업활동, 저인망어업, 채굴, 대량 수송과 같은 인간의 잔인한 산업 활동은 '생명의 천'에서 실을 두 줄만 당기고 어떤 결과가 나타나는지를 보는 게 아니다. 사실상 천의 상당 부분을 찢어버리고 있으며, 그로 인한 결과는 알 수 없다. 우리는 앞서 언급한 생물량피라미드의 기반을 약화하기 시작했다. 식물과 다른 생물('독립영양' 생물은 스스로 태양광이나 주변 환경의 무기농 화학 물질에서 에너지를 생성할 수 있다)이 만들어낸 에너지와 물질은 초식동물과 같은 다른 종이 보통 사용할 수 있으며, 광범위한 종류의 포식자와 기생충을 뒷받침한다. 우리 인간은 지구상에서 추정되는 870만 개의 종 중 하나일 뿐인데,[7] 지구 전체에 식물이 생산하는 모든 물질의 4분의 1 이상을 사용하고 있다[8]. 게다가 남획과 사냥으로 수확량을 늘리고, 살충제, 화학비료, 미세플라스틱, 산성비와 기타 환경 오염물질 등으로 생물학적 종에 영향을 미치고 있다. 인간 활동의 규모와 영향은 실로 엄청나다.

자연을 우리와는 다른 외적인 것으로 생각했고, 정복하고 이용해야 할 대상으로 생각했기 때문에, 우리는 지구 생태계가 이런 피해를 입어도 내버려두었다. 그러나 자연을 계속 파괴하면 결국 우리의 파멸을 앞당긴다는 사실이 점차 분명해지고 있다. 우리로 인한 환경 피해가 더 심해질수록, 극심한 기후 이변과 침습적인 종, 팬데믹 질병과 식량 불안정 문제는 더욱 심각해질 것이다. 이러한 문제를 예측한 1990년대 환경운동가들은 전략을 바꾸고 자연세계를 보존하기로 했다. 이전의 환경운동은 판다와 북극곰 같이 상징적인 생물학적 종을 보호하자는 것이었다. 이렇게 아름다운 생명체들이 처한 힘든 상황에 대한 인식을 높이면 이 생명체들의 생존을 보장할 수 있을 거라고 기대했지만, 결국 충분하지 않았다. 자연의 아름다움을 위해 자연을 보호하자는 외침은 맹목적이고, 세계 경제 개발로 인한 파괴의 물결을 막기에는 역부족이었다. 결국 많은 환경운동가는 작물 수분, 해충 방제, 토양 침식방지, 기후 관리, 수자원 정화 등 생물학적 종들이 우리에게 제공하는 유용한 것들을 평가해 그들 가치의 중요성을 강조하는 방식으로 전략을 수정했다. 환경보호주의자들은 야생종이 사라질 경우, 인간의 노동이나 기술 혁신으로는 절대 그들을 대체할 수 없으며, 대체하려면 막대한 비용이 들 거라고 주장했다. 자연은 공짜로 이런 서비스를 제공하지만, 우리는 자연의 진정한 가치를 모른다. 생태계가 물을 정화하는 능력을 없애는 산림 벌채 같은 인간의 활동으로 자연에 피해를 줄 때, 그 비용은 무시된다. 국가 차원에서 GDP(국내총생산)와 같이 한 국가의 부의 척도가 올라갈 때 이를 성공이라 부르지만, 자연의 가치는 파괴되고 있다.

새로운 부류의 환경운동가들이 생각한 해결 방안은 의사결정과정에서 자연의 가치를 더 잘 반영하는 것, 즉 경제 용어로 자연 파괴의 '비용 내재화'였다. 이 새로운 자연보호 의제에서 사용된 용어의 상당 부분은 경제학에서 빌려왔다. 경제학자들은 이미 친숙한 인적자본 혹은 금융자본과 비슷한 개념으로 자연을 '자연 자본'으로 불렀다. '그들을 이길 수 없다면, 함께하라'는 개념으로 자연의 가치를 금전적으로 산정해 자연보호가 경제적으로 이득이라는 사실을 의사결정권자에게 설득할 수 있을지 모른다. 자연보호가 더는 상징성 있는 종의 문제나 아름다운 자연 세계의 문제가 아니라, 시장 경제학과 대형 파이낸스적 접근법으로 바라보는 문제가 되었다.

그러나 결국 이 방법은 크게 잘못된 것으로 판명됐다. 우리가 자연을 파괴하는 원인은 자연을 우리의 중요한 일부분이라는 사실을 인식하지 못하는 것인데, 오히려 자연을 추상적인 소모품으로 대하면 우리는 자연에서 더 멀어지게 된다. 자연 자본이라는 새로운 패러다임에서는 인간의 자아정체성이나 소비자로서 인간의 행동 방식을 바꿀 필요가 없다. 우리는 단지 경제시스템을 바꾸어 자연에 미치는 모든 비용을 통합하기만 하면 된다. 그러나 우리의 남용(지나친 소비)이라는 원인을 해결하지 못하면, 자연에 미치는 악영향은 계속해서 커지기만 할 것이다.

세계 최대 환경기구인 세계자연보전연맹IUCN과 같은 많은 세계 주요 기구가 자연 자본이라는 개념을 받아들이고 있지만, 모든 사람이 그 개념을 수용한 것은 아니다. 자연에 대한 인간의 의존성을 인정하는 문화가 강한 원주민들을 비롯해 많은 사람이 자연 세계를 소모품으로 생각하길 거부하고 있다. 그들은 통합적인 접근법을 선호한다. 에티오피아 아디스아바바 대학의 세브세베 데미세우Sebsebe Demissew 교수는 이렇게 말한다. "그들의 문화에서는 자신이 자연의 일부이므로 숲이나 강에 금전적인 가치를 부여하는 것은 옳지 않다. 그건 마치 사람에게 '당신의 팔다리는 얼마입니까? 당신의 신장은 얼마입니까?'라고 묻는 것과 같다."[9]

이런 논의는 세계 최대의 자연 평가 과정에도 반영되었다. '생물다양성 및 생태계서비스에 관한 정부 간 과학-정책 플랫폼IPBES'은 동식물의 상태를 이해하려는 거대한 세계적 노력으로, 기후변화 과학으로 노벨상을 받은 '기후변화 정부 간 패널IPPC'과 비슷한 기구이다. 문화가 다르고 자연과 인간의 관계에 관한 이해 수준이 다른 수백 명의 과학자와 정책 입안자를 한데 모으는 과정은 쉽지 않았다.[10] 많은 참석자는 자연이 인간에게 '생태계서비스'를 제공한다는, 강력한 경제 용어를 사용한 초기 프레임을 거부했고, 결국 보다 포용적인 접근법을 채

택했다. 그 평가는 인간과 자연 사이의 연결을 정의할 때 이제 문화가 중요한 역할을 한다는 점을 인정한 것이다. 새로운 접근법이 다양한 견해가 존재한다는 점을 명백히 인정하는 것이라고 IPBES 팀의 저자들은 설명한다. 한쪽 끝에는 인간과 자연을 별개로 보는 견해가 있고, 다른 쪽 끝에는 인간과 인간 이외의 개체들은 깊이 연결되어 있으며 서로에게 책임이 있다고 보는 견해가 있다.[11] 이는 환경보존에 대해 지난 수십 년간 만연했던 경제적 접근법에서 방향이 바뀐다는 고무적인 소식을 반영한다. '자기중심적인' 결정으로 인간만 단기적으로 이득을 보고 인간을 지탱하는 자연 세계가 피해를 보는 자연과 인간 사이의 명백한 단절을 해결할 가능성을 높인다.

자연에 대한 우리의 복잡한 상호의존성을 인정하고 우리의 자아정체성을 자연과 통합하는, 자연과의 더욱 긴밀한 관계는 우리가 지구라는 유한한 행성에서 번영하는 데 필수적이다.

생물학적 분류체계가 만들어진 지 250년이 지났지만, 아직도 지구상에 서식하는 종의 90%(750만 개 이상)는 기록하지 못한 것으로 추정된다.[12] 환원적 경제 분석을 통해 개별 종의 역할을 이해하고, 그 종의 경제적 가치를 경제 시장에 통합할 수 있다는 생각은 이상적이다. 그러나 자연 세계에 미치는 해로운 영향을 최소화하려는 예방적인 접근법을 취하는 것이 중요하다. 미국인 작가이자 환경운동가인 알도 레오폴드Aldo Leopold는 "모든 톱니와 바퀴를 유지하는 게 인텔리전트 팅커링

intelligent tinkering(지적인 시행착오)의 첫 번째 예방법이다"라고 말한 적이 있다. 그러나 IPBES 글로벌 평가에서는 2019년 전 세계 육지 환경의 4분의 3과 해양 환경의 3분의 2가 인간의 활동으로 심각하게 바뀌었다고 보고되었다. 플라스틱 오염은 1980년 이후 10배나 증가했고, 그 외 다른 오염으로 세계 대양에는 400개 이상의 '죽음의 지역'이 만들어졌으며, 이 지역들을 다 합치면 총면적이 24만 5,000km²가 넘는다. 그러니까 유독성 환경으로 영국보다 더 큰 지역에서 해양 생물이 거의 완전히 사라졌다. 다 합하면 전 세계적으로 백만 개 이상의 종이 멸종 위기에 놓였다. 이 광범위한 생물학적 다양성의 파괴는 인텔리전트 팅커링보다는 훨씬 규모가 작다. 모든 실이 서로 긴밀히 얽혀 있어 종 하나가 없어지면 다른 종까지도 연쇄적으로 멸종할 수 있는 생명의 천이 풀리고 있다. 에드워드 로렌즈가 기후 패턴의 상호성에서 발견한 '나비효과'와 같이, 진짜 나비가 수백만 개의 다른 종과 연결되고 있다. 이처럼 멸종이 확산되면서 차세대 치료제를 담고 있거나 새로운 해충을 통제할 수 있는, 소중하지만 아직 발견되지 않은 동식물을 잃어버릴 위험도 있다. 궁극적으로는 인류라는 종이 멸종할 위험에 처했다.

생태계는 상호작용의 복잡하고 놀라운 과정이며, 우리 인간은 생태계 일부로 깊이 연관되어 있다. 앞서 배운 것처럼, 우리의 몸은 별개가 아니며, 내부 생태계와 외부 생태계 사이-우리 몸속에 있는 인간 이외의 세포와 우리를 둘러싼 야생종 사이-의 개방형 인터페이스로, 두 생태계 다 우리를 지탱하는 데 필수적이다. 우리는 원자적으로 움직이는 독립된 마음이 아니며, 어지러울 정도로 복잡한 기술과 세계 경제를 만든 뛰어나게 협력하는 인간 활동의 일부분이다. 그러나 우리의 산업이 우리의 생명을 유지하는 시스템의 가장 근본을 위협한다는 점을 이제는 안다. 과거 그 어느 때보다 우리는 자아정체성에 대한 관점을 넓혀 인간의 행동이 장기적으로 부메랑이 되어 인간에게 돌아오는 현상을 막아야 한다. 찰스 다윈은 모든 종간의 복잡한 생태계적 관계를 '뒤엉킨 강둑tangled bank'[13]이라고 표현했다. 우리가 모든 종을 파괴하고 자연 세계의 질을 떨어뜨릴 때, 우리는 자신을 상대로 도둑질을 하는 것이다. 자연의 뒤엉킨 강둑을 약탈한 궁극적인 대가는 우리 종의 생존일 수 있다.

3부

자아라는
환상

OUR SELF DELUSION

미소 짓는 달빛 아래
저 멀리 작은 물결이 가슴을 들썩이고
한동안 거품이 일고 반짝이다
웅얼거리다 쉼을 위해 가라앉았다가,
행복과 관심의 즐거움이
시간의 번잡한 바다에서 떠오르며
거기에 잠시 머물다가
영원 속으로 사라지는 것을 보라!

토머스 모어Thomas Moore / 한나 드래컵Hannah Dracup 1

—

우리가 무엇을 고르려고 할 때
그것은 우주의 모든 것과 연결되어 있다는 사실을 발견하게 된다.

존 무어John Muir, 〈나의 첫 여름My First Summer in the Sierra〉

커다란 선의의 거짓말: 자아의 이면에 숨겨진 거짓

The Big White Lie: the trick behind our sense of self

당신은 누군가에게 사소한 선의의 거짓말을 한 적이 있는가? 어쩌면 당신은 너무 피곤하지만, 초대한 사람의 성의를 무시한다는 오해를 받을까 두려워서 변명으로 둘러대거나, 사람들에게 상처를 주지 않으려고 일부러 진실을 말하지 않을 수 있다. 아이들에게 항상 진실만을 말하라고 가르치지만, 정작 우리는 아무런 피해가 없다고 생각되거나 선의를 베푼다고 생각할 때, 가끔 사소한 거짓말을 한다. 따지고 보면 우리는 더 큰 선(또는 그렇게 스스로 믿는다)을 위해 작은 선의의 거짓말을 하며, 이런 선의의 거짓말들이 우리 사회 문화의 구조에 스며들고 있다. 그러나 많은 인간 혁신의 산물이 그렇듯 자연이 더 빨랐다. 진화는 시대를 통틀어 가장 큰 선의의 거짓말 중 하나를 설정했고, 우리 인간은 그 거짓말에 속았다.

우리는 특정한 허상에 취약하다. 태양은 항상 동쪽에서 뜨고 서쪽으로 지기 때문에, 지구는 한곳에 머물러 있고, 태양이 지구 주변을 도는 것처럼 보인다. 외견상 합당해 보이는 이 추론이 수천 년 동안 인간의 생각을 지배했다. 16세기가 되어서야 니콜라우스 코페르니쿠스, 요하네스 케플러, 갈릴레오 갈릴레이와 같은 수학자들과 천문학자들이 마침내 당대 주장을 뒤집어, 태양중심설(태양이 태양계의 중심에 있고 행성들이 태양 주변을 돈다는 주장)이 널리 받아들여지기 시작했다. 같은 맥락에서, 19세기에 다윈과 월리스 같은 생물학자들이 우리는 유인원과 같은 조상의 후손이라는 사실을 설득하기 전까지, 인간은 조물주가 '그의' 이미지로 만든 존재로 생각됐다. 두 경우 모두 인간이 다른 것과는 다르게 독특하게 만들어진 존재이며, 우주 질서의 중심이라는 지위를 잃게 했다. 사실 이 모든 생각은 이상적인 허상이었다. 실제로 지구는 태양계에 있는 다른 모든 행성과 마찬가지로 태양 주변을 돌고 있으며, 인간은 생명의 거미줄이라는 피라미드의 꼭대기에 있는 게 아니라, 음악가 브라이언 이노Brian Eno의 말에 따르면 "셀 수 없을 정도로 많은 종 가운데 단지 하나에 불과할 뿐, 전체 구조에서 분리할 수 없을뿐더러 그 구조에서 꼭 있어야만 하는 존재도 아니다."[1]

이러한 진실은 불편할 수 있다. 21세기에도 상당수의 사람이 진화론적 역사를 사실이 아니라고 말한다.[2] 대다수가 태양 중심설과 진화를 과학적인 사실로 받아들이고 있지만, 그럼에도 완고하게 고집하면서 내려놓지 못하는 것이 있다. 개인적인 우주의 중심에 주권을 가진 독립된 정체성이 있다는 점이다.

그러나 이 역시 자신에게 하는 거짓말일 뿐이다. 우리는 우리 존재의 중심에 우리 내면의 자아라는 알맹이가 있다고 믿고 싶어 한다. 이것이 나머지 세상과는 독립된 우리만의 개인적인 정체성을 구성하며, 우리의 존재와 유일무이한 '나'의 핵심이라는 것이다. 합리적으로 들릴 수 있지만, 사실상 거의 흠 잡을 데 없는 지능적인 사기이다. 아마도 진실은 이럴 것이다. 우리 뇌는 우리가 독립적인 개체라는 잘못된 생각을 지지하도록 진화했으며, 우리의 현대 문화가 이런 개인주의적 관점을 조장하고 과장하지만, 한마디로 이것은 잔인한 허상이다.

당신은 한 살짜리 아이였을 때의 기분을 정말 기억할 수 있을까? 그 아이는 진정한 '당신'이 아니며, 적어도 현재의 당신과는 똑같은 사람이 아니기 때문에 한 살 때를 기억할 수 없다. 그 아이의 내면에는 자신에게 벌어지는 사건들을 이해할 자아가 만들어지지 않았다. 영유아에 대한 심리 연구를 보면 아이들에게는 다른 사람들도 그들만의 마음이 있다는 것을 인지할 수 있게 하는 마음이론Theory of Mind이 없다. 이 점을 증명하기 위해 기발한 실험이 고안됐다. 인형 두 개(샐리와 앤)와 구슬, 바구니, 상자를 가지고 한 실험이다. 실험자는 먼저 아이에게 두 인형 중 샐리가 바구니에 담아둔 구슬을 가지고 놀다가 방을 나가는 것을 보여주었다. 그다음 다른 인형인 앤이 바구니에서 상자로 구슬을 옮기는 걸 보여주었다. 그러고는 피험자인 아이에게 샐리가 다시 방에 돌아오면 어디에서 구슬을 찾을지를 물었다. 4세 이하의 아이들은 자신들이 알고 있는 구슬이 들어 있는 장소인 상자를 가리켰다. 반면 더 큰 아이들은 바구니를 가리켰는데, 샐리가 인지하고 있는 구슬의 위치를 이해한 것이었다. 결론은 영유아는 타인의 생각이 자신과 다르다는 것을 이해하지 못한다는 것이다. 즉, 아직은 다른 사람이 자기와 다른 생각을 할 수 있다는 것을 이해하지 못한다. 성장하면서 개인별 정체성이라는 개념이 발달하게 된다.

정체성이 생기면 좋은 점도 있다. 마음이론이 생긴다는 것은 다른 사람의 생각과 의도를, 선하든 악하든 관계없이, 예측할 수 있다는 것이다. 따라서 선사시대 사람들에게 정체성은, 손을 등 뒤에 숨기고 접근한 사람이 그들을 공격하려는 의도로 곤봉을 쥐고 있는지 아니면 우정과 동맹의 선물을 들고 있는지를 파악하는 데 큰 도움이 되었을 것이다. 뚜렷하고 일관된 정체성을 가지면 기억을 연결할 수 있어 과거의 경험을 바탕으로 더 좋은 성과를 내는 데도 도움이 된다. 예를 들어, 우리의 조상이 나무에 올라가 과일을 딸 수 있는 새로운 방법을 발견했다는 걸 기억할 수 있다면, 그 행동과 그로 인한 혜택에 대한 일관된 기억을 통해 그 방법을 반복하여 다른 사람들에게 보여줄 수 있다. 우리의 기억과 정체성은 필수적인 생존 도구이며, 진화는 우리에게 성공을 가져다주었고, 그와 함께 독립된 자율성이라는 주관적인 느낌은 더욱 발달했다. 그러나 이러한 정체성으로 우리 자신을 개인의 기억과 경험을 담고 있는 거대한 창고의 관리자라고 생각할 순 있을지언정, 진정한 객관적인 개체로 볼 순 없다.

우리의 기억을 예로 들어보자. 우리는 '자신'에게 생긴 일들을 마음속으로 암호화하며, 이런 일들이 우리라는 존재를 만든다. 성인으로서 이러한 기억과 생각을 하나의 통일된 자아 정체성으로 통합할 수 있는 것 같지만, 사실은 우리가 생각하는 것처럼 통일되지 않는다. 더 자세히 들여다보면 균열이 생기는 걸 보게 될 것이다. 일찍이 1930년대에 연구자들은 기억이 과거의 사건을 정확하게 복사한 것이 아니라 재구성된 이야기와 같다는 걸 알아냈다. 우리가 과거의 기억을 회상할 때마다, 기억은 변하게 된다. 예를 들어, 사람들에게 자동차 사고의 비디오를 보여주고 나중에 이를 떠올려보라고 할 때, 사실상 흰색 차가 없는데도 연구자들이 "흰색 차가 빨간불에 주행했나요?"와 같은 유도성 질문을 던지면, 많은 경우 그 말을 믿고 자신의 기억에 연구자에게서 들은 내용을 통합한다. 이와 비슷하게 사람들에게 어릴 적 열기구를 탄 가짜 사진을 보여주면, 많은 이들이 그 일을 자세하게 떠올린다![3] 그러나 진실을 알게 되면 사람들은 크게 충격받는다. 당신에게 중요한 어릴 때 기억을 떠올려보자. 당시를 짧은 비디오처럼 기억하든 아니면 순간을 담은 스냅사진처럼 기억하든, 많은 세부 사항이 진실이 아니라 우리 뇌가 누락된 부분을 채워 넣은 것이라는 점이 충격적이지 않은가? 발달 심리학자 브루스 후드Bruce Hood는 다음과 같이 설명한다.

우리의 자기 환상self-illusion은 개인의 기억과 매우 깊이 연관되어 있어서, 우리가 어떤 사건을 회상할 때는 사진첩을 펼치거나 시간의 한순간을 살펴보는 것처럼 우리의 역사에서 믿을 만한 사건을 떠올리는 거라고 생각한다. 그런데 그런 사건이 실제로는 전혀 일어나지 않았다는 사실을 알게 되면, 우리의 자아 전체에 대한 의심이 든다. 그러나 그건 애초에 우리가 자신을 믿을 만한 이야기라고 착각하기 때문이다.

만일 우리의 기억이 이런 식으로 조작될 수 있다면, 그리고 우리의 정체성이 우리의 기억에 묶여 있다면, 우리의 정체성도 틀릴 수 있다는 결론에 도달하게 된다. 또한 우리는 틀리게 기억할 뿐 아니라, 특히나 능력과 관련해서는 세부 사항을 종종 미화하기도 한다. 예를 들어, 사람들에게 얼마나 운전을 잘하는지, 얼마나 유머 감각이 좋은지 또는 그들의 자존감에 중요한 특징에 대해 물어보면, 50% 이상이 평균 이상이라 대답할 것이다. 그러나 뭔가 앞뒤가 맞지 않는다. 그들은 사람들이 태생적으로 자신이 남보다 우월하다는 인지 편향을 경험한다는 것을 보여준다.[4] 우리가 생각하는 대부분의 자기 모습은 그냥 진실이 아니다.

우리 자신에게 하는 거짓말은 상황을 따르기도 한다. 우리의 정체성은 우리가 어디에 있는지 특히나 누구와 같이 있는지에 따라 달라진다. 1840년대 미국과 독일에서 2년 차이로 태어난 윌리엄 제임스William James와 프리드리히 니체Friedrich Nietzsche 둘 다 이 점을 인지했다. 니체는 우리의 정체성은 우리에 대한 타인의 인식을 반영한다고 설명했고, 제임스는 우리가 다양한 사회적 환경에서 상호작용하는 사람들만큼이나 다양한 자아정체성을 가지고 있다고 말했다. 수십 년이 지난 1902년, 찰스 호튼 쿨리Charles Horton Cooley는 우리 주변의 사람들이 바라보는 우리의 모습으로 자아가 형성되어 표현되는 '거울 자아looking glass self'라는 용어를 만들었다. 쿨리는 경험적 관찰 접근법을 종종 취했는데, 일례로 자신의 자녀들을 관찰하면서 통찰력을 얻었다.[5] 그는 우리가 타인의 견해를 바탕으로 (또는 적어도 다른 사람이 우리를 어떻게 인식한다고 생각하는지에 따라) 자아상을 어떻게 형성하고 계속 발달시키는지를 알아냈다. 그는 사회와 개인은 분리할 수 없는 현상이지만 같은 것의 다른 모습이라는 결론을 내렸다.[6]

우리의 정체성은 외부세계와의 연결에 달려 있으며, 사회적 맥락이 바뀌면 우리의 정체성도 변화한다. 신경과학자 수잔 그린필드Susan Greenfield는 우리의 정체성을 상태가 아닌 동작으로 보는 게 정확하다고 제안한다. 그녀는 의식을 만들기 위해 바뀌는 패턴 속에서 빠르게 활성화되는 뇌 신경세포 다발neuronal assembly에 대한 연구를 토대로, 정체성은 일종의 딱딱한 물체나 우리 머릿속에 갇혀 있는 특징이 아니라, 주관적인 뇌의 상태로 시시각각 바뀔 수 있는 감정이라는 결론을 내렸다.[7] 누구'와 함께 있느냐에 따라 '나'를 지칭하는 단어가 달라지는 일본어처럼, 일부 언어는 자아정체성의 변화를 암묵적으로 인정하고 있다. 학자들은 불교에서의 깊은 자아 성찰과 명상을 통해 우리 안에는 영원히 불변하는 영혼은 없다면서, 소위 말하는 '아나타anatta' 또는 '무아non-self'를 주장했다. 이런 결론은 진정한 자아라는 근본적인 사물은 없으며, 자아는 끊임없이 변하고 맥락에 의존하는 특징들만 있다고 한 스코틀랜드 철학자 데이비드 흄David Hume의 '다발 이론bundle theory'과도 일맥상통한다. 이렇게 변하는 맥락은 우리가 자신에게 말하는 스토리를 바꾼다. 이는 신경과학자 아닐 세스Anil Seth의 말처럼, 우리는 '존재할 거라 예상하는' 자아가 끊임없이 변한다는 것을 의미한다. 동시대를 사는 미국 철학자이자 인지과학자인 대니얼 데닛Daniel Dennett은 자아는 우리의 중심에 있지 않고 '서술적 무게중심에서 드러난다'고 표현했다.[8]

수백 년 동안 철학은 우리에게 불변의 독립된 자아란 없다는 사실을 지적했고, 최근 수십 년 동안 심리과학, 뇌과학, 인지과학도 동일한 결론에 도달했는데, 왜 우리는 불변의 주관적인 자아를 주장하는가? 물론 이론적으로 진실을 아는 것과 진실을 완전히 경험하고 인정하는 것은 별개다. 가끔 우리의 진정한 본성을 짧은 통찰력으로 만날 수 있다. 우리는 마음 밖으로 나와 이러한 객관적 진실을 보려고 노력하는 것만큼, 겉으로 보기에는 통일된 '나'라는 관점에서 주관적으로 세상을 경험하는 마음으로 빠르게 되돌아간다.

왜냐하면 우리 몸과 마음은 우리가 이런 관점에서 세상을 보도록 진화됐고, 이에 놀라울 정도로 잘 적응했기 때문이다. 자아에 대한 환상으로 인해 우리는 우리의 몸이라는 수단을 포식자들에게 잡아먹힐 가능성이 작고, 식량과 쉴 곳을 찾을 가능성이 크며, 사회적 지휘를 높이거나, 자기 환상이 있지만 아주 성공할 다음 세대를 번식할 가능성을 높일 수 있다. 인지신경과학자 매튜 리버먼Matthew Lieberman은 이 중에서 마지막 요소인 사교성이 중요하다고 강조하며, 자아의 진화는 집단생활이 성공할 수 있게 한 '은밀한 진화적 전략'이라고 말했다. 이러한 사회적 가설은 뇌가 '남는' 시간 중 상당 시간을 자율적인 인지 활동을 하지 않을 때도 쉬지 않고 아주 활발하게 움직인 것을 관찰한 결과에 기반한다. 우리가 몽상하거나 잠잘 때, 실제로 뇌는 아주 활발하게 움직이는데, 이런 움직임은 뇌에서 사회적 상호작용을 관장하는 부분에서 발생한다.[9] 독일의 이론

철학자 토마스 메칭어Thomas Metzinger는 동일인이 미래에 보상을 받을 거라고 확신할 때에 미래의 성공을 계획할 의미가 있다는 점을 지적하면서, 보상 예측과 같이 중요한 기능을 위해서는 허구적 자아가 필요하다고 제안했다. 그는 몽상과 수면을 하는 동안 뇌의 활발한 움직임이 '자전적 자아상유지auto-biographical self model maintenance'를 제공한다고 보았다. 즉, 뇌는 끊임없이 개인의 정체성이 있다고 자신을 속이려고 열심히 움직인다는 것이다.[10]

이유야 어떻든, 우리는 자신을 잘 속일 수 있게 진화되었다는 점은 분명하다. 우리의 유전자는 독립적이고 자율 의지를 가진 인간이라는 허상을 놀라울 정도로 잘 유지할 수 있는 마음을 만들었다. 진화생물학자 마크 패겔Mark Pagel은 다음과 같이 강렬하게 표현했다.

실험 심리학과 성격 연구와 진화 연구와 신경학 연구의 지난 60년을 돌이켜보면, 유용하다고 입증된 마음은 생각보다 이해하기 힘들었다. 우선, 당신이 너무나도 잘 안다고 생각하는 내면의 '나'는 어쩌면 존재하지 않는다. 그것은 마음이 만들어낸 허상으로, 목적을 달성하는 뇌를 만들기 위해 선택된 유전자의 작품이다. 이런 뇌는 우리의 생존과 결과적으로 뇌의 생존율과 번식을 늘리기 위해, 잘못된 믿음이든, 복제든, 거짓말이든, 사기이든, 자기기만이든 할

것 없이 신경세포가 뻗을 수 있는 것은 무엇이든 사용할 것이다.[11]

10장의 서두에서 문화적으로 우아한 제스처인 사소한 선의의 거짓말을 하는 인간이 어떻게 진화에 완전히 속아 넘어갔는지를 설명했다. 진화 과정에서 우리는 눈 위에 덮개가 단단히 씌워져 우리와 외부세계의 연결성을 볼 수 없게 되었다. 그런데 작은 선의의 거짓말과는 달리, 지금 말할 내용은 꽤 무겁다. 이제는 알지만, 거짓말의 대상은 거짓말을 통해 이득을 얻는다는 이유로 '선의의 거짓말'을 여전히 정당화하고 있다. 정의상, 자연은 선택된 자에게 득이 되는 새로운 디자인을 만든다. 일관되고 변하지 않는 내면의 자아란 일종의 생존 도구로서 인류가 복잡한 행동과 생산적인 사회망을 만들어 번성할 수 있게 한 허상이었다. 흄의 끊임없이 변화하는 '인식의 묶음인 자아'가 궁극적인 현실일지는 모르겠지만, 일관된 자아정체성 없이 산다는 걸 상상이나 할 수 있을까? 오늘날과 같이 빠르게 변화하는 세상에서 문화가 복잡해지면서 자아정체성에 대한 욕구는 그 어느 때보다도 더 크다. 오늘날 우리는 너무나도 많은 사람과 상호작용을 하며, 자아에 관한 생각 없이 어디에서 어떻게 식량을 구할지를 기억해, 배고픔을 이해하고 해소할 생각을 한다. 다양한 선택 속에서 무엇을 살지 고민하면서, '여기 든 성분 중 나에게 알레르기를 일으키는 성분이 있나? 내가 이걸 살 수 있을까?'와 같이 끊임없이 자신에게 질문한다. 우리에게 일관된 기준이 없다면, 우리의 삶은 엉망진창이 될 것이다.

만약 자아가 적응을 위한 생존 도구라면, 우리는 어쩌면 진화가 우리의 눈을 가린 베일을 벗기려 할 때 신중해야 한다고 생각할지 모른다. 그런데 우리가 자아정체성을 완전히 포기한다 해서 자아정체성이 그냥 형체도 없이 사라져 버릴까? 코타르 증후군Cotard's syndrome으로 알려진 희귀 정신질환을 앓는 환자는 독립된 존재(자아)가 없다고 생각하며, 세상에서 힘겹게 살아간다. 코타르 증후군은 절망, 우울증, 자기혐오와 때로는 심각한 환상을 유발하며, 이 증후군을 앓는 사람은 자신을 '걸어 다니는 시체'로 생각한다. 허상의 베일을 벗게 하는 다른 극단적인 방법들이 있다. 최근의 연구조사에서는 LSD라는 향정신성의약품이 어떻게 우리 뇌의 네트워크 간에 연결성을 증가시켜 자아를 경험하지 못하게 막는지를 보여주었다. LSD는 뇌가 '기본 모드'에서 쉬면서 자전적 자아감을 유지하는 동안, 연결된 뇌의 네트워크가 함께 작동하지 못하게 방해하는 것 같다. LSD와 사일로사이빈psilocybin과 같은 환각성 약물을 복용하면 뇌의 네트워크 활동이 감소한다는 사실은 '자아 해체ego dissolution'라고도 알려진 자신 또는 자아의 해체를 경험했다고 보고한 참가자들의 말과도 일맥상통한다. LSD는 뇌의 회로를 작동하기보다 뇌 전체를 광범위하게 연결하는데, 평상시에는 연결되지 않는 신경망도 연결해 약물을 복용하면 창의력이 증가하는 까닭이 설명된다.[12] 그러나 LSD를 과다복용하면, 자기 통제력을 잃어 위험할 수 있다. (LSD를 과다복용하고 날 수 있다는 생각에 건물 옥상에서 뛰어내린 사람들의 이야기는 도시 괴담일지 모른다.) 약물을 사용하지 않는 대안으로 명상이 있으며, 현재 마음챙김 명상이 빠르게 확산되고 있다. 이처럼 내면을 성찰했을 때 얻게 되는 장기적인 이점이 있지만, 그에 못지않게 예상치 못한 극도의 불안감을 경험한 사례도 점점 증가하고 있다. 2013년과 2017년에 실시한 두 건의 설문조사 결과에 따르면, 정기적으로 명상하는 사람 중 4분의 1 이상이 무서움, 두려움, 공포와 같은 불안한 감정을 비롯해 불쾌한 감정을 경험했다.[13]

자아의 허상을 언제 어떻게 벗겨낼지 결정할 때 조금 더 신중한 접근이 필요한 것 같다. 자아의 존재는 우리가 살아가는 데 중요하다. 바로 이 점이 우리가 자아관을 갖게 된 이유이다. 따라서 이렇게 유용한 관점을 완전히 버리고 싶지 않으며, 버리고 싶다고 쉽게 버릴 수도 없다. 자아관은 우리가 살아가는 데 도움이 되는 생존 도구로, 우리가 야생에서 길을 잃었을 때 필요한 펜나이프만큼이나 중요하다. 우리의 자아관이 환경에 적응하는 허상이라는 점은 알지만, 우리에게 이로운 경우라면 자아라는 허상을 객관적으로 꿰뚫고 싶을 때가 있을 수 있다. 우리들의 머릿속에 있는 '내'가 자기애적인 독백에 심취해 있을 때, 인생이라는 무대에서 이 배우의 수다스러운 경향을 억

제해 나머지 등장인물에 대한 의존성으로 관점을 돌리는 것이
이로울지 모른다. 따지고 보면 지금의 우리를 만든 것은 우리
주변의 모든 사람과 사물이다.

우리 자리에서는
시야가 제한적이다

Your seat has a restricted view

대화는 거짓말로 시작된다.
그리고 소위 같은 언어를 쓰는 사람들은
얼음덩어리가 갈라지고, 멀어진 것처럼 느낀다.
속수무책으로 자연의 힘에 맞선 것처럼.

에이드리언 리치Adrienne Rich, 〈침묵의 지도 만들기Cartographies of Silence〉에서

우리는 자연이다. 우리는 인류의 조상 유인원이다. 우리가 세상
안에 있고, 세상이 우리 안에 있다. 모든 것은 연결된다!

매트 헤이그Matt Haig, 《살아야 할 이유Reasons to Stay Alive》에서

앞의 두 인용문의 공통점은 무엇일까? 하나는 우리가 세계와
긴밀하게 연결되어 있다는 점을 강조하고, 하나는 우리는 영

원히 고립되어 있다고 말한다. 서로 정반대인 것 같다. 그런데 둘 다 우리의 일반적인 관점과 비교하면 극단적이다. 대다수의 사람은 대부분 연결성과 고립이라는 양극단 사이의 어딘가에 존재한다. 물론 사람들은 전부 다 다르며, 유전자와 더불어 아주 중요한 문화라는 요소가 함께 작용해 이 선상에서 각자 다른 지점에 있다.

인간의 문화 사이에는 사물과 사건을 별개로 생각할지 관련성이 있다고 생각할지의 차이가 존재한다. 특히나 서양 문화권(유럽, 미국, 영연방국가)과 동아시아 문화권(중국, 한국, 일본) 사이에는 큰 차이가 있다.[1] 심리학자들은 서양 문화권 사람들이 자신은 물론 사건과 사물을 별개로 볼 가능성이 더 크며, 그 결과 '개인주의적' 태도를 보이게 된다는 사실을 알아냈다. 반대로 동아시아 문화권의 사람들은 사건과 사물을 더 넓은 맥락에서 분리할 수 없다고 생각할 확률이 더 높으며, 자아정체성의 경우, 동아시아 문화권 사람들은 '집단주의적' 태도를 보이는 경향이 있었다. 이것은 아주 전형적인 고정관념이다. 11장 도입부에 실린 인용구는 매트 헤이그와 같은 서양 문화권 사람들이 어떻게 연결성에 깊이 집중하는 태도를 배울 수 있는지 보여준다. 우연히도 매트 헤이그의 저서 《살아야 할 이유》[2]에는 어떻게 그의 삶이 아주 지독한 고독을 특징으로 하는 우울증과 세상과의 연결에서 느끼는 극도의 즐거움 사이를 오갔는지가 담겼다. 따라서 서양인과 동아시아인이라는 집단에 속한 사람이 모두 다 똑같은 마음이라는 고정관념은 지나친 단순화이다. 그렇다고 해서 두 집단 사이에 일반적으로 차이점이 없다고 단정 짓는 것은 아니다. 사실 두 생물지리학적-문화적 기원 사이의 인간의 인식 차이는 여러 분야에서 증거를 통해 입증되고 있다. 시간이 지나면서 이 양극단의 차이가 점차 흐려지고 있지만, 몇 가지 차이점을 설명하고자 한다.

전형적인 서양인 제임스James를 만나보자. 역사적으로 개인주의 문화에서 온 그는 사물을 별개의 범주로 분류할 가능성이 크다. 그는 사람들은 환경과는 상관없는 특징을 가지고 있다고 생각하며, 동사보다 명사를 더 쉽게 배운다. 전반적으로 정체성에 있어서 제임스는 개인의 선택의지와 자율성이 강하다.

이제 전형적인 동아시아인 지양을 만나보자. 지양은 사물과 사건들 사이의 관계에 더 집중하고, 상황이 발생한 배경을 고려한다. 명사보다는 동사를 더 빨리 배우며, 정체성의 경우, 자신의 개인성보다 그가 속한 사회집단을 더 중요하다고 생각한다.

심리학자 리처드 니스벳Richard Nisbett은 저서 《생각의 지도 Geography of Thought》에서 수세기 전 사고체계의 많은 문화적 차이가 어떻게 유래했는지를 추정한다. 서양 문화는 개인의 자유와 표현의 능력을 중시한 고대 그리스의 영향을 크게 받았다. 그들은, 예를 들어 올림픽 경기나 전투사 전투, 변증법적 대화

(이견을 해결하기 위한 논리적이고 이성적인 논쟁의 가치를 강조)와 같이 여러 분야에서 경쟁을 장려했다. 오디세이에서 일리아드에 이르기까지 개성이 강한 신과 영웅이 문학에 등장하며, 고대 그리스인들은 구속 없는 개인의 선택의지를 축복하고 존경했다.

반대로 초기 중국 문화는 사회적 화합을 지향했으며, 개인의 정체성은 각자 사회에서 맡은 역할에 강하게 뿌리내리고 있었다. 예를 들어, 공자(기원전 551~449년)는 중국 사상 역사에서 가장 큰 영향력을 미친 인물로, 예의, 의식, 예절과 같은 사회적 규범 교육을 통해 함양된 도덕성을 의미하는 인仁을 지향했다. 공자에 따르면, 도덕 교육은 부모 공경을 의미하는 효孝와 형제애와 존경을 의미하는 우友, 임금과 상관에 대한 충성을 의미하는 충忠으로 시작해야 한다. 이렇게 가족의 생활과 국가는 모두 평화롭게 질서를 유지한다. 공자의 도덕률은 인간관계의 규범을 설명한다. 그 외 개인성이라는 개념은 의미가 없다. 철학자 헨리 로즈몬트Henry Rosemont는 다음과 같이 요약했다. "초기 유학자에게 추상적으로 간주되는 독립된 나는 있을 수 없었다. 나는 다른 특정인과의 관계에서 내가 맡은 역할의 총체이다. …… 전체로 보면 우리는 개인의 정체성이라는 독특한 패턴을 만들며, 거기에서 내 역할이 일부 변하면 다른 사람의 역할도 변해, 결국 나는 다른 사람이 된다." 사회적 화합과 집단 정체성을 강조하며, 개인성을 무시하는 것이 수세기 동안 동아시아 문화의 핵심 요소였다.[3]

여기서 설명한 자아정체성과 개인의 자유성에 대한 커다란 문화적 차이는 고대 문헌의 분석에서만 극명하게 나타나는 것이 아니다. 놀랍게도 우아한 행동심리학과 인지과학 연구에서 탐구했듯이, 오늘날에도 다른 문화에서 온 사람들 사이에 상당한 차이가 존재한다. 사물에 대한 인식은 사물이 존재하는 환경의 영향을 받는다는 '현장 의존성field dependency'이라 불리는 현상에 대한 몇 가지 실험이 있었다. 복잡한 배경 문양에 들어 있는 단순한 기하학 무늬를 찾아보라는 요구에, 평균적으로 서양 문화에 속한 사람들이 자폐증을 가진 사람처럼 이 무늬를 더 잘 찾았다.[4]

참석자가 물체의 물질과 물체의 모양 중 어떤 것을 중요하게 인식하는지 조사하기 위한 실험도 진행됐다. 코르크 재질로 만든 구와 같은 물체를 보여준 다음 비슷한 다른 물체를 선택하라고 하자, 미국 아이들과 성인들은 재질에 상관없이 같은 모양의 사물을 선택하는 경향을 보였다. 이와는 반대로, 일본인들은 모양이 달라도 같은 재질의 물체(예를 들면 고무 코르크)를 골랐다. 또 다른 시험에서는 참석자에게 어항 동영상을 보여주었다. 그들이 무엇을 보았는지 기억해보라는 질문에, 일본인 피험자들은 상세한 배경을 알아보는 경향을 보여, 전체 환경을 설명해 개별 물고기에 더 집중한 미국인과 비교되었다. 이처럼 일반적으로 서양 문화권 사람들은 개별 사물에 더 집중하지만, 동아시아 문화권의 사람들은 사물이 들어 있는 전체 맥락의 일부로서 사물을 인식했다.

　환경 속 사물을 독립된 것으로 보느냐 연결된 전체의 일부분으로 보느냐에 대한 문화적 차이는 자신에 대한 평가를 알아보기 위한 실험 결과에도 나타난다. 최근에 있었던 일들을 이야기해 달라는 질문을 받은 미국 어린이들은 중국 어린이들보다 자신을 3번 더 언급했다.[5] 자신에 대해 이야기해 달라는 질문을 받은 미국인들은 절대적인 성격적 특징(예, '나는 흥분을 잘하는 사람이다')이나 역할에 대해 대답했지만, 일본인 피험자들은 성격이나 행동이 표현된 상황('이런 종류의 상황에서 나는 흥분한다')을 말하는 경향이 있었으며, 이들은 자신에 관한 이야기를 하면서 다른 사람을 미국인보다 2배나 더 많이 언급했다.[6]

　이런 차이점들이 정말 중요할까? 우리가 개인의 행복과 '인류세anthropocene'를 잘 헤쳐 나갈 인류의 능력에 관심이 있다면, 그 대답은 '절대적으로 중요하다'이다. 우리의 인식은 근본적으로 세상을 보는 눈에 영향을 미치며, 궁극적으로 개인의 행동과 제도의 구조를 결정한다. 독립적으로 사물을 보는 관점과 사물과 환경과의 연관성을 보는 관점의 경우, 전자는 적어도 현대사회의 빠른 과학 기술의 발달에 일부 이바지했다고 주장할 수 있다. 개략적으로 환원주의적 접근방식reductionist approach이라 할 수 있는 방식으로 독립적으로 사물을 보고 공통된 것들로 분류하는 능력은 철학, 과학, 기술의 발전에 중요한 역할을 했다. 또한 윌리엄 제임스William James가 한때 '활짝

피고 분주한 혼돈'으로 묘사한 세계를 질서 있게 이해할 수 있게 한다.[7] 세상에서 뒤죽박죽 섞인 물체를 분류해 물질의 특성에 대한 과학적 규칙을 만들고, 그 물질들이 다른 상황에서는 어떻게 움직일지를 이해해 신기술을 개발하고 예술을 창작할 수 있다. 이처럼 개인 간의 경쟁을 장려하고 객관적인 대화를 장려하는 개인주의적 문화가 과학과 예술의 발달의 촉매제로 작용했다. 이 같은 담론은 개인들이 참여하는 변증법적 토론에서부터 이러한 가치를 담은 대학과 학술잡지와 같은 비판적 사고 기관의 탄생까지 다양한 형태를 띤다. 개인의 선택의지와 경쟁력과는 대조적으로, 상관에게 질문하면 눈살을 찌푸리고 남들과 비교해 돌출되기보다는 겸손한 자세가 올바른 행동으로 여겨지는, 엄격한 위계질서 문화에서는 혁신이 방해받을 수 있다. 과학기술 혁신을 이끈 환원주의적-개인주의적 세계관이 궁극적으로 경제 발전으로 이어져 서양 문화는 최근 수십 년간 세계 곳곳으로 퍼져나갔다. 물론 동양 문화권 나라들이 이룩한 중요한 과학적 발전을 깎아내리려는 것은 분명 아니다. 제지, 인쇄, 화약과 나침반 모두 극동아시아에서 먼저 발명되었다. 중요한 사실은 이성적 사고와 환원주의적 과학 접근법(18세기 유럽의 계몽주의 시대로 대표된다)이 오늘날 우리가 보는 과학적 진보의 빠른 가속도와 기술 발달의 빠른 속도에 크게 이바지했다는 점이다. 그러나 무엇이든 극단으로 치달으면 좋지 않다는 것이 상식이다. 환원주의적-개인주의적 세계관이 이제 지배적 패러다임이 되어, 최근 수십 년간 대다수 국가에서 개인주의적인 가치관이 증가했고[8] 수많은 문제가 대두됐다. 하지만 관점을 바꾸어 사물과 사건의 연관성을 강조하면 많은 문제를 해결할 수 있다.

역사적으로 성공적이었던 우리의 세계관을 근본적으로 변혁해야 한다고 내가 주장하는 문제들은 무엇인가? 개인의 행복, 자연과의 괴리, 21세기의 커다란 지속가능성 문제의 해결 불가능 등 몇 가지가 있다. 첫 번째 문제인 개인의 행복을 해결하기 위한, 소셜 미디어를 통한 디지털적 개인의 연결성은 높아지지만, 어쩌면 그 때문에 외로움이 더욱 증가하고 있다고 연구자들은 말한다. 개인성을 부추기고 찬양하는 현대의 세계관은 타인에 대한 긴밀한 의존성과 애착을 대수롭지 않게 여긴다. 그러나 뼛속까지 사회적 동물인 우리는 살면서 가까운 관계를 통해 정서적 보상과 만족감을 느낀다. 사회적 연결성과 지지는 낮은 스트레스 호르몬 수치와 튼튼한 면역 기능과 연관이 있으며,[9] 사회집단에서 소외되면 뇌에서 신체적 고통과 관련된 부위가 활성화된다.[10] 소셜 미디어와 같은 현대 기술의 발달은 사회적 연대라는 허상만 심어준다. 우리는 서류상이나 가상공간에서 더 많은 친구를 사귈지는 모르지만, 가까운 사회적 관계에서 직접 얼굴을 맞대고 만나서 얻게 되는 건강과 행복의 혜택은 훨씬 줄어든다.[11] 가까운 친구와 가족에게서 멀어져야 할지라도 개인의 커리어 성공을 위해 먼 곳으로 직장을 옮기는 게 좋다고 생각하거나 어쩔 수 없이 옮기는 현대 사회에서 다른 사람 및 우리 주변 세상과의 개인적 연결고리를 잃게 되는 문제는 더욱 악화되고 있다.

환원주의적-개인주의적 세계관의 두 번째 문제는 '자연결핍장애nature deficit disorder'로, 자연에서 멀어지는 과정에서 특히 어린이들의 경우 나중에 행동 문제와 심리 문제를 겪을 수 있다고 심리학자들은 우려한다. 이는 낯선 사람에 대한 두려움, (TV, iPad, 스마트폰과 같은) 화면 기술의 등장, 도시 지역의 녹지 감소 등 어린이들이 외부에서 노는 시간을 줄어들게 하는 여러 요인이 복합적으로 작용해 발생하는 최근의 현상이지만, 인간과 자연을 별개로 보는 경향으로 인해 여러 세대에 걸쳐 인간과 자연은 점차 서로 멀어졌다.[12] 우리 자신을 독립된 개인으로 보면 볼수록, 우리가 대자연에서 보내는 시간은 줄어든다. 문제의 원인이 무엇이든 자연과 함께하면 얻게 되는 신체적 정신적 건강의 장점과 자연과 함께하지 못했을 때 얻게 되는 대가는 잘 알려졌다. 그 대가로는 저조한 학업 성취, 정신 건강과 신체건강 악화, 사회적 스킬의 발달 부족이 있다.[13] 영국의 자연보호자선단체인 왕립조류보호협회RSPB는 2009년 영국 어린이 중 불과 10%만 정기적으로 자연에서 노는 것으로 집계했으며, 이는 1970년대 40%의 어린이들이 자연에서 놀던 것과 비교된다. 2013년 설문조사에서 8~12세 아동의 4분의 3은 자연에서 하는 활동이 충분하지 않은 것으로 나타났다.[14]

마지막으로 환원주의적-개인주의적 세계관의 세 번째 문제는, 엄청난 과학 발전으로 이어졌지만 이런 접근법으로 얻을 수 있는 결과에는 한계가 있다는 점이다. 기후변화, 팬데믹, 사회 부정의, 빈곤, 자원 고갈, 생물학적 다양성 상실과 같이 현시대의 거대한 도전 과제들은 모두 다 시스템 문제로 환원주의적 논리만으로 해결할 수 없다. 많은 경우 이런 문제들은 서로 연관되어 있으므로 전체론적인 접근방식이 필요하다. 예를 들어, 생물학적 다양성이 사라지는 현상은 식량 생산 활동이 그 원인이며, 기후변화도 여기에 영향을 미쳤다. 결과적으로 생물학적 다양성 상실은 바다의 산성화에 영향을 미치고 집단 이주를 발생시키며, 이주에 대한 사회적 태도에도 영향을 미치고 있다. 결국 지정학적 교류와 세계 교역이 영향을 받고 있다. 이런 문제들은 서로 깊숙이 연관되어 있으며, 기술적인 방법만으로는 복합적인 문제들을 해결할 수 없다. 이런 문제들은 오랜 시간에 걸쳐 방대한 장소에서 복잡하게 얽힌 원인들이 있어서 '골치 아픈' 문제로 불린다. 이런 문제들을 해결하기에는 우리의 전통적인 환원주의적 접근방식은 한계에 도달했으며, 우리의 환경과 사회제도의 높은 연관성을 종합적으로 분석하는 새로운 관점이 필요하다.

사회과학자 니컬러스 크리스타키스Nicholas Christakis는 '전체론Holism'을 '전체에는 부분에 존재하지 않으며 부분만으로는 연구할 수 없는 특성이 있다는 인식'으로 정의했다.[15] 예를 들어, 기억이라는 주관적인 경험을 이해하려면, 우리는 단순히 신경세포의 구조만 연구해서는 안 된다. 마찬가지로 생태계의 역학을 이해하려면 어떤 종이 존재하는지 그 이상의 정보를 알아야 한다. 지난 수세기 동안, 크리스타키스가 말하는, 일명 과학의 '데카르트 프로젝트'는 지식을 얻기 위해 물질을 아주 작게 부분으로 나누었다. (세포 생물학, 분자 생물학, 퀀텀 물리학). 그러나 전체 시스템을 이해하기 위해 이 작은 조각들을 다시 합치는 일은 몹시 어려울 때가 많다. 독일 생화학자 프레더릭 베스터Frederic Vester는 환원주의를 비평하면서 과학자들이 어떻게 시스템의 독립된 부분은 샅샅이 연구하면서 시스템의 다른 부분과의 상호작용은 완전히 무시하는지를 설명했다.[16] 베스터는 시스템의 모든 부분을 이해하고, 대충이라도 시스템에서 부분들이 어떻게 연결되는지 알면, 시스템 작동을 더 정확하게 예측할 수 있다고 말했다.

이런 전체론적 접근법이 시스템 생물학, 복잡성 과학, 네트워크 학과 같은 과학 분야에도 생겨나기 시작했다는 점은 고무적이다. 그런데 역사를 돌이켜보면 많은 철학자, 특히나 수세기 전 고대 동양의 전통 철학자들은 전체론적 접근법의 중요성을 이미 강조했다. 일부 고대 중국학자들은 사물이 맥락에 따라 변화하며 일반적인 법칙은 이런 사물을 이해하고 이용하는 데 도움이 되지 않는다고 생각했다. 사물을 추상적인 독립체로 인식하기를 거부한 결과 환원주의적 접근법에 비해 기술 발전 속도가 느렸을지는 몰라도, 이러한 접근법이 지금은 시대적 당면 과제에 더 적합해 보인다. 우리가 이런 식으로 세상을 보고 분석하는 방법을 배우지 않는다면, 우리는 기후변화와 자원고갈과 같은 거대한 난제 앞에서 속수무책이 될 것이며, 결국 수십억 명의 사람들은 기아와 전쟁과 고통을 겪을 수 있다.

이 문제들이 단지 현대사회를 살면서 겪는 일반적인 문제가 아니라 환원주의적-개인주의적 세계관이 직접적인 원인이냐고 의문을 제기할 수 있다. 타당한 질문이지만, 현대사회가 펼쳐질 수 있는 다양한 방법이 있었으며(여전히 펼쳐질 수 있는 미래가 있고), 이런 상황은 우리의 개인과 집단의 총체적 세계관에 좌우된다. 다음 장에서 우리는 개인적인 세계관, 특히나 환원주의적-개인주의적 관점이 지금의 세상이 탄생하는 데 어떤 근본적인 역할을 했는지 알아볼 것이다. 이것이 우리 시대의 골치 아픈 문제들의 유일한 요인은 아니지만, 근본 원인 중 한 가지이다. 예를 들어, 열대지방에서 생물학적 다양성이 사라진 근본 원인은 팜유 플랜테이션을 위해 서식지를 파괴한 데서 찾을 수 있지만, 궁극적인 원인은 소비자들이 지속 불가능한 방식으로 생산된 팜유 제품들을 무모하게 구매한 데 있다. 소비자들이 자신들의 행동이 전 세계에 끼칠 파급력을 인지하지 못했기 때문이다. 이 책의 뒷장에서는 이 문제들을 조금 더 자세히 살펴본 다음, 다른 세계관으로 이동할 때 얻을 수 있는 해결 방안들을 알아볼 것이다.

오늘날 사람들은 때론 과거의 유용한 지식을 전부 다 전승했으니 거기에 문화적인 혁신만 새롭게 가미하면 된다는 오만한 생각에 빠질 수 있다. 그러나 과거의 문화 중에서 일부 문화는 아주 다른 세계관을 가진다는 점은 생각해 볼 가치가 있다. 이 세계관은 우리가 세상과 긴밀하게 연결되어 있다는 점을 훨씬 더 많이 (더 정확하게) 강조한다. 예를 들어, 불교의 중심 교리인 연기설Pratityasamutpada은 아무것도 그 자체로 존재하는 것은 없으며 모든 것은 여러 가지 원인적 요소들에 달려 있다고 가르친다. 이런 시스템적 사고가 오랫동안 존재해왔다는 사실은 분명하다. 그러나 우리는 커다란 시스템적 문제에 직면해서도 환원주의적-개인주의적 세계관을 가지고 독단적으로 주장하고 있다. 이는 '세상이 어떻게 연결되지?'라는 질문의 답을 찾기 위해 자연을 하나씩 분해하고 분석하려 애쓰는 것과 같다. 우리가 정말 해야 할 일은 뒤로 한 걸음 물러서서 연결된 세상이 물 샐 틈 없이 완벽하다는 사실을 인정하는 것이다. 연결된 세상은 거대한 기계와 같아 개별 부품이 뒤죽박죽 놓인게 아니라 서로 의존성이 높은 부품들이 역동적으로 이뤄내는 시스템이다. 환원주의와 전체론이라는 두 가지 관점은 시각적 착시현상과 같으며, 페이지로 '들어가는' 선으로도 보이고 또는 페이지에서 '나오는' 선으로도 인지할 수 있는 간단한 선으로 그려진 '네커의 정육면체Necker cube'와 비슷하다.[17] 우리는 정육면체를 보는 두 가지 방법 사이에서 오락가락하지만, 한꺼번에 두 개의 관점으로 볼 수는 없다. 수학 생물학자 마틴 셰퍼 Marten Scheffer는 이미지의 해석뿐만 아니라 복잡한 이론과 세계관 사이에서 어떻게 '한순간에 왔다 갔다' 하는 일이 여러 차원에서 일어나는지를 설명한다. 어쩌면 인간 사회는 너무나 오랫동안 한 가지 방식으로만 세상을 보도록 정해져 있었고, 이제는 이 인식에 갇혀버린 듯하다. 이로 인해, 세상을 역동적으로 계속 움직이는 연결성으로 보는 정반대의 시각으로 볼 수 없게 됐다. 안타깝게도, 우리가 관점을 바꿀 수 없다면, 인간이라는 종은 지구라는 행성에서 오래 살아남을 수 없을 것이다. 우리는 지구와 그곳에서의 우리 위치를 생각하는 관점을 찾아야 한다.

개인성은
위험할 수 있다

Your sense of individuality could be dangerous

지금까지 우리는 어떻게 우리 자신(우리 머릿속에 있는 작은 나, 자아)이 환상인지 알아봤다. 우리가 독립된 별개의 개체라는 생각은 진화 과정에서 만들어져 현대 문화에 의해 살이 붙여진 거짓말이다. 우리는 지난 수천 년간, 특히 서양 문화권에서 개인성을 심화하면서, 어떻게 세상을 추상적이고 개별적으로 구분했는지를 살펴보았다. 물론 두 현상은 서로 관련이 있다. 자아는 최고로 추상적인 개념으로 사물을 '나' 또는 '남'이라는 근본적인 이분법으로 분류했다. 이러한 구분은 본질적으로 나와 세상 사이의 경계선을 높였다. 이 경계선이 사라지지 않는다면 '고립'이라는 착각의 늪에 빠지게 된다.

놀랍게도 신경과학자와 심리학자가 과학을 통해 밝혀내기 훨씬 전부터 우리는 연결되어 있다는 진실을 이미 알고 있었던 만큼, 시간이 흐르면서 인간의 개인성이 어떻게 진화했는지를 살펴보는 건 흥미롭다. 사물의 본질을 꿰뚫는 통찰력을 가진 부처(적어도 2,400년 전에)[1]가 다음과 같이 말한 기록이 있다. "우리의 가장 큰 착각은 자아가 평생 계속된다는 생각이다. …… 영원한 '나'는 존재하지 않는다. '나'는 연결된 일련의 사건들을 편하게 부르기 위해 붙인 명칭일 뿐이다."[2] 유발 노아 하라리가 지적한 대로, 중세 귀족은 개인성을 믿지 않았고, 사람의 가치는 다른 사람의 평가(평판)로 결정된다고 믿었다.[3] 사람들은 자신의 명성과 가족의 명예를 지키기 위해 애썼고, 심지어 결투를 벌이거나, 자신의 목숨까지 걸었다. 이와 비슷하게 최근까지도 가족의 오명을 씻기 위해 다른 가족 구성원이 빚을 대신 갚는 사례가 종종 있었다. 가족의 명성을 훌륭하게 지키는 것이 절대적인 최우선과제였다. 많은 동양 문화권에서 어떻게 사람들이 주변 사람들과의 관계에서 차지하는 자신의 상대적 위치로 자아정체성을 확인하는지에 대한 몇 가지 사례도 보았다. 이전에 인간은 집단주의자의 관점을 가지고 있었지만, 현대의 많은 문화권에서 그런 관점이 사라진 것 같다.

최근에는 관점이 완전히 바뀌어 지크문트 프로이트와 같은 심리학자들은 자아와 관련해 '절대적 주권'이라는 개념을 주장했다. 유일하게 자아의 경계선이 느슨해지는 때가 사랑할 때이다. 프로이트는 연인 간의 연결성(유대감)은 환상이지만, 병은 아니라고 생각했다.[4] 오늘날, 사람들은 인류 역사상 그 어느 때보다도 개인 성향이 강하다. 아이들은 '자기 자신을 믿으라'는 충고를 들으며, '열심히 노력만 하면 원하는 걸 이룰 수 있다'와 같은 문구를 종교처럼 맹신한다. (더 엑스 팩터The X Factor와 같은 오디션 프로그램에 참여하는 무수히 많은 사람이 실력과 상관없이 이 충고를 실천하고 있다.) 우리 문화를 보면 극도의 개인성으로 인해 자신은 최고로 높게 평가하면서 외부의 평가는 회피하려는 것 같다.[5] 개인의 주권은 소중히 보호하고 지켜야 할 인권이라고 생각한다.

한편 서로 다른 세계관들에 대해서는 찬반 의견이 분분하다. 개인의 권리를 무시한 채 가족의 명예를 지나치게 중시하면 명예 살인과 같은 끔찍한 일이 일어난다. 다른 사람에게 피해를 주는 행동을 해서는 안 된다는 인권 원칙은 분명히 소중히 생각해야 할 가치가 있지만 모든 일에는 균형이 필요하다. 지나친 개인성은 우리 자신과 지구에 명백히 피해를 주고 있다. 극단적인 개인성의 문화는 영원하진 않을 것이다. 마치 한쪽으로 멀리 움직인 진자가 돌아오듯이, 극단적인 개인성의 문화도 균형 잡힌 상태로 곧 돌아올 것이다.

때로는 문화의 진화를 유전자 정보의 승계에 비교하기도 한다. 새로운 문화의 발전은 여러 대에 걸쳐 수직적으로 전승되며, 또는 같은 세대 안에서 수평적으로 전파된다. 생물학적 사촌이자 유전자의 상대 개념인 '밈'으로도 알려진 문화의 진화는 전승자와 그가 속한 사회집단에도 득이 되며, 유지되고 전파될 가능성이 높다. 진화생물학자 마크 패겔Mark Pagel은 자신의 저서 《문화와 연결Wired for Culture》에서 생물학과 문화적 전승이 별개의 과정이 아니며 인간의 뇌는 문화적 밈을 활용해 자신과 가족에게 도움을 주는 방식으로 진화됐다고 설명했다.[6] 미술, 음악, 종교와 같은 문화가 개인들이 꽃피울 수 있게 도움을 준 밈이라고 주장한다. 게다가 우리의 유전자는 생물학적으로 다른 사람의 언어와 문화를 빠르게 배우는 경향이 있다. 수백만 년 동안 진화는 유전자의 자연선택을 따른 느린 전주곡이었는데, 아주 최근에 갑자기 템포가 빨라져 유전자와 밈이 함께 추는 퀵스텝으로 바뀌었다.

우리의 생물학적 유전자와 문화적 밈 간의 비슷한 상호작용은 우리를 별개의 개인으로 보는 인식에서 드러난다. 특히 사회적 맥락에서 적응하는 데 도움이 되었기 때문에 뚜렷한 자아라는 개념이 진화했을 가능성이 아주 크다. 앞서 논의했듯이 일관된 자아정체성은 개인이 기억을 잘하고, 문제를 해결하거나 다른 사람의 생각을 이해하는 데 도움이 되었을 것이다. 더욱이 소집단의 구성원들은 자신을 독립된 존재로 생각해, 서로를 잘 이해하고 각자 전문가의 역할을 맡을 수 있어서 도움이 되었을 것이다. 집단이 성공하려면, 구성원들이 부분적으로 개인적인 입장을 취하는 것과 지나친 개인성이 유발한 극도의 이기심 때문에 집단이 정체성을 잃고 제 기능을 발휘하지 못하는 것 사이에 세심한 균형감이 필요하다. 아마도 자연선택이 이러한 개인성과 집단 정체성 사이의 균형 감각을 잘 다듬었을 것이다. 극단적인 개인주의자로 가득한 집단은 각자 자신의 이익만을 위해서 행동하기 때문에, 집단주의를 방해하는 거짓말(사기)에 끊임없이 시달리게 될 것이다. 이들은 집단이 저장해 놓은 식량을 도둑질하고, 간음하고, 항상 사냥하는 무리의 뒤에 숨어 포식자의 습격을 피하며, 주어진 일을 잘 안 하는 등 이기적으로 행동한다. 그들은 집단의 이익에는 도움이 되지만 자신에게는 위험한 이타적인 행동은 죄다 교묘하게 피한다. 하지만 이러한 구성원들로 이루어진 집단은 제 기능을 발휘할 수 없으므로, 이들의 행동은 다른 구성원으로부터 처벌을 받는다. 그들은 신체적으로 구타를 당하거나 쫓겨나거나 함께할 짝을 찾지 못하고 사회적 사다리에서 낮은 자리를 차지하게 된다. 실제 원숭이와 유인원 집단에서 우두머리가 상호 협동의 규범을 깬 구성원을 처벌하는 걸 볼 수 있다.[7]

이 스펙트럼의 반대편 끝에는 구성원들이 독립적인 역할을 못 하는, 개인성(개인주의적 정체성)이 전혀 없는 집단이 있다. 앞에서 살펴보았듯이, 개인성은 가장 기본적인 일을 수행하려면 필요하며, 특히 복잡한 사회 환경에서 기능의 효과성을 높이려면 필수적이다. 따라서 진화 과정에서 개인성과 집단성 사이의 균형감을 가진 인간이 선택됐다('균형선택'이라고도 한다). 생리학적으로도 인간이 균형 있는 시각을 가질 수 있게 뇌가 미세하게 조정됐다. 조금 더 세련된 비유를 들자면, 자연선택은 개인적 선택과 집단적 선택으로 만들어진 양날의 칼과 같다. 개인이 너무 이기적이면 신체적으로 구타당하거나 짝을 찾지 못하는(개인적 선택은 번식률을 낮추는 방향으로 작용한다) 등 직접적인 비용을 치러야 해 집단의 성공률을 낮추었을 수 있다(협동이 잘되는 집단과의 경쟁에서 지게 되어, 협동이 잘되는 집단이 결국 지배하게 된다). 이때부터 문화적 진화가 주도적으로 개입해, 균형선택 balancing selection이 강화된다. 예를 들어, 상호관계에 대해 합의된 규범과 규칙에 따라 집단이 구성되어 개인과 집단의 이익을 더욱 최적화시키는 것이다. 이는 생물학과 사회학의 놀라운 결합처럼 보이지만, 생물학적 유전자와 문화적 밈의 진화론적 왈츠는 더 미묘하다.

우리는 동식물을 거쳐 후손에게 전달되는 모든 유전자가 다 도움이 되는 건 아니라는 사실을 알고 있다. 숙주 유전체에 들어갈 수 있거나 숙주 개체에 큰 피해를 줄 수 있는 바이러스를 가진 유전자는 심각한 질병을 유발하기도 한다(예, AIDS를 일으키는 HIV). 우리는 4장에서 숙주를 조종하는 바이러스들에 대해 살펴보았다. 이와 비슷하게, 문화적 밈이 아무런 도움이 되지 않거나, 문화적 밈이 점령한 마음에 피해를 주는 '마음 바이러스'도 있을 수 있다. 라디오에서 흘러나오는 유치한 시엠송처럼 뇌리에서 지워지지 않고 계속 생각나는 비교적 무해한 바이러스 밈도 있다. 또한 자해 성향, 외국인 혐오 성향, 동성애 혐오 성향과 같은 해로운 바이러스 밈도 있다. 앞에서 언급한 매니토바에서 유행병처럼 확산된 자살 사건들처럼 파괴적인 밈은 특정 조건 속에서 소셜 네트워크를 통해 빠르게 확산될 수 있다.

진화한다고 해서 전승자에게 무조건 좋은 것이 아니기 때문에, 오늘날 우리의 개인성이 최적의 상태인지 살펴봐야 할지 모른다. 현재 우리가 지닌 개인성이 개인의 행복과 생존, 그리고 공동운명체인 사회적 집단에 이상적인 수준인가? 평균적으로 개인성이 이상적이지 않을 수 있다는 의심은 현대사회에서 인간의 수많은 특징이 최상의 수준이 아니라는 관찰에서 출발한다. 즉, 잠재적으로 적응하지 못할 가능성이 있다는 것이다. 예를 들어, 현재 세계 인구의 4분의 1 이상이 과체중이나 비만인데, 선진국에서 유행병처럼 확산되는 비만은 식욕으로 달고 기름진 음식을 찾게 하는 내재된 욕망에서 일부 원인을 찾을 수 있다. 선사시대에는 환경에 적응하기 위해 달고 기름진 식량을 구할 수 있을 때 열량 높은 식량을 충분히 획득하려 했다. 그러나 슈퍼마켓에 값싼 지방과 당분이 차고 넘치는 세상에서 식량에 대한 욕구가 비만으로 이어졌고, 건강상 심각한 문제를 유발했다. 유전적 특징 때문에 생리학적으로 큰 대가를 치러야 한다면, 자연선택으로 그 특징이 확산되지 못하게 될 것이다. 사망률이 높아져 이런 유전자를 가진 개체

수가 줄어 이 특정 유전자가 후손에 전달되는 비율이 낮아질 것이다. 그러나 현대사회에서 자연선택이라는 날카로운 칼은 보건 시스템이라는 방패를 만나 무뎌졌다. 더 이상 이 특정 유전자를 지닌 개체의 사망률이 높지 않으며, 적어도 후손의 개체 수와 유전자 전달에는 큰 영향을 미치지 않는다.[8] 또 다른 예로는 우리의 시력이 있다. 초기 인간은 시력이 매우 나빠 식량을 채집하고, 포식자를 피하고, 자식을 잘 기르는 데 제약이 있었다. 이는 인간에게 상당한 위험 요인으로 작용했다. 사람마다 시력이 조금씩 다르지만, 과거에는 지금처럼 시력 차가 크지는 않았을 것이다. 오늘날 우리가 겪는 선택의 압박은 상당히 다르다. 우리는 포식자를 피해야 하거나 직접 힘들게 식량을 찾을 필요가 없다. 시력이 나빠서 생기는 중대한 생존 위협은 아마도 교통사고일 것이다.[9] 그러나 전 세계 도시의 도로 관리 시스템이 발달하면서 교통사고의 위협도 점차 감소하고 있다. 자동차와 사람 간의 충돌사고가 점차 줄어들면서, 자연선택의 위력도 같이 줄어들고 있다. 우리는 나쁜 시력 문제를 해결하기 위해 안경과 콘택트렌즈 같은 기술적인 해결책을 마련했다. 이런 방법을 통해 시력이 나쁜 사람들을 보호하고 있으며, 마땅히 그들을 보호해야 한다. 그런데 오히려 시력 문제가 이전보다 더 심하고 빈번하게 발생하는 사회적 결과가 초래됐다.

그렇다면 인류의 이기심이라는 특징과 이기심의 강약 조

절은 어떠한가? 앞서 말했듯이, 개인성이 지나쳐 이기심이 된다면, 이런 사람은 집단에서 잘 적응할 수 없으며, 자신은 물론 집단에도 피해를 줄 것이다. 그러나 낮은 시력의 사례에서처럼, 문화적 변화가 자연선택이라는 칼에 맞선 방패 역할을 할 수 있다면 어떻게 될까? 그런 문화적 변화로 인간 사회는 더 큰 집단을 형성할 수 있다. 작은 집단에서 사기를 치는 사람이 미치는 피해는 크기 때문에, 사기꾼들을 골라내서 처벌할 강력한 동기가 된다. 또한 작은 집단에서는 사기꾼을 색출해내기가 더 쉬워, 이들이 몰래 은닉할 가능성이 더 낮다. 고함원숭이와 들개에서부터 여우원숭이와 늑대에 이르기까지 여러 종에 걸친 과학적 연구가 이런 예측을 뒷받침한다. 집단의 규모가 작으면 개인들이 사기 칠 가능성이 적었고, 그 결과 큰 집단에 있는 사기꾼들만 이익을 본다는 사실을 발견했다.[10] 따라서 인간의 진화 역사를 거슬러 올라가면, 작은 집단을 이루며 아프리카 평원을 돌아다니거나 작은 마을에서 살았던 때에, 사람들은 처벌과 사회추방이라는 위협적인 수단으로 사기가 자주 일어나지 않게 엄격히 통제했을 것이다. 그러나 인간의 진화와 함께 사회적 집단은 가족에서 부족으로, 정착촌에서 국가와 국제집단으로 계속해서 커졌다. 개인을 선호하고 전체 집단을 배척하는 자연선택의 위력에 따라, 과거에 인간은 수많은 소집단에 속했지만, 이제는 공동의 문화(보건, 복지, 사회 규범)가 위험으로부터 인간을 지켜주는 하나의 거대한 사회에 속해 있다. 그런데 그 대가로 병적인 요소들을 숨겨주거나 더 크게 키운다면 어떻게 될까? 큰 집단은 더 이상 극단적 개인성과 이기심을 효과적으로 처벌하지 못하고 있다. 자연의 진화가 통제하던 인간의 개인성을 이제는 통제할 수 없는 상황이 되어, 병적인 행동이 확산되고 있다. 물론 어떠한 집단이라도 구성원 중 많은 사람이 이기적인 사기꾼이 된다면, 집단 전체가 붕괴하는 전환기에 접어들 것이다. 세계화된 세상에서 단 하나의 전환기도 비극적인 결과로 이어질 수 있다.

이렇게 임박한 위험에 대한 선견지명을 길러, 인류를 현명한 길로 인도할 수 있길 바라보자. 만약 극단적인 개인성으로 개인이 직접 그 대가를 치러야 한다면, 우리는 집단 선택이라는 대규모의 변화 없이 스스로 행동을 바꿔 위험에서 벗어나려 할지도 모른다. 이런 개인-비용 가설이 선진국에서 유행병처럼 퍼지는 비만 문제를 서서히 해결할 수 있는 방법을 설명할 수도 있다.[11] 당뇨나 심장질환이나 다른 수많은 비만 관련 질병의 위험과 같은 경고가 개인에게 잘 전달된다면, 현명한 사람들은 자신의 행동을 수정하고 유전자로 인한 정크푸드에 대한 식욕을 물리칠 수 있을 것이다. 그렇다면 개인은 지나친 개인주의individualism로 인해 어떤 대가를 치러야 할까? 당신이 아는 사람 중에서 가장 이기적이거나 가장 외로운 사람에게 찾아가 그들이 삶에 얼마나 만족하는지 물어보자.

기분 좋은 관계는
건강에도 좋다

Positive connections will improve your health

침묵 속에서 아베 켄조Abe Kenzo는 작은 창문 밖을 내다보며 의자에 앉아 있다. 벚꽃이 나무에서 떨어져 공중에 흩날리고, 작은 방에서 유일하게 움직이는 건 미풍에 살랑거리며 흔들리는 커튼뿐이다. 아베는 동상처럼 앉아 있고, 생각에 잠긴 듯 주름이 졌고, 질문을 하려는 듯 입술은 벌어져 있다. 몇 시간째 미동이 없는 그는 똑같은 표정을 짓고 있다. 유일한 차이라면 그의 피부 탄력과 그 아래 서서히 썩어가는 살뿐이다.

아베는 그 의자에 3개월 이상 앉아 있었다. 그는 안타까운 코도쿠시(고독사)의 사례로, 이는 주로 집에서 홀로 죽는 일본의 독거노인들에게 붙여진 이름이다. 모든 사회적 관계에서 고립된 이들이 사망한 지 수주가 지날 동안 이들의 죽음을 알아차리지 못하는 일이 자주 발생한다. 코도쿠시의 수는 점차 늘어나고 있으며, 1980년대 초에서 1990년대 사이 하락세를 보이다, 그 후 10년간 다시 2배의 상승률을 보였다. 한 추산에 따르면, 2009년 일본에서 홀로 사망한 노인의 수는 3만 2,000명이며, 2000~2010년 전체 장례식 중 4.5%가 코도쿠시에 해당했다.[1]

일본에서 사회를 등지고 집 안에 외롭게 지내는 현상은 노년층에만 국한되지 않았다. 히키코모리hikikomori로 알려진 현상인데, 주로 청소년들이 사회생활을 하지 않고 집 밖에 나가길 거부하며, 수십 년째 집 안에만 틀어박혀 지내기도 한다. 일본 정부는 2010년 히키코모리가 70만 명에 이르며, 6개월 이상 집 밖을 나가지 않은, 즉 공식적 히키코모리에 대한 기준의 경계선에 있는 사람이 150만 명에 달한다고 발표했다.[2]

이는 비단 일본만의 문제는 아니다. 이와 비슷하게 다른 국가에서도 사회로부터 극도로 고립된 생활을 하는 사례들이 많이 보고되고 있으며, 그보다는 덜 하지만 사회적으로 고립된 이들도 많다. 예를 들어, 최근 영국 런던에서는 고독이 전염병같이 확산되는 것으로 보고되었다. 그 이후 런던은 '세계 고독의 수도'로 불리고 있다. 정확한 수치는 설문조사와 위치에 따라 조금씩 차이가 나지만, 2014년 2,000명의 영국 성인을 대상으로 한 설문에서 가끔, 주기적으로, 또는 자주 외로움을 느낀다는 응답자가 68%를 차지했다.[3] 18~34세 사이의 젊은 성인이 제일 높은 수치(83%)를 기록했다. 이들 중 가장 외롭다고 대답한 응답자의 연령대는 20~29세로, 응답자 중 3분의 1이 외롭다고 답했다. 2011~2012년에 실시한 다른 설문조사에서 영국 사람들의 11%는 '항상, 대부분 또는 절반 이상의 시간에' 외로움을 느낀다고 대답했다.[4]

전 세계적으로 늘고 있는 이 현상은 신체건강과 정신건강에 상당한 영향을 미치고 있다. 사회적 고립과 외로움은 고혈압에서 식이장애, 알코올 섭취와 치매에 이르기까지 다양한 질병과 관련 있다. 건강에 미치는 악영향은 하루에 담배 15개비를 피우는 것과 같으며, 비만보다 2배나 생명에 위험한 것으로 추정된다.[5] 영국에서 자해로 병원에 입원하는 젊은 층의 수가 10년 동안 거의 70%나 증가했고, 식이장애가 있는 젊은 환자들의 수는 3년 만에 두 배 증가했다.

이런 현상이 벌어지고 있는 이유는 무엇일까? 그리고 이를 어떻게 막을 수 있을까? 여기에는 사회적 고립을 증가시키는 오늘날의 라이프스타일과 여러 요소가 관련되어 있다. 우리가 어디에서 어떻게 일하느냐가 중요한데, 오늘날에는 경력을 위해 먼 곳에 있는 직장까지 통근을 하거나, 직장 때문에 자주 이사를 하기도 한다. 즉, 지역사회에 잘 정착하지 못한다는 의미다.[6] 영국인 중 불과 58%만 자신이 거주하는 지역의 사람들을 잘 안다고 느꼈다.[7] 집에서 멀리 떨어진 곳으로 출퇴근을 하느라 시간이 부족해 전통적으로 사회적 교류를 할 시간에 혼자서 식사하는 사람들이 많다. 일례로 최근 한 설문조사에서 영국인 중 40%는 주중 대부분 아침식사를 혼자서 한다고 응답했으며, 30%는 혼자서 저녁을 먹는 경우가 많다고 대답했다.[8] 안타깝지 않은가! 게다가 나머지 사람들도 상당수가 다른 사람들과 저녁식사를 같이 하지만, TV 앞에서 식사를 한다.

우리가 레저시간을 어떻게 보내느냐도 중요하다. TV나 컴퓨터 게임, 핸드폰을 하면서 휴식을 취하는 사람이 많다. 즉, 다른 사람과 직접적이고 의미 있는 교류를 하는 대신 화면을 보는 활동을 하고 있다. 소셜 미디어의 도래로 문제는 더욱 심각해졌다. 우리는 디지털적으로 더 연결되었지만, 여러 설문조사에 따르면 사람들이 하루 평균 2시간 소셜 미디어를 사용하면서 실질적인 대면 상호작용은 줄어들었다. 신체적으로 사회적 교류를 하기보다는 온라인에서 시간을 보내는데, 소셜미디어가 특히나 어린이들 사이에 불안과 사회적 고립을 일으켰다는 증거가 늘고 있다. 소셜 미디어가 불안감을 유발할 수 있다는 사실은 그리 놀랍지 않다. 우리는 사회적 동물로 다른 사람의 평가에 민감하고 그들의 평가에 관심을 갖도록 진화했다. 우리는 소수의 사람과 직접 대면했을 때, 우리의 말과 행동이 어떻게 받아들여지는지 분석하기 위해 그들의 신체적 신호를 읽는다. 이와는 반대로 온라인에서는 수천 명의 사람과 교류할 수 있지만, 그들이 우리를 어떻게 생각하는지에 대한 피드백은 거의 없기 때문에, 이로 인해 어쩔 수 없이 불안감과 걱정이 생긴다. 게다가 온라인상 괴롭힘 문제까지 더해져 소셜미디어가 최근 들어 어린이들의 불안과 자해 증가에 주요한 요인이 되었음을 알 수 있다.

많은 심리학자는 우리가 아이들을 양육하는 극도의 개인주의 문화가 불안과 정신건강 문제를 유발한다고 본다. 표준화된 시험은 어린 학생들 사이에 경쟁심을 부추긴다. 경쟁에서 이긴 사람은 성공할 수 있지만, 시험 준비로 번아웃 된다면 어떻게 될까? 저성취자라는 꼬리표가 계속 따라다니게 될 나머지는 어떻게 될까? 앞서 언급했듯이, 자연에서 멀어졌다는 사실도 아이들의 정신건강에 영향을 미친다. 녹색 공간과 생물학적 다양성이 심리적 불안감과 우울감을 낮추고, 마음을 치유한다는 사실은 점차 분명해지고 있다.[9] 그러나 현대사회에서 도시화 확산과 현대적 일상으로 많은 어린이가 실내에서 놀면서 자연에서 시간을 보낼 기회가 훨씬 줄어들었다.

사람들 사이의 단절과 자연과의 단절이 건강에 미치는 영향은 이미 잘 알려져 있으며, 이는 병리학이라는 단어의 진정한 의미를 보여준다. '병리학pathology'이라는 단어는 우주의 지적 질서를 정립한다는 뜻의 그리스어 'logos'와 불균형으로 초래된 질병을 뜻하는 'pathos'에서 유래했다. 현대에서 우주 질서에 대한 우리의 이해는 우리가 독립된 별개의 개체라는 환상으로 점차 제한되고 있으며, 이로 인해 개인의 행복과 우리를 지지하는 넓은 환경에 피해를 입히는 질병과 같은 증상들이 생겨나고 있다. 철학에서 개별화individuation라는 용어는 개체를 다른 것들과 별개의 존재로 구분하는 과정을 설명하는 데 사용된다. 이렇게 두 개의 용어가 합쳐져 현대 질병을 설명하는 용어인 '개별 병리학individuation pathology'이 생겨났다. 이는 세상과 우리의 연결성을 근본적으로 잘못 이해한 데서 발생하는 질병과 같은 증상들을 나타낸다.

그렇다면 우리는 개별 병리학을 어떻게 다룰 것인가? 다행히도 과거의 작가들이 이 문제에 관한 통찰력을 보여준 사례가 있다. 기원전 200~500년 고대 힌두 문헌《바가바드 기타 Bhagavad Gita》에는 삶의 애환은 근본적으로 인간이 자신의 천성을 잘못 인식했기 때문이라고 적혀 있다.[10] 불교도 같은 생각을 중심 교리로 받아들이고 있으며, 부처는 자아라는 허상을 깨닫고 우리의 욕망을 놓아버리면 번뇌에서 벗어날 수 있다고 가르친다. 비슷한 정서가 많은 비종교 문헌과 성경과 같은 종교 문헌에 반복해서 나타난다. '유대인도 비유대인도 없고, 노예도 자유인도 없으며, 남자와 여자가 없고, 우리는 모두 예수 그리스도 안에서 하나이다.'[11]

그러나 이렇게 축적된 통찰력에도 불구하고, 오늘날 우리는 자아도취라는 환상을 꿰뚫어 보지 못하며, 우리의 개별 병리학을 해결하지 못하고 있다. 사실, 현대사회에서 고독감과 자연의 결핍과 관련된 문제들이 증가한 것을 생각하면, 우리

사회는 과거 그 어느 때보다도 해결책에서 가장 많이 멀어졌다. 시간이 흘러 공동의 지식이 축적되어 이제는 문제를 해결하는 방안이 나와야 할 시점에 어떻게 이런 일이 일어났을까? 우리는 고대 종교의 통찰력과 빠르게 증가하는 현대 과학 지식 둘 다를 가지고 있는데 말이다. 도대체 어디서부터 잘못된 것일까?

물론 도서관에서 지식을 얻거나, 이론을 읽고 이해하는 것만이 지혜는 아니다. 이론적 지식은 어떻게 세상이 돌아가는지 직접 경험하고 배워 내면 깊숙이 믿음으로 받아들이게 된 지식과는 정말 다르다. 따라서 자기기만을 극복하려면 지혜가 필요하다. 모든 정신질환은 뇌에서 물리적으로 나타난다. 생각의 패턴과 행동은 유전자와 우리의 인생 경험이 합쳐져 신경세포 커넥톰에 연결된 결과이다. 앞서 살펴보았듯이, 우리 뇌 속의 신경세포는 '함께 활성화되고 함께 연결되어 있어서', 자주 한 생각 패턴과 깊은 신념 구조가 말 그대로 우리 뇌 속에 고정hard-wire되어 벗어나기 힘들 수 있다. 우리는 많이 걸어 다닌 길에서 새로운 길로 전기적 뇌파를 바꿔야 하는 힘든 일을 앞두고 있다. 독립성에 대한 환상을 세상과 우리 주변 사람들과의 연결성에 대한 진정한 이해로 바꾸어야 한다.

아침에 잠에서 깬 머릿속 컴퓨터가 수면 모드에서 벗어나 '자아'를 깨우는 프로그램을 시작하는 순간을 생각해보자. 우리는 스스로 몸 밖의 세상과는 거리가 있다고 생각한다. 겹겹

이 머릿속 추상화 과정을 통해, 머릿속에 '우리'와 세상을 분리하는 거짓된 거대한 생각의 성을 만든다. 그러나 이제 과학은 이러한 생각 구조가 완전히 틀렸다는 것을 보여준다. 우리의 진화된 뇌는 '독립된 자아 환상 V1.1'이라 부르는 프로그램을 잘 구동하고 있다. 이 프로그램은 우리가 독립된 자아를 가지고 있다고 믿게 만드는 조종석으로 우리를 안내한다. 이 프로그램은 마모된 신경망 회로에서 구동되는데, 이 회로는 홈이 팰 정도로 사람들이 많이 밟고 다녀서 오히려 벗어나기 힘든 길과 같다.

이는 이론적으로 알게 된 진실이 별로 도움 되지 않는 이유를 설명한다. 모든 기술이 그렇듯 우리는 새로운 사고방식을 배워 연습해야 한다. 팔 근육을 어떻게 써야 70m 앞 과녁에 화살을 맞힐 수 있는지 이론상 알더라도 실제 활을 쏘는 데는 별 도움이 되지 않는다. 신경망에 회로를 만들고 기술을 배우려면 반복 훈련이 필요하다. 세상에 대한 우리의 인식도 마찬가지다. 개별 병리학을 버리고 상황을 정확하게 볼 수 있는 기회가 있지만, 무릎을 치면서 '유레카!'를 외칠 깨달음의 순간은 없을 것이다. 우리 뇌 속에 신경세포를 새롭게 구성하려면 많은 훈련과 노력이 필요할 것이다. 헨리 데이비드 소로Henry David Thoreau는 《월든Walden》에 이렇게 썼다. "우리는 주변의 현실을 끊임없이 받아들이고 거기에 흠뻑 젖어야만 훌륭하고 숭고한 걸 조금이나마 이해할 수 있다."

그렇다면 우리가 이런 현실에 영원히 젖어 있을 수 있는 최고의 방법은 무엇일까? 이론물리학자 데이비드 봄David Bohm은 우리가 매일 쓰는 언어를 바꾸어야 한다고 극단적인 제안을 했다. 그는 양자물리학뿐 아니라 신경과학과 심리학에도 깊은 관심이 있었다. 생태적, 사회적, 정신적 문제는 단절되고 분열되어서 발생한다고 생각했기 때문이다. 그의 이런 생각은 여기서 '개별 병리학'이라 이름 붙인 질병과도 상관있다. 그의 말에 따르면, 우리는 언어에 빠져 있기 때문에 언어에 의해 사고방식이 정해지고 강화된다. 그의 주장은 세상을 나누어서 보는 서양 문화권의 사람들이 동사보다 명사를 더 많이 쓴다고 설명한 11장의 관찰 내용과도 일맥상통한다. 명사를 더 자주 쓰는 것은 별개의 개체들로 구성된 추상적 세계에 자신이 존재한다는 생각을 반영하며, 어쩌면 그런 생각을 더 강화하는 것일 수도 있다.[12] 봄은 세상의 모든 것이 끊임없이 변화하고 다른 모든 것과 긴밀하게 연결되어 있는데, 불변하는 독립된 개체를 나타내는 명사는 근본적으로 잘못되었다고 생각했다. 이는 양자물리학 연구를 통해 알게 된 것이다. 그는 동사는 세상이 움직인다는 특성을 정확하게 반영하기 때문에, 명사를 동사로 대체해서 사용해야 한다고 제안했다. 예를 들어, 종이가 대기 중으로 분자를 잃으면서 서서히 종이와 같은 상태에서 멈출 수 없는 분해 과정을 겪으며 계속 변한다는 인식에서 'paper'보다는 'papering'이란 단어를 사용하자는 것이다. 이런 주장에는 다른 철학자들의 생각도 반영되어 있다. 예를 들어 승려 틱낫한^{Thich Nhat Hanh}은 다음과 같은 글을 썼다.

내가 손에 들고 있는 이 종이는 지금 존재하고 있다. 우리는 이 종이가 언제 어디에서 만들어졌다고 딱 잘라 말할 수 있을까? 몹시 어려우며 사실 불가능하다. 왜냐하면 이것은 종이 한 장의 형태를 띠기 전에, 나무, 태양, 구름의 형태로 이미 존재했기 때문이다. 태양이 없다면, 비가 없다면, 나무는 자랄 수 없었을 것이며, 그렇다면 종이는 단 한 장도 없었을 것이다. 내가 이 종이를 만지는 건, 태양을 만지는 것이다. 내가 이 종이를 만지는 건, 구름도 만지는 것이다. 이 종이에는 구름이 떠다닌다. 그 사실을 깨닫기 위해 시인이 될 필요는 없다. 내가 이 종이에서 구름을 분리할 수 있다면, 이 종이는 더 이상 존재하지 않을 것이다.[13]

우리는 심오한 진실을 담은 이 시적 구절을 읽고 감동할지 모른다. 이러한 종류의 개념을 일상의 언어에 사용하고 싶지만, 우리가 사용하는 모든 명사를 이렇게 대체하기란 불가능하다고 생각한다면 아마 나도 그 의견에 동의할 것이다. 인간의 언어를 바꾸자는 그의 제안은 널리 받아들여지지 않았다. 예를 들어 농장 주인이 계약직 일꾼과 농장에서 할 일에 대해 이야기한다고 상상해보자. 농장 주인이 "조지, 오늘 밭에서 풀

좀 베어줄래요?"라고 말한다. 상당히 간결하고 직접적인 요청이다. 그런데 농부는 '밭'을 많은 다른 생태적 사회경제적 현상의 역동적 교차로라는 계몽된 의미로 생각할 수 있다. 농장 주인이 밭에서 풀을 뽑는 게 풀과 건초의 가치뿐 아니라, 영양분의 균형을 바꾸고 비옥한 토양의 보고인 미생물의 상태를 바꾸는 일이라는 걸 알지도 모른다고 생각할 수 있다. 농장 주인은 밭에 핀 꽃을 먹고 인근의 사과밭과 밭에서 자라는 콩을 수분시키는 벌들의 존재를 알지도 모른다. 연중 다양한 시기에 포유류와 새들이 쉬고 먹이를 얻는 곳으로 밭을 사용하며, 그 농장 주인 이전에 많은 다른 사람이 밭을 다른 식으로 관리한 오랜 문화적 역사를 알지도 모른다. 그러나 농장 주인이 이 모든 역동적인 연관성을 다 설명하려 든다면, 둘의 대화는 아주 길어질 것이며, 일을 빨리 끝내는 데 방해만 될 것이다.

수백 개의 인간 언어는 서로 상당히 다르지만, 기본적인 커뮤니케이션은 비슷하다. 우리는 제스처의 도움을 받고 소리를 이용해 가장 중요한 메시지를 짧게 전달한다. 따라서 간결함과 명확함은 언어의 진화를 이끈 중요한 요소이다. 메시지 전송 시 발생하는 오류를 줄일 수 있는 중복이 발생하긴 하지만, 확실히 과도한 중복은 없다. 따라서 명사는 추상적인 개념으로 세상에서 사물의 깊은 연관성을 정확하게 반영하지는 못하지만, 간결한 언어의 도구로서 간결하다는 유용성을 가지고 있어서, 데이비드 봄에게는 미안한 말이지만, 앞으로도 계속 우리 곁에 남아 있을 것이다. 그러니 세상의 현실에 '깊이 빠져서' 소통을 잘하면서 삶에서 필요한 일들을 해나갈 수 있는 다른 방법을 찾아야 할 것이다.

이 점은 더 또렷이 설명할 수 있다. 비록 우리는 개별 병리학을 극복할 방법을 개발하려 하지만(그 결과 개인의 고독과 다른 관련 질환을 줄이려 하지만), 독립된 자아라는 생각이 우리에게 이익이 되기 때문에 진화했다는 점을 염두에 두어야 한다. 따라서 장황하고 이상한 언어를 사용하거나 환각제를 남용해서라도 우리는 자아를 지키고 싶어 한다. 낭만적인 시인 윌리엄 블레이크William Blake는 이렇게 말했다. "인식의 문이 정화되면, 우리에게 무한의 세계가 펼쳐질 것이다!" 이 아름다운 생각에 작가 러시코프Rushkoff는 이런 현실적인 말로 화답했다. "우리는 그 끝없는 무한의 광야에서 길을 잃을 것이다!" 광범위한 변화보다는 닻 없이 끝없는 광야에서 길을 잃을 위험을 감수하면서 우리는 우리의 세계관을 '살짝만 변경해' 자아관이 지나치게 극단화되고 적응하지 못하는 불균형을 바로잡아야 한다. 그렇다면 자아를 미묘하게 재배열하기 위해 할 수 있는 다른 선택사항으로는 어떤 것이 있을까?

한 가지 방법은 세상을 다르게 인식하도록 스스로 훈련하는 것이다. 많은 고대 동양의 전통들은 이런 면에서 앞서 있었다. 사물과 현상의 복잡성을 인지하면서 세상 전체를 보게끔 마음을 훈련시키는 원칙과 방법을 만든 것이다. 독립이란 불행을 초래하는 환상이라는 것이 그들의 기본 원리였다. 예를 들어, 힌두교에는 이런 가르침이 있다. "모든 것을 나로 보는 사람과 모든 것에서 나를 보는 사람은 무에서 벗어난다. 깨달음을 얻은 사람은 존재하는 모든 것이 자신이며, 물아일체를 아는 사람에게 고통과 환상이 어떻게 닿을 수 있을까!"[14] 이러한 생각이 기독교 문헌에도 가끔 발견된다. 예를 들어, 마이스터 에크하르트Meister Eckhart는 이렇게 말했다. "내가 신을 보는 눈은 신이 나를 보는 눈과 같다. 나의 눈과 신의 눈은 하나의 눈이며, 하나의 시선이며, 하나의 지식이고, 하나의 사랑이다." 실질적으로 인식의 변화에 도달할 수 있는 가장 명확한 가르침을 만든 것은 '선Zen'과 불교와 같은 종교들로, 이들은 명상을 비롯해 우리의 사고방식을 바꾸는 방법을 설명한다.

사고방식의 전환을 입증하는 확실한 과학적 증거가 있다. 행동심리학 연구는 세상을 보는 우리의 인식이 어떻게 유연한지를 보여주었다. 실험은 우리가 세상을 하나로 연결된 현상으로 보는지 아니면 독립적인 개별 대상의 집합체로 보는지를 알아보기 위해 고안된 것으로, 결과는 '점화효과priming effects'로 알려진 피험자의 이전 마음 상태에 영향을 받았다. 예를 들어, 개인주의적 태도나 집단주의적 태도의 중요성을 알아보는 설문작성에서, 설문 전에 짧은 스토리를 읽으라고 요청을 받은 경우와 받지 않은 경우에 따라 응답이 달랐다. 단순히 이야기만 읽게 하는 것으로도 '고립된 자아 관점'에서 '연결된 자아 관점'으로 변화를 촉진할 수 있었다.[15] 점화효과와 비슷하게, 앞서 언급한 시야 의존성 검사visual field dependency test도 결과가 달라졌다. 이는 피험자가 배경장면에 등장하는 인물들을 얼마나 식별하는지 평가하는 검사로, 어느 정도나 세상을 독립된 별개의 부분으로 인식해서 분류하는지를 알아볼 수 있다.

하지만 실험에서 유도한 인식의 변화는 대부분 일시적이었다. 우리의 인식은 일정 부분 회복력이 있어 상당히 안정적인 상태로 돌아온다. (이것이 부분적으로는 사람의 성격의 바탕이 된다.) 그렇다고 해서 상당히 오래 지속되는 변화가 일어날 수 없다는 말은 아니다. 결국 사람의 성격은 시간이 흐르면 변하기 마련이다. 생각이나 행동을 훈련하는 과정에서 활성화라는 신경 패턴을 반복해야 하며, 이렇게 했을 때 신경망에서 생리학적 변화가 생겨 활성화 패턴이 더 만들어진다. 최근 뇌 과학의 발달로 우리는 훈련하는 동안 발생하는 신경 연결의 변화 과정을 지도로 그릴 수 있게 되었다. 다른 인식과 사고의 방법들을 반복적으로 연습하면, 우리 뇌에 어떻게 장기적인 변화를 일으킬 수 있는지를 훨씬 더 잘 이해하게 되었다. 연결에 관한 생각과 느낌에 집중하는 명상법은 우리가 원하는 인식의 '작은 변화'로 이어질 수 있을 것이다. 실제로 숙련된 명상가의 EEG 스캔은 뇌 활동 방식의 구조적 변화를 보여주었고, 많은 명상가는 긴장되는 순간에 스트레스 레벨이 낮고 타인과 공감 능력이 향상되는 등 긍정적인 특징들을 보였다. 물론 그 반대로 작용할 수도 있다. 즉, 나쁜 습관을 훈련할 수도 있다. 언론 광고에서 공교육 제도에 이르기까지 현대 문화는 개인성을 지나치게 강조하는 것 같고, 지나치게 많은 자극물을 제공하고 있다. 이로 인해 우리의 마음은 세상을 개인주의적인 시각으로 인식하는 훈련을 하고 있다. 우리는 자아 변화에 도움이 되지 않는 부정적인 환경에 '흠뻑 젖어' 있을 수 있다.

비록 여러 시간의 명상이 개별 병리학에 정말 필요한 '치료제'를 제공할 수 있다 하더라도, 우리에겐 시간도 의지도 없다. 다행히 독립된 개체라는 환상을 깨는 데 도움이 될 사고방식에 흠뻑 젖을 수 있는 방법들이 있다. 한 가지 방법은 자연에서 보내는 시간을 늘리는 것이다. 자연을 사랑하는 많은 사람이 입증했듯이, 자연의 복잡성과 아름다움은 편협하고 자기중심적인 세계관에서 벗어날 수 있는 좋은 방법이다. 또 다른 방법은 친구와 가족을 직접 만나 함께 시간을 보내는 것이다. 이 방법은 사회적 동물인 인간의 깊은 생물학적 욕구를 충족시킨다. 이러한 견해를 뒷받침하는 과학적 증거가 있다. 영국의 싱크탱크 뉴이코노믹스재단New Economics Foundation은 최근 연구 결과를 종합해 행복과 안녕을 증진하는 간단하고 실천하기 쉬운 활동 목록을 만들었다. (마찬가지로 건강을 위해 채소와 과일의 섭취량을 늘려서 '하루 다섯 번' 섭취할 것을 권장했다.) 권장 사항은 다음과 같다. 1. 사람들을 사귄다, 2. 주위를 의식하고 관심을 갖는다, 3. 활동적으로 생활한다, 4. 새로운 것을 배운다, 5. 친절을 베푼다. 이 중 상당수가 주변 세상과의 연결성을 인식하고 소중하게 생각하는 것과 관련있다는 사실이 놀랍다. 첫째, 사람들과의 연대connect는 다른 사람과 함께하는 과정이 포함된다. 둘째, 주위 의식Take Notice은 세상의 중심에 우리가 있다는 추상적인 개념에서 벗어나, 우리를 둘러싼 세상의 현실을 주의 깊게 인식하는 과정이다. (즉, '자기기만'이라는 머릿속 프로그램을 진정시키고, '독립된 자아'라는 환상을 잠재운다.) 셋째, 활동적인 생활Be Active은 운동을 뜻하는데, 운동이 연결성과 아무런 관련이 없다고 생각할 수 있지만 운동하면서 또는 운동한 직후에 자기중심적인 마음에서 벗어나, 안정감을 느낀 적이 있을 것이다. 헝가리 심리학자 미하이 칙센트미하이Mihaly Csikszentmihalyi는 집중과 기술이 필요한 신체 활동을 할 때 에너지가 생기고 집중하게 되는 '흐름flow'이라는 감각을 최초로 설명했다. 다양한 분야에서 '흐름'이라는 상태에 관한 연구가 현재 진행되고 있다. 자신의 움직임을 인지하면서 흐름을 경험하는 중요한 요소인 시간에 대한 주관적 경험이 바뀌면서 개인주의적 생각이 사라지고 자의식이 없어진다.16 정신적 건강을 위한 네 번째 권고사항은 '학습Learn'으로 학습을 하면 세상의 다른 모습을 더 잘 이해할 수 있고 어떻게 다양한 면들이 연결되어 있는지를 알게 된다. 학습은 세상과 연결하고 세상의 지식을 통합한다. 또한 뇌 속 신경망인 커넥톰이 더욱 연결된다. 마지막 권고 사항은 '기부Giving'로, 타인에게 돈이든 시간이든 기부를 통해 우리는 자신의 소유욕에 반기를 들고 자기방어의 장벽을 무너뜨릴 수 있다.

이처럼 개별 병리학을 줄이는 데 도움이 되는 방법들은 많은 것 같다. 어쩌면 이런 방법을 통해 현대 사회의 전염병과 같은 고독과 그와 관련된 정신적 신체적 문제를 해결할 수 있을지 모른다.

없는 사람을
탓할 순 없다

You can't blame someone who doesn't exist

우리는 작은 것과 거대한 것을 비교하면서 위축될 필요가 없다. 가장 작은 것과 가장 거대한 것의 결합을 입증하는 활동이 가장 고귀하다고 과학은 말하지 않던가? 자연 과학에서 관계라는 큰 그림을 보고 사물 하나도 조건들의 거대한 집합체라고 생각하는 사람에게 사소한 것은 하나도 없다는 걸 알게 되었다. 인간의 인생을 관찰해보면 분명히 똑같다.

조지 엘리엇George Eliot, 《플로스 강변의 물방앗간The Mill on the Floss》에서

'오랜 생각 끝에 나는 오늘 밤 통신회사에서 아내 케이시를 태운 다음, 아내를 살해하기로 마음먹었다. 나는 아내를 몹시 사랑했고, 케이시는 모든 남성이 꿈꾸는 이상적인 아내였다.'[1]

1966년 7월 31일 저녁, 아내가 잠든 사이에 아내의 가슴을 칼로 3번 찌르기 직전에 25세의 찰스 휘트먼Charles Whitman은 이런 글을 썼다. 그는 7자루의 총과 총알을 넣은 가방을 들고 텍사스 대학교 탑에 올라가기 전에 비슷한 방식으로 자신의 어머니를 살해했다. 탑 꼭대기에서 찰스는 안내원을 죽였고, 계단에서 그의 뒤에 있던 두 가족을 살해했다. 그런 다음 그는 전망대에서 탑 아래 지상에 있던 임산부에게 총을 겨냥해 쏘았다. 임산부의 남편이 죽어가는 아내를 구하려고 달려오자, 휘트먼은 그에게도 총을 쏘았다. 휘트먼은 총을 난사해 16명을 추가로 죽였고 그보다 두 배나 많은 사람이 다쳤다.

만약 당신이 판사라면 이처럼 계산적이고 냉혹한 살인마에게 어떤 형량을 내릴까? 만일 그가 지금 여러분 앞에 서 있다면, 당신은 찰스 휘트먼을 '악마'라고 비난하며 가장 무거운 형을 선고하겠는가? 휘트먼은 탑 꼭대기에 있던 영웅적인 시민과 경찰의 총에 맞아 사망했지만, 그가 만일 재판을 받았다면, 그의 재판은 사건의 복잡성을 보여주면서 아주 큰 관심을 끌었을 것이다. 분명히 많은 사람은 휘트먼에게 독극물 주사형이나 종신형과 같이 가장 무거운 형량을 요구했을 것이다. 그러나 똑똑하고 젊은 그가 그처럼 파괴적인 행동을 하게 된 배경을 열심히 알아보려 한 사람이 있었을까?

휘트먼 자신도 자신의 행동과 성향이 이상하다는 걸 인지했다. 그는 일기에 '요즘 나 자신이 이해가 안 된다. 나는 평범하고 이성적인 젊은 사람이어야 한다. 그런데 최근 들어 (언제부터 시작되었는지는 기억나지 않는다) 이상하고 비이성적인 생각에 사로잡혔다. 이런 생각을 계속하게 되고, 유용하고 발전적인 일에 집중하려면 정말 애를 써야 한다.'라고 썼다. 그는 정신과 의사를 찾아가 사소한 도발에도 참을 수 없는 적대감이 생겼고, '사슴총을 들고 탑에 올라가 사람들을 쏠 생각'을 했다고 털어놓았다.[2] 휘트먼은 마지막 편지에서 계속해서 폭력적인 생각이 들었고 자주 고통스러운 두통에 시달렸다면서, 자신의 뇌에 진짜 문제가 있는지 부검을 해서 확인해 달라고 부탁했다.

부검을 한 검시관들은 실제로 그의 뇌에서 종양을 발견했다. 그 종양은 공포와 폭력성을 관장하는 뇌 회로 부분인 편도체를 누르고 있었다. 앞서 원숭이를 대상으로 한 연구에서 편도체가 손상되면 공포 결핍, 무딘 감정, 과민 반응 등이 나타난다는 것을 확인할 수 있었다. 편도체가 손상된 암컷 원숭이는 새끼를 자주 방임하거나 신체적으로 학대했다.[3] 이것이 휘트먼이 경험한 이상할 정도로 강력하고 옳지 않은 감정을 설명할 수 있을까? 텍사스 주지사가 소집한 뇌신경외과전문의, 정신과전문의, 병리학자, 심리학자 집단은 실제로 편도체를 누른 뇌종양은 휘트먼이 감정과 행동을 조절하지 못하게 한 부분 원인이었을 수 있다는 결론을 내렸다.

다른 수많은 의료 사례는 어떻게 뇌종양이 폭력성이나 변태성욕을 유발할 수 있는지 보여 준다. 일부 사례에서 이 같은 행동은 외과적으로 종양을 제거하면 즉시 사라졌고, 종양이 다시 자라면 증상이 재발했다.

뇌종양보다는 명확하게 드러나진 않지만 다른 신체적인 이유로 인해 행동이 변하는 경우도 있다. 예를 들어, 두뇌 발달이 빠르고 예민한 시기인 유년기에 정신적 충격을 경험하면 뇌 구조가 장기적으로 변해 두뇌 활동에 근본적인 영향을 미친다. 현재였다면 윤리적인 이유로 승인받지 못할 원숭이 실험에서, 태어나서 6개월이 넘게 먹이와 수분을 충분히 공급받지만 격리된 원숭이 새끼는 몸을 앞뒤로 흔들며, 자신을 깨물거나, 나중에 새끼를 가지면 자신의 새끼를 공격하는 이상 행동을 보였다. 이처럼 뇌 기능의 정상적인 발달에서 건강한 사회관계가 중요한 시기가 분명히 있다. 이 기간에 체험한 사회적 경험이 뇌의 신경망 연결에 영향을 미쳐 이후 성격이 영구적으로 바뀐다. 사회적 격리로 인한 비슷한 결과가 토끼, 돼지, 들쥐, 생쥐, 심지어 초파리에 이르기까지 다른 동물에서도 발견되었다.[4] 우리 뇌에서 사회적으로 의존적인 부분에는 오랜 진화의 역사가 있는 것 같다. 안타깝게도 역사상 사회적 결핍이 인간에 미치는 영향을 이해할 수 있는 사건이 발생했지만, 인간에게 이런 격리 실험은 허용되지 않았다.

1990년대 수백 명의 루마니아 고아가 빈약한 영양 상태로 양육자들과 사회적 교류가 거의 없이 좁고 더러운 보육원에 갇혀 있었다는 게 알려지자 전 세계가 분노했다. 이 중 일부는 결국 영국에 있는 위탁가정으로 보내졌고, 정신과 의사 마이클 루터 경Sir Michael Rutter은 아이들의 회복 경과를 연구했다.[5] 영국에 도착한 아이들은 정신지체의 징조를 강하게 보였고, 신체적으로 성장이 저조했다. 몇 해가 지나면서 많은 증상이 사라졌고, 위탁가정에서 자란 고아들은 IQ 테스트와 다른 비슷한 테스트에서 일반 아동들을 어느 정도 따라잡았다. 그러나 루터 경의 연구진은 이 아이들을 유년기와 십 대 초반까지 추적연구를 하면서, 과잉행동이 나타나고 관계 형성에 문제가 있다는 사실을 발견했다. 중요한 발달기로 알려진 기간 동안 보육원에서 가장 오랜 시간을 보낸 아이들에게서 이러한 문제가 가장 눈에 띄게 나타났다. 아이들이 스스로 전혀 통제할 수 없던 유년기의 경험은 뇌에 직접적인 영향을 미쳤다. 예를 들어, 대뇌피질의 억제 행동을 제한하면서, 아이들의 행동에 큰 영향을 미쳤다.

이 슬픈 사례는 생애 초기에 사회적 결핍과 영양실조로 인한 결과였다. 어린아이들이 신체적으로 학대를 당하면 결과는 더 나빠질 수 있다. 신체적으로 심하게 학대하는 가정에서 자란 아이들이 어떻게 자신의 성질을 참지 못하고 폭력적으로 자라는지 보여주는 증거는 방대하다. 특히나 아이들이 특정 유전자를 가지고 태어나면 더욱 그런 성향을 보이며, 잔혹한 환경에서 자라면 반사회적인 행동을 할 가능성은 더 커진다.

특정 유전자와 반사회적 행동 사이의 상관관계는 명백히

알려져 있다. 예를 들어, 2011년 〈애틀랜틱Atlantic〉 잡지에는 다음과 같은 기사가 실렸다.

> 만일 당신에게 특정 유전자가 있다면, 폭력 범죄를 저지를 확률은 그 유전자가 없는 사람보다 4배나 높다. 강도가 될 확률은 3배, 가중폭력을 행사할 확률은 5배, 살인으로 체포될 확률은 8배, 성범죄로 체포될 확률은 13배나 높다. 수감자 대다수는 이 유전자를 가지고 있다. 사형수 98.1%는 이 유전자가 있다.[6]

그러나 이런 유전자를 가지고 태어난다고 해서 반드시 이런 운명을 맞는 것(유전자 결정론)은 아니다. 다만 반사회적인 행동을 하게 될 확률이 약간 높아질 뿐이다. 많은 사람이 그 유전자를 가지고 있지만 아무런 문제 없이 산다. 반사회적 행동은 특정 유전자와 특정한 삶의 경험이 합쳐졌을 때 발생한다. 예를 들어, 친구들을 괴롭히는 아이들은 어릴 때 괴롭힘을 당한 경험이 있고, '또한' 특정 신경전달물질-대사 효소neurotransmitter-metabolizing enzyme가 담긴 유전자가 비정상적일 때, 그렇게 할 확률이 높다는 사실이 발견됐다.[7] 결국 유전자 결정론이 아닌 '본성과 양육Nature-and-Nurture' 결정론이 작용하는 것이다.

행동을 결정할 때 '유전자와 경험(본성과 양육)'이라는 두 가지 과거의 영향은 사람이 자신의 행동에 얼마나 책임이 있는지에 대한 의문을 갖게 한다. 물론 법률 사건에도 시사하는 바가 크다. 폭력적인 범죄행위가 공격성을 조절하는 신경회로의 문제로 종종 설명된다는 사실이 과학적으로 밝혀지자, 변호사들은 고객의 행동을 변호하기 위해 행동의 생물학적 근거를 점점 더 많이 언급하고 있다. 그렇다고 해서 사회에서 사람들의 안전을 위해 범죄자들을 수감해야 한다는 사실이 바뀌지는 않지만, 처벌을 받아야 하는 범죄자인 그들을 보는 우리의 시선은 바꿀 수 있다. 사실 형량을 정하는 법원 판결의 기반 전체가 무너지기 시작한다. 그들의 행동이 그들의 유전자와 그들이 통제할 수 없는 사건에 의해 크게 결정된다면, 과연 우리는 그런 행동을 그들 탓이라 말할 수 있을까?

그들 탓으로 돌릴 수 있는지는 우리가 얼마나 자유의지를 믿느냐에 달려 있다. 우리에게 자유의지가 있다면, 우리가 하는 모든 행동은 우리의 책임이며, 잘못이 될 수 있다. 그러나 많은 과학자는(그리고 현대 과학이 도래하기 훨씬 전부터 깊이 있는 사상가들은) 그런 자유의지는 환상일 수 있다는 의견을 가지고 있다. 뇌과학자 브루스 후드Bruce Hood는 다음과 같이 설명한다.

개인이 하는 모든 선택은 유전적 유산, 인생 경험, 현재 환경, 계획한 목표에 이르기까지 여러 가지 숨겨진 요소들의 상호작용의 정점이다. …… 이러한 영향력은 무의식적이어서 우리가 인지하지 못하기 때문에, 우리는 독립적으로

결정에 도달했다고 느낀다.[8]

17세기 철학자 스피노자Spinoza도 이 점을 인식했다. '인간
은 자신이 자유롭다고 착각한다. 자신의 행동은 의식하지만,
그렇게 행동한 원인을 모른 채 자신의 의견이 만들어진다.'[9] 이
러한 견해가 운명론적 견해를 조장하며 자신의 범죄행위에 책
임을 묻지 못할 거라는 생각에 범죄를 저지르게 할 수 있다는
두려움 때문에, 이를 반대하는 목소리가 있다. 그러나 자유의
지가 존재하지 않는다는 견해는, 사람은 책임감 있게 행동해
야 하며, 자신의 행동을 책임져야 한다는 생각과 완전히 일치
할 수 있으므로 이런 두려움은 잘못된 것일 수 있다. 사회를 보
호하고 범죄의 재발을 막기 위해 여전히 범법자들을 교정해야
할 필요성이 있지만, 이제 그렇게 끔찍한 사람들을 조금 더 온
정을 가지고 대할 수 있는 문이 열렸다. 그러나 유발 노아 하라
리의 주장에 따르면, '전반적으로 우리의 사법제도는 자유의지
가 제한적이라는 불편한 진실을 숨기려 한다. 그러나 우리가
얼마나 오랫동안 법학과 정치학으로부터 생물학을 분리하는
벽을 유지할 수 있을까?'

여기서 잘못된 것은 우리의 사법제도뿐만이 아니다. 사법
제도에는 제도를 만든 사람들의 마음이 반영되기 마련이다.
우리는 일상에서 다른 사람이 우리에게 저지른 사소한 잘못을
비난한다. 그 사람이 이런 잘못을 저지르게 된 여러 원인을 인

지하지 못한다. 인간의 뇌는 일반적으로 인과관계의 복잡성을 잘 이해하지 못하며, 한 가지 두드러진 원인에만 집중하는 경향이 있다. 진화심리학자 존 투비John Tooby의 말에 따르면, 이는 인간의 인지 시스템에서 진화한 것이다. 우리는 각 사건에서 단 하나의 명백한 이유만 있다고 인과관계를 이해하는 경험적 접근법(경험법칙)을 진화시켰다. 그는 일반적으로 우리는 다른 사람에 도달할 때까지만 원인 사슬을 거슬러 올라가고, 그 이상의 원인은 알아보려 하지 않는다고 말한다. 이를 통해 우리는 '좋아하지 않는 결과가 나오지 않도록 처벌을 통해 동기 부여를 하거나 우리가 좋아하는 결과가 나오게 동기를 부여한다.'[10] 그는 비난은 현실 세계의 복잡성과 사람 간의 사회적 상호관계를 관리하는 진화된 인식의 도구라고 주장했다. 아이러니하게도 우리는 나쁜 일을 저지르면, 그 원인을 우리 통제 밖에 있는 외부 요인으로 돌릴 가능성이 크다. 따라서 인지 편향이 작용하는 것 같다. 즉, 자신에게 적용하는 규칙과 다른 사람에게 적용하는 규칙이 다르다는 걸 의미한다.[11]

사실 남 탓을 하는 행동은 단지 게으름의 신호일 뿐이다. 다른 사람의 행동의 궁극적인 원인을 이해하지 못해서이다. 그 원인은 그들이 통제할 수 있는 범위를 훨씬 벗어났을 수도 있고 심지어 그들이 태어나기 전으로 시간을 거슬러 올라갈 수도 있다. 이처럼 사건의 맥락을 못 보는 현상은 특정 문화에서 더 두드러지게 나타나며, 우리가 이미 배운 대로 오늘날 지배적인 서양 문화에서 특히나 두드러진다. 1994년 미시건 대학 연구자 마이클 모리스Michael Morris와 케이핑 펭Kaiping Peng은 현지 범죄 사건을 보도한 여러 나라의 신문 기사를 연구했다. 미국 기자들은 범죄자들을 탓했지만(범죄를 그들의 기질 탓으로 돌렸다), 중국 기자들은 상황적 요인을 비난했다.[12] 이러한 결론은 미국인과 한국인 피험자들에게 살인자에 대한 정보를 제공한 대조군 실험 결과를 반영하고 있었다. 미국인 피험자는 중요하지 않은 맥락을 제공한다고 생각하면서 정보 중 절반 이상이 범죄와는 관련성이 없다고 깎아내렸지만, 한국인 피험자의 경우 3분의 1만 범죄와 관련성이 없다고 말했다.[13] 이 결과는 극도로 원자처럼 쪼개진 '서양식' 세계관을 가지고 우리가 개인을 어떻게 더 비난하며, 행동의 궁극적인 원인을 이해하는 데 도움이 되는 맥락을 무시하는지를 보여준다.

이러한 세계관이 지배적이긴 하지만, 이렇게 생각할 필요가 없으며, 사실 우리가 논의한 것처럼 우리 역사에서 오래 존재한 것도 아니다. 고대 동양 문화권에서 불교학자들은 하나의 사건에 여러 원인이 있다고 인식하면서, 인과관계에 대해 전체주의적이고 시스템적인 관점(연기법 또는 '종속적 발생')을 가지고 있었다. 그래서 불교가 공감과 연민을 기르는 데 더 집중하는지 모른다. 한편, 기독교와 같은 다른 종교는 우리의 잘못을 용서하라고 가르친다. 주기도문은 '우리가 우리에게 죄지은 자를 사하여 준 것 같이 우리 죄를 사하여 주옵소서'라고 가르친다. 그러나 냉정하게 생각해보면 찰스 휘트먼처럼 45명이 넘는 사람을 총으로 쏜 사람을 바로 용서하기는 힘들 수 있다. 사망자 중에 우리 가족이 있다면 어떨까? 용서하고 싶지 않을 것이다. 그러한 상황에서 용서한다는 건 초인간적인 일일지 모른다. 반대로 널리 연결된 시스템의 일부로 상황적 맥락에서 사람을 이해하려 한다면, 그들이 그렇게 행동한 원인을 더 많이 이해하게 되며, 적어도 공감할 수 있을 것이다. 만약 우리가 그들과 똑같은 상황에 처한다면, 우리도 그와 비슷하게 행동했을 것이다.

우리가 태생적 인지 편향을 극복하려면 우리의 문화와 제도에 공감과 연민을 불어넣어야 한다. 공감과 연민은 사회적으로 잘못한 사람을 이해하고 가능하면 그들이 갱생할 수 있는 방법을 찾도록 도울 것이다. 반대로 비난은 범죄자를 낙인찍어, 문제행동을 더욱 악화시켜 통제 불능 상태가 될지 모른다. 이런 상황은 어릴 때부터 시작될 수 있다. 예를 들어, 가족 중에서 또는 학급에서 어떤 어린이에게 말썽꾸러기라는 꼬리표를 붙일 수 있다. 최근에 실시된 사회 연구에서 사람들은 미묘한 고정관념에 강력하게 반응했고, 그들의 성격은 그런 고정관념을 강화시키며 계속 발전한다는 점을 발견했다. '말썽꾸러기'라는 말은 사회적으로 허용되지 않는 것 같은 행동을 압축해서 표현한 단어일 뿐이다. 그러나 말썽꾸러기 아이는 변하지 않는 존재가 아니며, 자신의 통제 밖인 다양한 이유에서 그런 식으로 행동하는 것이다. 아마도 그들은 적절한 관심을 받지 못했거나, 사회성을 기르는 놀이를 하지 못했을 수 있다. 우리는 '범죄자'라는 말처럼 '말썽꾸러기'라는 단어가 추상적 일반화를 시킨다는 사실을 인지하고 조심해야 한다. 물론, 효과적으로 소통하려면 추상적 일반화의 단어가 필요하다. 우리는 앞서 커뮤니케이션을 위해 단어의 추상화가 어떻게 필요한지를 살펴보았다. 그러나 이런 단어는 함축적이라는 점을 기억하자. 이는 우리가 잠재적으로 낙인을 찍어 취급하는 사람을 지칭하는 단어들이다. 그 단어의 이면에 자신의 통제 밖에 있는 행동의 원인을 이해하는 것이 중요하다.

물론 우리가 여기서 살펴보는 것들은 단순히 범죄자들에만 적용되는 것이 아니라, 우리가 일상생활에서 만나는 모든 사람에게 적용된다. 작은 잘못에도 남을 비난하고 싶을 때, 연관성과 원인이 잘 드러나지 않는다는 걸 고려할 수 있다. 숨겨진 것들을 밝히기 위해서는 전체적인 관점을 취해야 하며, 개인을 넘어서 사건의 이면을 볼 수 있어야 한다. 우리가 상호연결성에 대한 과학을 이해하게 되면, 이처럼 시스템적이고 전체론적인 관점을 기르는 데 도움이 될 것이다.

우리가 아무 생각 없이 남을 비난하는 마지막 예로 보건 서비스에 막대한 비용을 초래하는 비만이라는 전염병을 생각해보자. 비만한 사람을 낙인찍고 싶은 마음이 들 수 있다. 왜 저 사람들은 욕심을 멈추고 적게 먹을 수 없을까? 이제 우리는 식이장애에 복잡한 심리적 이유가 있다는 것을 알고 있다. 때로는 환자의 트라우마가 작용했을 수도 있다. 또는 복잡한 물리적 이유가 있을 수도 있다. 최근의 연구에서는 어머니나 할머니가 경험한 환경이 자녀의 유전자를 바꿀 수 있으며, 이러한 유전자 외적인 요소(후성유전 효과)가 비만에 영향을 미치며, 자녀의 발달상 차이를 유발하고, 비만 위험도를 높인다는 사실이 밝혀졌다.[14] 또 체중 증가에는 장내 미생물군집gut microbiome의 변화도 관련이 있다. 그런데도 과연 우리는 일종의 세대 간 원인과 광범위한 환경적 원인을 정말 비만한 사람 탓으로 돌릴 수 있을까?

개인을 넘어서 인과관계가 복잡하기 때문에 우리의 행동이 남에게 어떤 영향을 미칠지에 대해 매우 신중해야 한다. 소셜 네트워크 이론은 어떻게 우리의 행동이 소셜 네트워크에서 세 다리를 건너서 퍼지는지 보여준다. 우리는 만난 적도 없는 사람에게도 영향을 미칠 수 있다.[15] 또한 앞에서 설명한 후성유전의 영향으로, 우리의 행동과 조치는 태어나지 않은 우리의 후손에게 영향을 미칠 수 있다. 우리의 식습관과 흡연 여부는 후손에 상당한 영향을 미칠 수 있다. 따라서 개인을 뛰어넘어 이면을 보는 시각을 가지면, 일상에서 남을 상대할 때 더욱 연민을 가지고, 즉각적으로 눈에 보이지는 않을 수 있지만 남에게 미치는 우리의 간접적 영향을 더욱 인식할 수 있다. 인과관계의 연결망은 한 사건이나 한 사람에서 여러 방향으로 넓게 퍼져 있다. 어떻게 현재의 행동이 시간이나 공간에서 멀리 떨어진 숨겨진 결과에까지 영향을 미치는지 인과관계를 이해하면, 우리의 행동이 미치는 영향을 더 깊이 성찰해 책임감 있게 행동할 수 있다. 어떤 의미에서 연민은 양방향으로 작용한다. 여기에는 우리가 당한 잘못의 진정한 원인을 이해하는 한편, 우리가 남에게 눈에 드러나지 않는 잘못을 저지를 수 있다는 사실을 인식하고 예방하는 과정이 포함된다.

이처럼 폭넓은 연결성을 인식하고 연민을 가지고 접근하려고 개인의 관점을 바꾸는 것이 우리 사회에 폭넓은 변화를 일으키는 첫걸음이다. 비난과 처벌에 대한 우리의 생각은 범죄의 원인을 더 잘 이해해, 사법제도를 더욱 공감하고 이해심이 깊은 제도로 변화시킬 수 있다. 자신의 행동을 성찰하면서 타인과 자연에 미치는 부정적인 영향을 깨닫고 그런 행동을 제한하게 되면, 우리는 생태계적으로 더 책임감 있게 행동하게 될 것이다.

4부

우리 관계의
정체성

OUR NETWORK IDENTITY

잠시 우리의 작은 자아를 받아들이고, 다른 사람을 저주하지 않고,
나쁜 일을 두려워하지 않으며, 자신의 존재를 없애고
광선을 반사하는 유리가 된다면, 우리가 반사하지 못하는 것이 무엇이 있을까!
우주가 우리 주위에서 투명하게 빛날 것이다.

헨리 데이비드 소로, 《월든》에서

—

나는 수많은 것들과 내 몸을 함께 쓴다.
나의 DNA는 인생이라는 거미줄의 일부이다.
나의 뇌는 나의 문화의 산물이다.
나의 심장은 인류애의 산물이다.
나의 공허함은 보편적이다.[1]

연결성의 3차원

Three dimensions of interconnectedness

자아와 자연 세계의 단절은 자의적이므로, 우리의 피부에서 자연과 단절할 수도 있고 아니면 원하는 만큼 저 멀리 있는 깊은 대양과 별까지 자연과의 관계를 연장할 수도 있다. ······ 만약 심리학이 대상을 연구하는 학문이라면, 그리고 그 대상의 한계를 정할 수 없다면, 심리학은 싫든 좋든 생태학과 융합될 것이다.

제임스 힐먼James Hillman[1]

2000년대 말, 젊은 미국인 의과대학생 에이미 프로알Amy Proal
은 만성피로증후군으로 불리는 베일에 싸인 질병을 이해하는
데 중요한 진전을 이루었고, 이 모든 성과는 그녀가 잠자리에
들면서 시작되었다. 2년 가까이 잠을 잔 것이다. 평상시 아주

활동적이고 의욕에 넘치던 에이미는 이상하게 피곤하고 몸이 안 좋다고 느끼기 시작했을 당시, 학위 과정에서 좋은 성과를 보이고 있었다. 하지만 심한 두통과 독감 같은 증상과 근육통이 심해져 결국 그녀는 침대에서 벗어나지 못하게 되었다. 에이미는 근통성뇌척수염ME 진단을 받았는데, 흔히 만성피로증후군으로 알려진 이 질환은 원인이 알려지지 않았다.

오랜 병상 생활을 참지 못한 에이미는 치료법을 발견할 수 있다는 희망을 품고 자신의 질병 뒤에 숨겨진 과학을 알아보기로 했다. 에이미는 같은 질병을 앓고 있는 다른 환자들과 그 질병을 연구하는 사람들을 찾았고, 인간면역체계와 관련한 놀라운 새로운 치료법을 개발 중이던 트레보 마셜Trevor Marshall 교수를 만났다. 마셜 교수의 이론은 질서를 잃게 된 마이크로바이옴과 연결된 신체의 통제 불능의 면역반응runaway inflammation이 만성피로증후군의 원인이라는 것이었다.

마셜 교수는 다재다능한 사람으로 전자 신시사이저를 설계했고, AC-DC 밴드가 사용한 PA 증폭기를 만들었으며, 자신을 위한 미니어처 입체 음향 Hi-Fi 시스템을 설계했다. 전기 회로를 만지작거리지 않을 때는 자가면역연구재단 소장이자 마이크로바이옴이 깨지면 어떻게 특정 질병이 유발되는지에 관한 세계 최고 전문가로 활동했다. 만성염증질병은 주기적으로 면역반응을 억제하는 약물을 사용해 치료한다. 약물 치료를 통해 일부 증상이 완화되지만, 질병 자체를 치료하지는 못해 결과적으로 시간이 지나면 재발의 위험성이 있었다. 이러한 통상적인 치료법과 반대로, 마셜 교수의 치료법은 신체의 면역반응을 높여 면역반응이 효과적으로 작동하도록 했다. 하지만이 치료법을 따르면 병원균이 죽고 그들의 독극물이 혈류에서제거되어 초기에 증상이 나빠질 수 있었다. 따라서 그는 치료법을 시험해 볼 용감한 환자들이 몇 명 필요했다.

마셜 교수 치료법의 과학적 원리를 조사한 에이미는 실험에 참여하겠다고 자원했다. 에이미는 다른 실험 참가자들과 함께 일반적으로 혈압을 낮추는 데 사용되는 올메사르탄메독소밀olmesartan medoxomil이라는 약물을 일반 처방보다 고용량으로더 자주 복용해야 했다. 이 약물은 체세포에 있는 항균물질을코딩한 유전자를 포함해 천여 가지의 다른 유전자를 조정해 정상 면역 기능에 중요한 역할을 하는 비타민 D 수용체와 반응한다. 면역반응은 우리의 몸에 침범하려는 병원균 박테리아에게심각한 문제가 된다. 그 결과, 일부 박테리아는 우리의 비타민D 수용체 기능에 간섭할 수 있도록 진화했고, 인간의 화학물질을 모방하는 화학물질을 생성해 수용체의 기능을 낮춘다. 이러한 면역 방어체계의 은밀한 변화는 체내에 박테리아가 계속 살아남아 신체의 만성적인 미생물 불균형 상태가 이어진다는 것을 의미한다. 이에 마셜 교수는 비타민 D 수용체의 활동을 높여 박테리아의 공격을 이겨낼 방법이 필요하다는 사실을 깨달았고, 올메사르탄이 바로 그 역할을 한다고 여겼다.

우리의 마이크로바이옴의 균형을 다시 잡고, 건강한 상태를 유지하는 박테리아와 다른 미생물의 복잡한 상호작용이 회복되려면 시간이 걸리지만, 수개월간 치료를 받은 에이미의 증상은 많이 호전되었다. 이 일을 계기로 에이미는 자신의 커리어를 바꾸어 인간의 마이크로바이옴에 대한 이해를 높이기 위해 노력했고, 그 결과 남을 도울 수 있는 새로운 과학적 발견을 활용할 수 있었다. 에이미는 마셜 교수와 그 외 다른 과학자들과 긴밀하게 공조하면서 만성피로증후군과 같은 질병의 기제를 더욱 연구했다. 그녀는 환자가 아닌 과학자로, 면역반응 자극이 어떻게 많은 자가면역질환의 핵심인지를 설명하는 실험 결과를 기록했다.[2]

우리의 내부 생태계와 연결된 마이크로바이옴을 구성하는 인간 이외의 파트너들과의 상호작용을 이해하는 것은 우리의 건강에 중요하다. 체내 마이크로바이옴을 돌보지 않으면, 불균형 상태(장내 세균 불균형)가 될 수 있으며, 그렇게 되면 체내 박테리아와 다른 미생물의 구성이 반영구적으로 바뀌어 인간에게 해롭다. 이제 우리는 마이크로바이옴 변화가 현대 사회에서 과민성대장증후군과 같은 문제를 일으키며, 비만 증가에 부분적인 원인이 된다는 것을 안다. 일부의 경우 인과관계의 방향성이 여전히 알려지지 않았지만, 최근 들어 마이크로바이옴을 위장장애, 당뇨, 자가면역질환, 천식, 파킨슨병과 다발성 경화증 같은 신경 질환을 비롯해 다양한 병리학과 연결 짓는 과학적 연구가 폭발적으로 늘어났다.[3] 장내 마이크로바이옴의 변화가 이런 질환의 원인일 수도 있고, 추가적인 증상일 수도 있다.

본인이 직접 경험했듯이 연관성을 이해하는 것이 우리의 건강과 행복에 아주 중요하기 때문에, 에이미는 미생물이 신진대사의 거의 모든 기능에 영향을 미치는지에 대한 관련 정보를 열심히 취합하고 있다. 그러나 마이크로바이옴이 어떻게 신체조직에 스며드는지에 대한 증거가 많음에도 대부분의 의과대학에서는 여전히 장 이면의 신체를 멸균 상태라고 생각한다. 우리는 체내 300억 개 이상의 바이러스 입자인 '바이러스체virome'를 가지고 있다. 이처럼 체내 생태계는 우리가 복용하는 약물의 효과에 영향을 주기 때문에 의사와 제약회사가 더 효과적인 약물을 만들려면 이런 상호작용을 잘 이해하는 것이 중요하다.

우리는 새로운 화학물질과 기술이 어떻게 마이크로바이옴에 영향을 미칠 수 있는지 생각해볼 필요가 있다. 규제당국이 공식적으로 건강상의 위험성을 평가하는 속도보다 더 빠르게 날마다 수천 개씩 화학물질이 등록되고 있다.[4] 이 물질들은 식품에서 페인트, 샴푸에 이르기까지 다양한 제품에 들어 있으며, 이들이 우리 마이크로바이옴에 미치는 영향은 마치 러시아 룰렛처럼 그 결과를 예측할 수 없다. 나노기술과 같은 신기술 역시 위험해지고 있다. 신기술의 잠재적인 위험에 실험용 쥐처럼 노출되지 않으려면, 신제품이 인간의 세포와 우리 체내에 있는 인간 이외의 이로운 파트너들에게 안전할 수 있게, 과학자, 정책 입안자, 식품기업과 기술기업들이 이에 대해 더 많이 논의해야 한다.

에이미 프로알과 같은 연구자들을 통해 우리는 마이크로바이옴이 몸과 마음을 더욱 건강하게 만들도록 이들을 잘 관리할 새로운 방법들을 배우고 있다. 신경생물학자, 미생물학자, 면역학자, 의사는 모두 이 거대한 퍼즐의 조각을 맞추고 있다. 해결책을 발견하게 되면 가까운 미래에 건강하게 기대수명을 연장할 수 있다는 생각은 결코 과장이 아니다. 우리가 '인간'의 몸이라 부르는 공동의 그릇에 사는 다양한 파트너들과의 긴밀한 관계를 이해하면 여러 이점이 있다.

우리의 체내 생태계에서 잠시 벗어나 우리를 둘러싼 체외 생태계를 생각해보자. 마이크로바이옴이 건강상 분명한 이점이 있다는 것을 이해한 것처럼, 우리 몸 밖의 자연 세계와의 연결성을 이해해보는 건 어떨까? 체외 생태계와의 연결성을 조금 더 알아보기 위해, 이케아에서 파는 것 같은 DIY 가구를 설계하는 '들판의 선구자'를 만나러 영국 더비셔Derbyshire의 시골 지역으로 떠나보자.

더비 대학교의 인적요소및자연연결학과의 마일즈 리처드슨Miles Richardson 교수는 우리 주변의 자연 세계와 인간의 연결성에 관해 과학적 지식을 통합하는 연구를 열심히 진행하고 있다.[5] 인간과 자연의 관계가 어떻게 우리의 기분과 행동에서

부터 신체 건강과 정신건강에까지 모든 것에 영향을 미치는지 공동 연구를 진행하고 있는데, 최근 자연과 인간의 연결성을 주제로 한 심리학 연구가 폭발적으로 증가했다.

마일즈 리처드슨 교수가 처음부터 이 주제를 연구한 건 아니다. 그는 사람들이 DIY 가구 조립과 같은 디자인 활동을 어떻게 이해하는지를 조사하면서, 인체공학 분야에서 처음 학자로서의 경력을 시작했다. 리처드슨 교수는 주로 책상 앞에 앉아서 생활하는 학자의 라이프스타일을 바꾸기 위해, 규칙적으로 산책을 하면서 자신이 관찰한 자연을 기록했다. 거의 일 년간 하루도 거르지 않고 산책을 하면서, 사색을 통해 자연에 대한 그의 인식과 자연 속에서 자신의 위치에 대한 생각이 어떻게 바뀌었는지를 기록할 수 있을 정도로 충분한 자료를 모을 수 있었다. 그는 인체공학에 대한 자신의 전문지식을 어떻게 확장시켜 사람들에게 자연과의 연결성을 이해시킬지 고민하기 시작했고, 머지않아 환경심리학자라는 새로운 커리어를 갖게 되었다. 헨리 데이비드 소로, 알도 레오폴드Aldo Leopold, 레이첼 카슨Rachel Carson처럼 지금까지 이 주제에 관해 글을 쓴 작가는 많았지만, 엄격한 증거를 기반으로 하는 방법이 사용된 건 최근의 일이다. 새로운 과학적 접근법은 자연과 함께하는 삶이 가치 있는 이유를 이해하기 위해, 설문조사, 지리정보시스템, 생물리학적 측정(예: 스트레스 지표인 침 속의 코르티솔 수치), 뇌스캔 기법까지 모두 활용했다.

이런 연구를 통해 우리는 자연과 가까이 살고 자연에서 시간을 보내면 다양한 이점이 있다는 사실을 이해하게 되었다. 자연과 정신적으로 교감하면 정신의 균형감을 유지하는 데 도움이 되며, 그 결과 우리를 지탱하는 자연을 보호하게 된다. 여러 국가에서 정신건강의 위기가 심해지면서, 자연과의 교감에서 오는 이점이 마침내 정치 레이더망에도 잡히기 시작해, 마을과 도시를 설계할 때 녹지 공간('녹지인프라'로 불림)에 대한 관심이 점차 커지고 있다. 2017년 영국 정부가 발표한 증거 자료는 인간이 자연환경에 노출될 때 얻는 건강상 이점을 보여준다.[6] 녹지 공간으로의 접근성이 좋아지면 정신건강이 향상되었고, 정신적 행복과 건강한 면역체계로 인해 사회경제적 불평등이 줄어들며, 천식과 같은 염증성 질환이 줄어들었다. 특히 녹지가 가장 많은 지역은 비만율과 제2형 당뇨병 유병률이 줄어들었다. 자연환경에의 노출이 심박수와 혈압, 비타민 D 수치, 회복률, 코르티솔 수치(낮은 스트레스)와 관련이 있었다. 이처럼 자연환경을 통해 얻게 되는 이점은 꽤 많다.

안타깝게도, 인근에 녹지가 있든 없든 상관없이, 우리는 여전히 실내에서 시간을 많이 보낸다. 평균적으로 90% 이상의 시간을 실내에서 보내고 있다.[7] 자연과의 관계에서 자신을 어떻게 생각하는지가 남은 인생에 자연과의 관계에서 오는 이점을 누릴지 여부를 결정한다. 마일즈 리처드슨은 자연과의 연계성에 대한 사람들의 태도를 정량화해 이것이 우리의 행복에 어떻게 영향을 미칠 수 있는지를 연구했다. 그의 연구에는 피험자들의 정체성이 자연과 얼마나 별개인지 또는 밀접하게 연결되어 있는지를 알아보는 설문조사가 포함됐다. '자아 지표로 본 자연Nature as Self Index'과 '자연과의 연계성 척도Connectedness to Nature Scale' 같은 다양한 척도가 있지만, 다양한 지표들을 서로 비교해보면 크게는 자아정체성의 비슷한 측면을 측정해 서로 밀접하게 연관되어 있다는 사실을 알 수 있다. 예를 들어, '내 주변의 자연과 하나가 된다는 느낌을 자주 받는다' 또는 '자연 세계는 내가 속한 지역사회라고 생각한다'와 같은 질문에 '전적으로 동의한다'와 같이 답변한다면, 다양한 자연과의 연결성 지수에서 높은 점수를 받게 될 것이다.

이런 설문에는 보통 태도나 행동의 다양한 측면을 정량화하려는 질문들이 뒤따른다. 이런 방식으로 자율성, 개인의 성장, 인생의 목적, 긍정적 정서 상태와 같은 특성은 높은 행복감과 낮은 불안감은 물론, 자연과의 연관성과 관련이 있는 것으로 나타났다. 이런 결과가 통계적 연관성에 그쳤다면, 긍정적인 특성의 발전에 대한 정보를 전달할 입장이 못 되겠지만, 연구 분야는 상관성 연구를 넘어 인과관계를 시험해 볼 수 있는 실증적 접근법으로 이동했다.

새로운 연구 결과는 사람들이 느끼는 자연과의 관계를 바꾸어 정신질환을 치료할 확률을 높였다. 이제 이런 생각은 널리 받아들여지고 있다. 개인의 건강을 생물, 심리, 사회 요인과 연결한 생물심리사회 모델은 1970년대부터 존재했지만, 임상의학은 아직도 생물학적 요인에만 중점을 둔 생의학 모델에 의존하고 있다.[8] 그래서 우울증과 같은 정신질환을, 원인이 되는 정신적, 환경적, 사회적 원인을 제대로 다루지 않고 주로 약물로만 치료한다. (예를 들어, 12세 이상의 미국인 중 무려 13%, 영국 성인 중 16%가 항우울증약을 복용하고 있다.)[9] 하지만 이 모든 것들을 곧 바꿀 수 있으며, 건강을 위한 '사회적' 처방과 '환경적' 처방이 있다는 인식은 점차 커지고 있다(예를 들어, 사람들을 지역 커뮤니티 서비스와 연결하거나, 자연 속에서 활발하게 야외 활동을 하도록 돕는다). 이를 국가 보건 시스템에 완전히 통합하려면 대대적인 보건 정책의 변화가 필요하지만 말이다.

이전에는 자연과의 연결성, 즉 자연과 하나가 되었다는 느낌이 과학 연구의 영역이 아닌 영성이나 종교의 영역에 확고히 속하는 것으로 인식되었다는 점이 놀랍다. 그러나 환경심리학에서 과학과 영성이 융합되고 있다. 인간과 자연의 분리는 마음과 몸이 별개라고 생각한 데카르트 세계관에서 유래한다. 이 같은 인위적인 이분법이 현대를 사는 우리의 사고를 차지하고 있으며, 의약뿐 아니라 어떻게 영적인 경험을 이해할지도 제한한다.

21세기 초에도 과학과 종교는 서로 '겹치지 않는 두 개의 영역'으로 묘사됐다.[10] 이것을 주창한 생물학자 스티븐 J. 굴드 Stephen J. Gould는 자연과학자였다. 스티븐 굴드가 도덕적 의사 결정에 관여하는 뇌의 패턴에 관한 연구와 영적 경험과 신경생물학적 연관성에 관한 신경과학 연구를 알았다면, 생각이 달라졌을지도 모른다. 과학과 종교의 영역이 별개라는 굴드의 해석에 동의하지 않는 사람이 많았다. 인간유전체프로젝트의 창시자 프란시스 콜린스Francis Collins는 "사실, 둘 사이의 경계선을 따라 둘은 놀라울 정도로 복잡하게 서로 얽혀 있으며, 두 개의 영역은 서로 맞닿아 있다. 완전한 해답에서 다른 부분을 이해하기 위해 둘 다에 가장 깊이 있는 질문을 던진다."고 기록했다.

자연과의 연결성에 관한 과학적 연구는 과학과 영성이라는 두 개의 영역이 '서로 얽혀 있는' 완벽한 예이다. 깊은 성찰의 순간에 느끼는 자연과의 일체감은 한때 생각처럼 종교의 영역에만 관련된 것이 아니다. 그 순간에 느끼는 진정성은 마치 어떤 깊은 진실로 돌아가는 것 같지만, 이전에는 객관적으로 탐구할 수 없는 주관적인 느낌이라고 가벼이 여겼다. 그러나 이제 과학은 이러한 연결성을 이해하는 방법을 개발하고 있다. 한 실험은 명상하는 티벳 승려들의 뇌파 변화를 측정한다. 승려들이 말하는 주관적인 일체감(통일감)은 실제로 존재하는 상태라는 사실이 이제 과학적으로 입증되고 있다. 개인이 피부라는 경계선 안에 있는 별개의 존재라는 생각은 놀랍게도 사라져 버린다. 이 책의 증거들을 통해 여러분을 설득할 수 있길 바란다. 21세기에 우리는 과학과 종교의 진정한 시너지를 보고 있다. 충돌이 있기 전에(창조론자에 맞선 다윈과 그와 반대로, 종교의 과학적 연구를 거부한 굴드), 마침내 우리는 '증거를 기반으로 한 종교'라 불리는 것을 본다. 조직화된 종교의 독단과 꾸며낸 이야기를 꿰뚫어 좁게는 '종교적 경험'이라 불리는 도덕적 영적 상태를 과학적으로 탐구할 수 있지만, 이는 자기기만의 베일 아래를 볼 수 있는 한 가지 방법일지 모른다. 정신적 신체적 건강상의 이점이 있는, 자연과 연결되어 있다는 태도는 자연과의 순간적인 일체감에서 오는 더 영구적인 특징이 발현된 것이다.

2015년 교황의 두 번째 회칙Laudato si에서 한 교황의 발언에서 과학과 종교의 영역이 중첩된다는 인식이 점차 확산되고 있다는 증거를 찾을 수 있다. 프란치스코 교황은 기독교가 과거에는 성경을 잘못 해석해 인간이 자연을 지배한다는 주장을 했다고 설명하면서, 인간의 생명은 자연의 한 부분이며(어떻게 모든 것이 연결되어 있는지를 아무리 강조해도 지나치지 않다), 자연 파괴를 해결하려면 과학과 종교 간에 새로운 협력 관계가 필요하다고 강조했다.

자연 세계와의 연결성에 관한 이 연구가 발전하면서, 다른 분야에서는 사람들 사이의 연결성과 그로 인한 이점에 관한 연구가 진행되고 있다. 사람들 사이의 연결성이라는 영역의 최신 연구 결과를 취합한 세 번째이자 마지막으로 소개할 연구자를 만나보자.

마일즈 리처드슨이 저녁 태양이 거대한 외투와 같이 주변을 어둠으로 감싸면서 구름 뒤로 사라지는 장면을 지켜보던 그때, 지구 반대편에서는 시속 약 1,000km로 태평양을 건너 캘리포니아 샌디에이고에 도착한 태양이 신선한 새벽의 여명을 길게 드리우며 도시를 물들인다. 샌디에이고 주립대학 진 트웬지Jean Twenge 교수는 하루의 시작을 기다리고 있다. 트웬지는 다작을 하는 작가로 백여 권 이상의 과학 간행물과 몇 권의 책을 집필했고, 오늘날 십 대들의 정신건강 문제를 자주 조명했다. 수십 년간 그녀는 시간이 지나면서 인간의 심리가 어떻게 변하는지에 관한 새로운 연구 결과를 도출해 요약했다.

이 연구의 주요 발견 사항은 자신은 남과 다르며 자기중심적이고 자율적이라고 인식하는 개인주의가 전 세계적으로 최근 증가했다는 점이다. 세 명의 캐나다인 연구자들이 진행한 이 인상적인 연구를 통해 1960년대 이후 78개국에서 개인주의의 변화를 측정했다.[11] 그들은 설문 응답(친구의 중요성 vs. 가족의 중요성, 자기표현에 대한 선호도, 자녀의 독립성에 대한 견해)과 독신 성향과 이혼 빈도와 같은 개인주의와 관련한 나라의 관행에 대한 설문 응답을 통해 사람들의 개인주의적 가치를 살펴보았다. 시간이 지나면서 대부분 국가에서 개인주의적 가치와 관행이 크게 증가한 것으로 나타났다. 일부 국가(아르메니아, 중국, 크로아티아, 우크라이나, 우루과이)에서는 개인주의적 가치가 하락했는데, 이처럼 국가 간에 문화적 차이를 보여주는 증거가 있었다. 그래도 4분의 3 이상의 국가에서 개인주의적 가치와 관행이 가파르게 증가했다.

그러나 그 자체는 문제가 아닐 수 있다. 이러한 변화와 함께 많은 나라는 높은 사회경제적 개발을 경험했다. 건강한 자아가 타인과 환경에 피해를 주는 오만함, 자만심, 허영, 과장, 이기적인 태도의 집합체인 자기애로 왜곡될 때 극단적인 문제들이 나타난다. 트웬지는 자기애적 성격척도Narcissism Personality Inventory, NPI로 불리는 설문을 통해 처음에는 미국 대학생들을 대상으로 자기애를 연구했다. 1980년대에 처음 테스트를 시작한 이후, 여러 차례에 걸쳐 테스트를 진행한 트웬지와 그녀의 동료들은 시간이 지나면서 젊은 사람들의 성격 변화를 평가할 수 있었다. 그들이 관찰한 우려스러운 점은 자기애가 지금까지 계속해서 급격히 증가했다는 사실이다.[12] 자기애적 성격척도가 가장 심각한 자기애를 임상적으로 인지할 수 있는 '자기애적 성격장애Narcissistic Personality Disorder'를 직접적으로 측정하는 건 아니다. 자기애적 성격장애란 이제 막 성인이 되면 자신의 중요성을 부풀려서 생각하고, 과도한 관심과 존경을 원하며, 타인에 대한 공감 능력이 떨어지는 정신적 상태를 의미한다. 하지만 NPI 점수가 높은 일부는 심각한 임상 장애를 겪는다. 두 경우 모두 젊은 층에서 더 많이 나타나는 경향이 있으며, 시간이 지나면서 훨씬 더 많아졌다.[13]

자기애는 문제가 되는데, 특히나 가까운 사람(가족이나 연인)에게 피해를 주게 된다. 공감 능력이 떨어진다는 말은 타인을 자신의 이익을 위해 이용하며 자신의 행동이 타인에게 어떤 영향을 줄지 전혀 신경 쓰지 않는다는 것을 의미한다. 개인주의와 자기애의 증가는 자연에 대한 관심이 줄어드는 현상과도 관련이 있다. 총 900만 명이 넘는 미국의 대학 신입생과 졸업반 학생들의 방대한 응답 데이터를 분석한 트웬지와 그녀의 동료들은, 시민의식(사회문제에 관한 관심, 정치 참여, 정부에 대한 신뢰, 환경 보호를 위한 활동)이 1960년 중반 이후 감소하였으며, 환경 보호를 위한 활동의 경우 X세대(1962~1981년에 출생한 세대)와 밀레니엄 세대(1982년 이후 세대)에서 가장 큰 하락세를 보였다. 여러 세대를 거쳐 학생들 삶의 목표가 변화했다는 연구 결과는 놀라웠다. 예를 들어, 870만 명의 응답자 중에서 베이비부머 세대(1946~1961년에 출생한 세대) 45%의 응답자들은 경제적으로 잘 살겠다는 인생의 목표를 가지고 있었고, 73%는 인생에서 의미 있는 철학을 만들길 원했다. 밀레니엄 세대에서 이런 인생의 목표가 뒤집혔다. 학생 중 75%는 경제적으로 잘살길 원했고 45%는 인생에서 의미 있는 철학을 원했다.[14] '왜 건전한 행복 철학보다 돈을 원할까?'라는 의문이 생긴다. 행복의 대용물(돈)을 진정한 목표인 행복과 혼동한 것 같다. 국가 차원에서도 거시경제 규모로 비슷한 변화가 일어난 것 같다. 대부분의 나라는 (부탄과 같은 드문 경우를 제외하고)[15] 시민들의 행복을 위한 대용물로 국민총생산GDP 극대화에만 맹목적으로 집중하고 있으며, 더 직접적인 다른 척도들은 무시하고 있다. GDP가 일반적으로 행복과 깊은 상관관계가 있다면 GDP를 척도로 사용해도 괜찮지만, 일부 경우 GDP 성장은 행복을 해치면서 달성될 때가 있다(예를 들어, 환경을 악화시키고 사람들의 건강에 영향을 미친다).

자기애가 강한 사람은 부의 축적과 시민의식의 상실에 집중하자는 말을 세상에서 잘나가기 위해 남을 속여도 괜찮다는 의미로 받아들이고(고등학교와 대학에서 시험 부정행위가 늘어나고 있다), 환경오염에 관심을 덜 가지거나 자신의 몫 이상의 자원을 사용하며, 후손에게 자원을 적게 남겨준다. 오랫동안 트웬지를 도와주고 있는 키스 캠벨Keith Campbell이 설계한 자원 게임은 참여자들이 숲에서 목재를 채취하는 산림회사의 대표로 롤플레잉을 하는 것이었다.[16] 자기애 점수가 높은 참여자는 게임 초반에 목재를 지나치게 많이 재취했다. 산림 대체율보다 높은 지나친 벌목으로 산림은 파괴되고 결국 전체 목재 채취량이 줄어들었다. 캠벨은 자기애가 자신에게는 단기적인 이점을 주지만 남에게는 장기적인 비용을 초래한다는 결론을 내렸다. 공공의 이익과 개인의 이익 사이에서 균형을 잡으려 노력하지만, 공공재를 보호하지 못하는 '공공재의 비극Tragedy of the Commons'은 자기애가 강할 때 상당히 커졌다.

트웬지는 자기애의 세계적 확산을 질병의 전염병에 비교했다. 그렇다면 왜 이런 일이 벌어질까? 여기에는 여러 가지 이유가 있을 수 있다. 우리가 가정과 학교에서 아이들을 양육할 때 자긍심을 높이는 데 지나치게 집중하고 있으며, 우리는 자기애를 강조하는 언론 문화에 둘러싸여 있다.[17] 보다 의미 있는 지역사회에 집중하기보다 유명인을 숭배하고, 돈, 권력, 명성을 미화한다. 이런 문화가 만연하면 여기에서 벗어나기 힘들다. 누군가 우리에게 '자신의 브랜드'를 구축해야 한다고 말하면, 마음에 들어 하지 않았을 수 있지만, 이제는 그런 말에 아무렇지도 않다. 하지만 잠시 한 걸음 물러서서 '자신'의 브랜드를 만든다는 생각이 얼마나 이상한지 생각해보자. 자아는 계속해서 변화하며 우주의 다른 모든 것과 연결되어 있다. 간단히 말해 자신만의 브랜드를 구축한다는 건 불가능하며, 다른 사람들의 마음에 고정되는 그런 이미지를 만들어냈다고 해도 당신의 진정한 모습이 아니므로 결국 당신과 당신의 '브랜드' 사이에 건강하지 않은 (그리고 정신적으로 스트레스가 되는) 불협화음이 생길 것이다.

그렇다면 우리는 무엇을 할 수 있을까? 이제 심리연구는 타인과의 연결성이 건강에 좋은 이유와 이를 더욱 촉진할 방법을 이해하는 데 집중되고 있다. 연결성이 좋으면 공감 능력이 생기고 자아정체성이 줄어들어, 다른 사람의 관점에서 세상을 경험하면 어떨지 상상할 수 있게 된다. 연구자들은 자기애가 강한 사람은 공감을 표현할 수 없고, 자아 경계선이 약하며, 자신은 남과 다르고 남보다 우월하다는 환상을 넘어설 수 없다는 것을 발견했다.

이러한 이해가 병적인 질병을 어떻게 역전시킬지 아니면 적어도 청년들의 마음속에 이런 생각이 뿌리내리지 못하게 막을지에 대한 통찰력을 제시한다. 신경가소성neuroplasticity으로 성인의 뇌일지라도 훈련을 통해 구조를 변경할 수 있다. 테니스를 치거나 수영을 하는 것처럼 신체 능력을 훈련하는 것과 같다(그 결과 바뀐 신경망과 근육발달에 의존하게 된다). 과학자들과 정신건강 전문의들은 자아를 구성할 때 타인을 일부분으로 받아들여 공감 능력을 늘리도록 마음을 훈련하는 새로운 방법을 개발 중이다. 관점 전환Perspective taking은 그중 한 가지 방법으로, 사람들은 다른 관점에서 상황을 인식하거나 남의 생각을 이해하는 걸 배우며, 그러한 관점을 뒷받침하는 다양한 정신적인 기능을 훈련한다. 예를 들어, 연구자들은 관점 전환을 보상하는 똑똑하게 설계된 컴퓨터 게임이 어떻게 공감 능력을 늘릴 수 있는지를 보여주었다. 게임 중에는 우주를 탐사하는 로봇이 먼 행성에서 추락하는 내용도 있다. 부서진 우주선의 잔해를 모으려면, 언어는 다르지만 인간과 표정이 같은 현지 외계인들과 정서적인 유대감을 구축해야 한다. 수주 동안 그 게임을 한 아이들은 공감과 관점 전환과 관련한 뇌의 신경망의 연결성이 커졌고, 흔히 감정조절과 관련된 신경망이 발달했다.[18]

그러한 게임이 신경 회로와 자아가 훨씬 더 강하게 자리를 잡은 성인에게도 효과가 있는지는 알려지지 않았지만, 다른 접근법들도 타인과의 경계선을 허물 수 있는 잠재력이 있을지 모른다. 영국 심리마술사 데런 브라운Derren Brown은 최신 TV 프로그램 〈희생〉에서 그러한 접근법을 선보였다. 마술에 참여한 사람은 미국인 남성 필Phil로 멕시코 이민자들에 대해 인종차별주의 수준으로 강한 부정적인 견해를 가지고 있었다. 데런은 필에게 그의 조상 중 다른 나라에서 온 사람들이 있다는, DNA 테스트 결과를 보여준 후, 같은 방에서 남미계 남성의 맞은편에 앉아 있으라고 요구했다. 4분 동안 필은 아무 말 없이 그 남성의 눈을 응시해야 했다. 4분 뒤 필은 눈물을 흘렸고 그 남성에게 안아달라고 요구했다. 필은 타인에 대한 추상적인 생각을 털어낼 수 있었고, 직접적인 강렬한 만남으로 마음의 빗장을 열고 공감하게 되었다.[19]

　이런 새로운 접근법에 따른 공감은 실질적으로 긍정적인 변화로 이어질 수도 있다. 다른 연구에 따르면 타인에 대해 걱정하는 마음이 커질수록 친사회적 행동(남을 도와주는 행동)도 자주하게 된다. 이러한 결과는 자기애에 대한 해결책이 있을 수 있다는 사실을 보여주는데, 무엇보다 우리는 타인과의 연결성 이면에 숨겨진 과학을 더 잘 이해해야 한다. 바로 이것이 앞에서 소개한 세 가지 사례 연구를 관통하는 주제다. 우리 몸속의 미생물과의 연결성이든, 우리 주변의 자연과의 연결성이든 또는 타인과의 연결성이든 우리 인간의 연결성을 설명하는 최첨단 과학의 발달은 개인과 지구의 건강에 많은 이점이 있다.

연결성의
융합

A confluence of connectedness

여러 측면에서 우리의 연결성을 이해하면 얻게 되는 장점을 연구한다는 공통점 외에 15장에 등장한 세 명의 연구자 프로알, 리처드슨, 트웬지의 공통점은 무엇일까? 그들의 몸은 이를 구성하는 DNA 코드의 99% 이상이 똑같고, 그들의 뇌 구조는 공통된 진화의 역사와 성장한 문화적 공통점으로 인해 비슷하다. 그 외에도 세 명의 행동이 그들을 연결한다. 그들은 인류의 지식을 종합하는 거대한 배급망에서 중요한 역할을 차지하고 있다. 각자 인간의 연결성에 관해 새로운 지식을 연구하는 학문 분야의 최전선에 있으며, 그들 모두 자세한 정보를 통합해 그들의 전문 분야를 잘 모르는 사람들에게 정보를 해석해주는 기술을 가지고 있다. 이런 유형의 사람들은 인류 역사상 인간의 흩어진 모든 지식이 담긴 거대한 도서관에서 서로 다른 서고를 연결하는 '슈퍼-노드'와 같이, 지식 발전에 중추적인 역할을 한다.

이처럼 세 명의 연구자는 공통점이 상당히 많지만, 흥미롭게도 그들에게는 아직 알려지지 않고 숨겨진 연결고리가 더 있다. 인간의 연결성을 연구하는 과학은 여전히 분열되어 있으며, 취합되길 기다리면서 아직 알려지지 않은 보상들이 있을 수 있다. 첫째, 우리의 내적 연결성이 외적 연결성에 영향을 미친다는 사실이 점점 분명해지고 있다. 우리의 마이크로바이옴은 심리적 자아구성self-construct에 영향을 미치므로 우리의 내부 생태계와 외부 생태계 사이에 상호작용이 있다. 이러한 연결고리를 뒷받침하는 물리적 구조가 알려진 지는 조금 되었지만, 여전히 신생 연구 분야로 남아 있다. 초기 의사들은 우리의 뇌에서 척추를 따라 복부 근처의 미세 필라멘트(미주신경)까지 퍼져 있는 신경삭nerve cord, 神經索에 의해 장이 신경계와 밀접하게 연결되어 있다는 점을 알았다. 직접 연결된 전기 고속도로가 있어 우리의 마이크로바이옴이 뇌 기능에 영향을 미친다. 또한 장-뇌 연결은 혈류로 들어가 우리 몸의 시스템적인 염증 반응을 유발하는 신경조절물질을 생성하는 장내 미생물의 결과이다. 우리의 혈액 속에 있는 작은 분자의 약 3분의 1이 인간의 장 마이크로바이옴에서 유래한 것으로 추정되며, 지금 바로 이 순간에도 상당수의 박테리아가 있으며 이들이 생성한 화학물질이 정맥을 통해 몸속을 돌아다니고 있다.

이 모든 것은 장 마이크로바이옴이 우리의 생각과 감정에 분명히 영향을 미칠 수 있다는 것을 뜻한다. 식습관이 나쁘거나 가공식품을 잔뜩 먹거나 식사를 불규칙하게 해 장 마이크로바이옴이 깨져서 저녁 늦은 시간에 야식을 자주 먹는 환자가 있다고 상상해보자. 그의 이름을 제임스라 하자. 이 같은 식습관에 더해 일에서 스트레스를 받고 운동이 부족한 그는 감염에 취약해져서 항생제로 치료를 받았다. 사실 감염은 바이러스가 유발하기 때문에, 항생제는 효과가 없으므로 그에게 처방된 많은 항생제는 불필요했다. 이제 제임스는 장 마이크로바이옴 구성이 불균형해 장내 세균 불균형 현상을 겪고 있는데 이것이 피로감과 불안감의 일부 원인일 수 있다.

연구자들은 우리의 신체감각이 어떻게 정서적 경험의 중요한 바탕이 되는지 알고 있었다. 미주신경을 통해 뇌와 연결된 장 속의 복잡한 신경세포망이 직관적인 감정 상태를 저장하는 기억 창고 역할을 할 수 있다고 생각된다. ('이런 직감이 들어'라는 표현이 진짜라는 것을 보여준다.)[1] 이러한 느낌은 공감을 비롯해 사회적 상호작용을 중재할 수도 있다. 우리 몸의 감각을 인지하는 내수용기성 인지도interoceptive awareness도 우리의 느낌과 결정에 영향을 미친다.[2] 장에서 느끼는 부정적인 느낌(메스꺼움과 복부 불편감을 비롯해)과 사회적 위축social withdrawal 간에 긴밀한 관계가 있다는 사실이 밝혀진 만큼, 제임스의 경우 장내 세균 불균형이 사회적 관계를 회피하는 결과를 낳을 수도 있다.[3] 실험은 장 상태가 어떻게 감정을 조절할 수 있는지를 명확히 보여준다. 예를 들어, 장 상태는 음악을 들을 때 뇌가 슬픈 감정을 조절하는 데 영향을 준다. 장 상태가 감정에 어떻게 영향을 미치는지 알아보는 실험은 감정반응에 영향을 줄 수 있기 때문에 피험자가 직접 음식을 먹지 않고 장 속으로 바로 음식을 주입하는 위내 주입intragastric infusion으로 이뤄진다.[4] 피험자의 위를 지방산이나 식염수(대조군)로 채우고, 슬픈 감정을 일으킨다고 알려진 클래식 음악을 틀었을 때, 장내 지방산이 있으면 슬픈 감정의 영향이 줄어드는 것으로 나타났다. 이것이 사람들이 기름진 음식을 섭취하는 과학적 이유였다!

제임스의 우울증은 부분적으로는 그의 마이크로바이옴 구성이 깨져서 발생했을 수 있다. 그 결과 과학자들은 장내 좋은 박테리아의 성장을 촉진하고 커뮤니티 균형을 건강하게 회복하는 특정 음식이 정신건강에 도움이 될 수 있다고 주장하게 되었다. 조만간 개인의 마이크로바이옴에 맞춘 사이코바이오틱스psycho-biotics(인체의 정신과 심리에 영향을 주고받는 미생물) 음식이 식이요법과 운동요법과 함께 일반적인 항우울증 치료제를 대체할지 모른다.[5]

프로알, 리처드슨, 트웬지의 연구 분야를 연결해, 우리의 마이크로바이옴 상태가 장과 관련된 기분을 조절해 공감과 자기애에도 영향을 미칠 수 있을까? 아주 터무니없는 생각은 아니다. 자폐증과 관련된 질환은 낮은 공감 능력과 깨진 마이크로바이옴 상태와 종종 관련이 있으므로, 이들을 치료할 때 영양학적 접근법이 가능하다.[6] 아울러 우리 내면의 감정은 특히나 우리의 장과 관련된 신체 감정은, 안정감과 편안함을 느끼며 '개체-중심'적 생각이 줄어들게 만들어, 자아정체성의 경계선을 넓히도록 한다. 이것이 더 큰 사회적 인식을 달성하고 공감할 수 있는 선결 조건이 될 수 있다.[7]

우리의 뇌 활동과 마이크로바이옴 사이에는 반대 방향으로 작용하는 연결고리도 있다. 우리의 마음이 스트레스를 받으면, 뇌 속 부신이 코르티솔을 생성해 이 호르몬이 우리 몸속을 돌아다닌다. 이것이 면역세포 활동에 영향을 미치며, 결과적으로 장 투과성gut permeability이 우리의 마이크로바이옴 구성에 영향을 미친다. 한시적으로 어미와 떨어져서 스트레스를 받게 된 쥐와 원숭이 같은 동물들의 새끼를 대상으로 한 실험에서 동물들의 장 마이크로바이옴의 균형이 깨진 것을 발견했다.[8]

우리의 행동과 태도는 우리가 무엇을 먹고 어디서 시간을 보내느냐에 따라 마이크로바이옴에 영향을 미친다. 자연환경에서 더 많은 시간을 보내는 사람들은(자연과 연결되어 있다고 느끼는 사람들) 더 다양한 미생물에 노출되어 있으며 그 결과 다양한 마이크로바이옴을 가진다. 반대로 상당히 도시화된 삶을 사는 사람들은 미생물의 다양성에 노출되지 않아 장내 마이크로바이옴 다양성이 줄어들고 있는 것 같다. 한 가지 예를 들자면, 여러 나라의 농민들 사이에 건초열과 같은 알레르기는 드물어졌으며, 염증성 장 질환과 같은 다른 자가면역 질병 발생률도 줄어들고 있다. 도시 설계를 개선해 도시 인구가 건강한 환경 마이크로바이옴에 노출될 수 있도록 글로벌 프로그램인 '건강한 도시 마이크로바이옴 계획HUMI'이 진행되고 있다.⁹ 여기에는 양방향으로 피드백이 있다. 한편으로는 우리의 생각과 행동이 마이크로바이옴에 영향을 미치며, 다른 한편으로는 우리의 마이크로바이옴 상태가 생각과 감정과 공감 능력을 바꾼다.

인간 마이크로바이옴이 다른 사람과 교감하는 능력인 공감 능력에 영향을 미칠 수 있다면, 우리 주변의 자연과의 연결에도 영향을 미칠 것이다. 왜냐하면 이 둘의 정신 구조가 비슷한 것으로 나타났기 때문이다. 초기 환경심리학 연구는 타인과의 자아정체성과 자연과의 자아정체성을 다른 영역으로 다루었다. 자아정체성과 연결된 가치는 자아중심적(별개의 '나'에 집중)이거나 사회적-이타적(타인을 소중하게 생각)이거나 생물권 중심적(동식물에 가치를 부여)이라는 명칭이 붙는다. 타인과의 긴밀한 관계와 타인의 관점으로 볼 수 있는 능력이 어떻게 타인과의 자아정체성과 교집합을 이루는지를 알아보는 많은 연구가 있었다.¹⁰ 연구자들은 긴밀한 관계가 타인과의 관계에서 자아의 경계를 흐릿하게 만든다고 주장했다(또는 기술적인 언어로 '자아스키마가 타인의 스키마와 중첩'된다고 말한다). 그들은 '자아의 타인 포

용 척도IOS'라는 척도를 만들었다.[11]

동시에 우리의 진정한 자아가 자연과 어떻게 융합되는지 알아보는 연구가 '심층생태학'과 생태심리학에서 비교적 독립적으로 발전하고 있다. 이런 양분화 현상은 순전히 학계가 상당히 독자적으로 움직이고 있었기 때문이다.[12] 이후에 자아정체성의 사회적-이타적 집단과 생물적 집단 간의 구별은 거의 지지를 받지 못했다. 오히려 환경심리학자 웨슬리 슐츠Wesley Schultz에 따르면, 이 두 가지 개념은 얼마나 우리가 자아라는 개념 안에 타인과 다른 생명체를 포함하는지를 반영한, 보다 일반화된 '자아-초월적' 집단과 구별될 수 없다.[13] 이는 사회적 공감과 자연과의 연결에 관한 연구 간에 잠재적인 연결고리가 있음을 의미한다. 마일즈 리처드슨과 진 트웬지가 유선상으로 자신들의 연구에 관해 대화를 나누었다면, 그들은 많은 공통점을 찾을 수 있었을 것이다. 심리학에서 서로 연관성이 있을 수 있는 관련 분야를 동시에 조사했다는 사실은 왜 두 분야에서 개발한 지수들이 서로 밀접하게 연관되어 있는지를 설명한다. 예를 들어, 사람과 자연의 연결성 점수와 공감을 평가하려고 만든 테스트의 점수는 정비례했다. 따라서 자연과의 연결성을 키우는 일은 우리의 개인주의적인 문화에서 공감 부족 문제를 해결할 것이다. 자연과의 연결성과 자기애 사이에는 특히나 착취와 권리의식 같은 자기애적 특성과 관련해 연결고리가 있다.[14] 자기애는 환경 문제를 해결하는 데 주요한 장애물이므로 사람들이 심리적으로 자연과 연결하도록 돕는 새로운 방법을 고안하면 환경 문제를 해결하면서 동시에 자기애라는 '전염병'이 확산해 생겨나는 사람들 사이의 잔혹성을 줄일 수도 있다.

21세기 초, 우리는 인간의 연결성에 대해 이처럼 여러 가지 측면들을 통합(연결성 연구의 융합)하려 했다. 인간의 마이크로바이옴(우리의 내부 생태계와의 연결성)과 환경심리학(자연과의 연결성)에 관한 새로운 연구와 공감과 자기애(타인과의 연결성)에 관한 연구를 통해 우리는 자신과 주변 자연을 어떻게 더 잘 관리할지를 배우고 있다. 이러한 연구 분야들의 교차로에서 과학의 새로운 발전은 우리 주변 세상과의 연결성에 대한 지식을 융합할 것이다. 이는 정말 필요한 순간에 개인과 지구에 소중한 선물이 될 것이다.

관계의 정체성이 세계적인 책임감으로 어떻게 연결될까?

How a network identity leads to global responsibility

모든 국가와 모든 사람은 곧바로 자신의 도덕심이나 생각의 상태에 일치하는 물질들로 자신의 주변을 채운다. 어떻게 모든 진실과 실수와 어떤 사람의 마음속 모든 생각이 사회, 집, 도시, 언어, 행사, 신문으로 옷을 입는지 관찰해보자. 오늘날의 생각들을 관찰하자. …… 어떻게 목재, 벽돌, 석회가 원대한 계획에 따라 편리한 형태로 바뀌어 많은 사람의 마음을 지배하는지 살펴보자.

랄프 왈도 에머슨Ralph Waldo Emerson

패트리샤 스미스Patricia Smith가 레버 스위치를 아래로 꾹 누르자 기계가 작동하기 시작했다. 맞은편 방에서 기계가 '웅웅' 소리를 내자 곧이어 인간의 기다란 비명이 들렸다. "제발, 제발

그만해요. 더는 고통을 못 참겠어요. 전 심장이 안 좋아요!" 패트리샤는 죄책감에 몹시 당황해하며 그녀 옆에 실험복을 입고 서 있는 과학자를 올려다보았다. 패트리샤는 체념하듯 긴 한숨을 쉬며 짝을 맞춘 단어의 목록으로 다시 시선을 돌렸다. 그녀가 한 쌍을 이룬 단어 하나를 읽으면 방 반대편에 있는 사람이 그 단어와 짝을 이루는 단어를 기억해야 했다. 패트리샤는 계속해서 목록에 있는 단어를 읽었지만, 피험자는 또 실수했다. 패트리샤는 자신 앞에 있는 레버를 쳐다보았다. 다이얼에는 '375볼트(위험: 충격 심함)'라는 라벨이 붙어 있었다. "못 하겠어요……." 패트리샤가 말했지만, 과학자가 그녀의 말을 끊었다. "계속하세요. 실험을 계속해야 합니다." 패트리샤는 반복해서 머리를 문지르며 손으로 입을 가렸다. 스트레스를 받는다는 명백한 신호였다. 그녀는 다시 과학자를 쳐다본 다음, 힘없이 버튼을 눌렀다. 커다란 비명이 옆방에서 들리다가 갑자기 멈추더니 죄책감이 들게 하는 침묵이 흘렀다. "제가…… 지금…… 무슨…… 짓을…… 한 거죠?" 패트리샤가 끊어질 듯 말을 이어갔다.

이는 1960년대 미국인 사회심리학자 스탠리 밀그램Stanley Milgram이 고안한 실제 있었던 실험이다. 실험에 참여한 피험자들은 당신과 나 같은 일반사람들로, 보이지 않는 상대에게 치명적인 고전압의 전기충격을 가한다고 생각하면서 전기 스위치를 눌러야 했다. 위험성을 알면서도 전압을 계속 높인 이가 한두 명이 아니었다. 피험자의 65%가 실험 현장에 함께 있던 과학자의 엄격한 재촉에 최고 레벨까지 전기충격을 가했다. 2016년 실험 당시, 피험자의 뇌 속에 어떤 일이 벌어지는지를 밝히기 위해 최신 기법을 사용해 실험을 반복한 결과, 자율적인 의사결정에 중요한 영역에서 뇌파 활동이 낮은 것으로 나타났다.[1] 피험자들은 스위치를 누르면서 저지르는 도덕성 문제를 걱정하기보다 옆에서 조언하는 과학자에게 선택권을 넘기는 것 같았다.

이러한 실험은 인간이 전시의 군인들처럼 극한의 상황에서 자신들의 도덕관에 전적으로 대치됨에도 어떻게 잔혹한 행위를 하라는 명령대로 행동하는지를 설명하는 실마리를 제공해 과학에 크게 기여했다. 또한 이 연구는 일상에서 벌어지는 수많은 부도덕한 행위를 설명할 수도 있다.

우리는 얼마나 자주 도덕적 판단을 다른 사람에게 전가하는가? 아마도 매번 물건을 사려고 돈을 쓸 때마다 그럴 것이다. 닭장 안에 갇힌 닭을 예로 들어보자. 만일 이 닭들을 길러야 한다면, 암탉 한 마리당 햇볕도 거의 안 드는 A4용지보다 좁은 장소에 다른 닭을 잡아먹거나 자해하지 못하게 부리를 자른 채 고통스럽고 비인간적인 상태로 닭들을 몰아넣을 준비가 된 사람은 많지 않을 것이다. 그러나 많은 사람이 여전히 그런 상태로 사육되는 닭에서 나온 달걀과 고기가 든 제품을 구매하고 있다. 예를 들어, 2014년 미국산 달걀의 95%는 이와 같은 양계장에서 생산되었다.[2] 우리의 구매 행위가 인과 사슬 한 쪽 끝에 있다면, 반대쪽 끝에는 동물을 상대로 한 잔혹한 행위가 있다. 우리가 구매한 것 중 상당 부분은 우리가 직접 동의하지 않지만 환경에 대한 폭력으로 이어졌다. 가정에서 사용하는 수백 가지 제품에는 팜유가 들어 있다. 팜유 생산에는 원시 우림을 수백만km나 벌목하고 완전히 파괴하는 과정이 수반된다. 만일 우리가 불도저 운전석에 앉아 있다면, 셀 수 없을 정도로 수많은 동식물종의 서식지가 끔찍하게 파괴되는 현장을 직접 목격하게 될 것이다. 조금 더 싼 비누를 얻으려고 이렇게까지 할 가치가 있을까 하는 의문이 들지 모른다.

잠시 인과 사슬이라는 개념으로 다시 돌아가보자. 전시에 명령에 따라 자행된 잔혹 행위를 앞서 언급했다. 가장 명확한 사례는 제2차 세계 대전 당시 수백만 명의 유대인들을 독가스실로 보내 살인하라는 명령을 받은 독일군들이 될 것이다. 스탠리 밀그램의 뒤를 이어 신경과학자들과 심리학자들은 계속 실험을 진행하면서 그런 행동을 용서할 수는 없지만, 적어도 어떻게 해서 독일군이 이렇게 행동하게 되었는지를 더 잘 이해할 수 있게 되었다. 그들은 자율적인 결정을 내리는 뇌 영역이 억눌려 있었기 때문에(군인이 되는 훈련 과정의 상당 부분이 그러므로 이런 일이 일어났다고 주장할 수도 있다), 궁극적인 책임은 그들에게 명령을 내린 상관에게 있다. 따라서 독일 SS 상관들은 전범재판에서 그에 상응하게 더 가혹한 처벌을 받아야 한다. 이제 그보다는 악랄하지 않지만, 더 널리 확산되어 있는 양계장 사례로 돌아가 보자. 우리가 저렴하고 싼 가격의 닭고기 제품을 구매할 때, 우리는 슈퍼마켓에 주문하고 슈퍼마켓은 농부에게 주문해 농부가 가장 저렴한 방법으로 달걀과 닭고기를 생산하게 한다. 그렇다면 우리는 닭을 학대하는 문제가 농부의 책임이라고 해야 할까? 아니면 인과 사슬을 더 거슬러 올라가 슈퍼마켓과 최종적으로 우리 자신의 책임이라고 해야 할까? 앞에서 한 논의와 같은 맥락에서, 농부들은 우리가 주문했으니 궁극적으로 수백만 마리의 닭이 비인간적인 환경에서 살게 된 책임이 우리에게 있다고 주장할지 모른다.

어쩌면 우리 모두의 잘못이며 모두에게 책임이 있는지 모른다. 적어도 19세기 프랑스 경제학자 프레데릭 바스티아 Frédéric Bastiat는 그렇게 생각했다. 그의 생각은 다음과 같다. "사람이 눈으로 본 결과는 이해하면서 눈에 보이지 않은 결과를 이해하는 법을 배우지 못하면, 끔찍한 습관에 끌릴 뿐 아니라 의도적으로도 빠지게 된다." 물론 문제는 제품 공급망이 더 길고 복잡할수록 도덕적 책임감이 분산되며, 절대로 무시하면 안 되는데도 책임감을 무시하고 잊어버리기 쉽다는 것이다. 우리 경제가 점차 세계화되면서 문제가 점점 커지고 있다. 상당히 복잡한 공급망에서는 제품을 하나 구매해도 전 세계적으로 수천 개의 잔물결이 생겨, 추적이 거의 불가능하다.[3] 전 세계적으로 도시로 사람들이 몰려오면서(2014년부터 인구 대부분이 도시에 거주하고 있다)4 우리는 점차 우리가 소비하는 원자재와의 관계가 단절되었다. 영국 정부의 전 자문관이자 작가 스티브 힐튼Steve Hilton은 이렇게 말했다.

> 우리의 결정이 어떤 영향을 미치는지 정말 모르기 때문에 결정의 영향력이 덜 중요한 시대를 살고 있다. 우리는 '착한 가격'을 좋아하지만, 생산자가 물건을 싸게 팔기 위해 어떤 끔찍한 상황을 견뎌야 하는지 모른다. 우리는 슈퍼마켓으로 몰려가지만, '매일 낮은 가격'으로 생계가 무너진 소상공인과 농민들을 보지 못한다. 우리 행동의 영향은 우리와는 시간적으로, 공간적으로, 사회계층적으로 동떨어진 사람들이 느낀다.[5]

우리는 연결성이 명확하지 않아서 잘 보지 못하며, 개인의 자아와 작은 사회에 갇혀서 연결성을 찾아보지 않는다. 규칙성이나 연관성이 없는 데서 연관성을 보는 아포페니아apophenia라는 상태가 있다.[6] 그러나 이미 연관성이 있지만 인식하지 못하는 그 반대의 경우는 어떠한가? 앞서 설명한 개별 병리학의 한 가지 특징인 것 같지만, 이렇게 시스템적으로 보지 못하는 상태에 대한 용어는 없다. 그런데 우리가 보지 못해서 고통을 겪는다면, 이것이 소비자로서 내린 선택의 책임을 저버릴 좋은 변명이 될까? 어쩌면 그런 상태가 어쩔 수 없고 영원할 거라는 뜻을 암시하기 때문에 어쩌면 '못 본다'는 말은 잘못된 표현일지 모른다. 대부분의 경우, 우리의 구매가 미치는 영향을 못 본 척 눈 감아버리는 것과 같다. 의도적으로 못 본 척하는 것이다. 구매로 인한 피해가 우리의 어깨 위에 도덕적 책임감이라는 큰 짐을 올려놓기 때문에, 피해에 대해 보거나 듣고 싶어 하지 않는다. 그 이야기를 아무도 안 꺼내면 더 좋다. 사실, 우리의 선택이 미치는 영향에 대해 알아볼 동기가 전혀 없는 것 같다. 왜냐하면 우리는 나쁜 소식일 거라는 걸 알기 때문이다. 차라리 눈감고 글로벌 교역망이라는 회전목마를 타고 도덕적 책임감을 다른 사람에게 미루고 싶어 한다.

철학자 줄리안 바기니Julian Baggini는 우리가 이런 식으로 책임을 벗어날 순 없다고 말했다. "만일 내가 노예를 쓰는 건축가와 계약을 한다면, 내가 직접 노예를 소유한 것처럼 나는 나쁜 일을 한 것이며, 내가 그들을 개인적으로 죽이는 것과 같다." 동물 복지에 관해 미국 수필가 랄프 왈도 에머슨Ralph Waldo Emerson은 다음과 같이 주장했다. "당신은 막 식사를 마쳤지만, 수마일이라는 거리에 떨어진 도축장이 아무리 양심적인 곳인 것처럼 위장해도, 당신은 공모자이다." 그러나 환경 윤리 분야는 일반적으로 '복잡한 인과 사슬을 통한 책임감'이라는 주제에 대해 놀라울 정도로 발전이 없다. 연구자들은 환경을 대상으로 하는 두 가지 유형의 폭력을 설명한다. 하나는 직접적이고 의도적인 파괴 행위인 '행위자의 폭력'이고, 다른 하나는 간접적이고 의도적이지 않은 '구조적 폭력'이다. 우리가 논의한 먼 거리의 환경과 동물 복지의 영향은 종종 후자인 구조적 폭력의 범주에 해당하지만, 세계 환경 문제를 얼굴 없는 '시스템' 탓을 할 수 있으니, '구조적' 폭력은 다소 잘못된 이름이 아닐까? '시스템'은 우리의 통합적인 세계관(과거와 현재)을 반영한 제도의 집합체일 뿐이다. 현실에서 환경을 대상으로 한 폭력은 수백만 개의 선택의 결과이며, 따라서 '행위자의 폭력을 확산하다'와 같은 표현이 더 정확할지 모르겠다. 여기에서 의도성을 주장할 수도 있다. 밀그램 실험과 그의 뒤를 이은 실험들이 보여주듯이, 우리는 직접적인 상호작용을 할 때처럼 간접적인 상호작용에서도 똑같은 도덕적 사고를 하지는 않는다. 그 대신 우리는 인과 사슬에 있는 중개자에게 도덕적 책임을 미루고, 그들에게 부적절한 도덕적 권위를 부여한다. 폭력이 어디까지가 단순히 개인 선택의 결과이고 어디부터가 시스템의 책임인지 의문이 든다. 예를 들어, 자율주행 자동차가 보행자를 죽게 했다면, 이것은 누구의 책임인가? 프로그래머, 엔지니어, 도로 기획관, 자동차 판매상? 이와 비슷하게 환경 파괴를 유발한 다국적 기업의 환경적 영향과 관련해서는 누구의 책임인가? 주주, 기업 경영진, 현장 직원, 소비자? 이 경우는 구조적 시스템이 문제로, 의도적인 행위자의 책임은 없다고 주장할 수 있다. 그러나 시스템은 개인들의 수천 개의 작은 선택이 모여 만들어진다. 그중 일부는 과거에 살았던 사람들로 우리가 현재 따르는 원칙과 규칙에 영향을 미쳤을 수도 있다. 정말 어렵긴 하겠지만 책임 소재를 규명해 각 행위자에게 조금씩 책임을 묻는 것이 윤리적으로 시스템을 운영할 수 있는 유일한 방법일지 모른다.

우리의 선택이 최소한의 영향('늙은 내가 무슨 영향을 미치겠어?')을 미친다고 생각할 수 있지만, 개인의 선택들이 모여 엄청나게 큰 영향을 미칠 수 있다. 최근에 발표된 보고서에서는 미래에 인간의 집단적인 영향을 가장 큰 글로벌 리스크로 분류했다. 우리 공통된 식습관 결정이 전염병에 영향을 미치며, 여러 개의 작은 댐이 지역의 물 순환에 영향을 주고, 사람들이 도시로 대거 이동하면서 과밀문제와 식량 안보 문제를 유발한다. 우리의 개인 소비의 집단적 선택이 궁극적으로 환경 파괴와 기후변화와 열악한 동물 복지와 다양한 기타 문제들을 유발하고 있다. 자연 작가 마이클 매카시Michael McCarthy는 다음과 같이 말했다. "특정 정치 집단이나 경제 논리가 자연을 파괴하는 것이 아니다. 거대한 규모의 인간 활동이 파괴한다."[7] 개인적 구매는 타인과 자연을 어떻게 다룰지에 관한 투표를 하는 것과 같다. 우리가 투표 결과를 직접 보진 못하지만, 세계 환경이 나빠지고 있다는 기록들이 보여주듯이 우리의 투표는 중요하다. 우리가 하는 작은 선택이 지구 전체에 잔물결처럼 퍼지고 누적되어 멈출 수 없는 '파괴의 파도'를 만들어낸다. 매카시는 다음과 같이 표현한 적이 있다. "대부분의 사람들은 신경 쓰지 않는다. ……다가오는 문제는 그들의 개인적 선택의 결과다. 70억 배나 커져서 돌아온 결과 말이다."

우리는 어떻게 이런 시스템적 파괴를 멈출 수 있을까? 많은 사람은 정부에 기대를 건다. 국민과 정부 사이의 사회적 계약에 따라 정부가 공공의 선을 보호하도록 개입해야 하지만, 전 세계 정부들은 이 부분에서 실패하고 있다. 많은 정치인은 거대 다국적 기업들의 로비와 짧은 선거 주기에 휘둘리고 있다. 여기에 강력한 환경 규제를 비난하는 힘 있는 기업들이 주도하는 우익 미디어 케이블 채널의 영향력이 더해져, 정부는 장기적으로 대중을 보호할 수 있지만, 인기 없는 규제를 제안하지 않고 침묵한다. 그 결과, 이제는 정부와 시민 간의 사회적 계약이 깨졌다고 주장하는 사람들이 많다. 점차 정부는 국민이 원하는 장기적인 혜택이 국민의 집단적 소비행태에 반영이 될 거라고 믿으며(분명 사실이 아니다) 자유방임주의 자유시장 접근법을 채택하는 반면, 개인들은 정부가 큰 안목을 가지고 사회의 장기적 혜택을 보호하기 위해 개입할 거라 믿으며(정부는 개입하지 않겠지만) 자신의 행동을 억제할 필요가 없다고 생각한다. 국민과 정부 둘 다 동시에 책무를 저버리고 있으며, 둘 다 모래 속에 머리를 숨긴 채 문제를 무시하고 있다. 그러는 사이 글로벌 환경은 수십억 개의 작은 예산 삭감이 누적되어 서서히 시들어가고 있다.

인간의 도덕 나침판이 본능적으로 전 세계에 미친 오래된 해로운 영향에 대응할 수 있게 진화하지 않았기 때문에, 이는 상당히 골치 아픈 문제이다. 지난 수백 년간 물류와 교역망이 지구 전체를 감쌀 정도로 성장했지만, 우리의 도덕적 책임감은 그 속도를 따라가지 못했다. 도덕심의 상당 부분은 유전적이든 문화적이든 또는 둘 다이든, 우리가 수렵-채집인으로서 작은 가족 집단으로 살던 시절에 진화했다. 앞에서 배웠듯이, 우리와 가까운 사람이 고통을 겪으면 같이 공감하도록 말이다. 많은 경우 심리적 '미러링' 기제는 실제로 그들의 고통을 느낄 수 있게 한다. 그러고 나서 우리는 공식적으로 집단의 규칙을 만들고 결국 법을 만들어 타인에게 신체적 해를 입히지 못하게 막았다. 그러나 수십 명이나 수백 명이 아닌 수십억 명의 낯선 사람들과 연결된 지구촌 세계에서 이런 기제는 우리에게 도움이 되지 않는다. 지구촌 사회에서 우리의 행동은 적응하지 못하고 있다. 우리의 도덕 나침반은 우리가 직접 볼 수 없는 지구 반대편에 미치는 영향에 반응할 정도로 아주 예민하지 못하다. 다시 말해, 우리는 도덕 나침반을 잠재우고, 다른 사람에게 책임을 전가했다. 이처럼 먼 곳에 미치는 영향은, 우리 지역에서 발생했다면 유발될 공감이라는 정서적 반응을 일으키지 않는다.[8] 마찬가지로, 인과관계의 거미줄이 바깥쪽으로 길고 구불구불하게 뻗쳐 있는 상태에서 우리의 규칙과 법은 한 명이나 소수의 인원이 아니라 수백만 명의 사람들이 유발하는 폭력 문제에 대응하기에 적합하지 않다. 산림파괴, 기후변화,

사회적 부패, 열악한 동물 복지와 같은 세계적 문제의 경우, 정부와 개인의 도덕심 둘 다 해결할 마음이 없다. 따라서 시스템과 개인의 도덕심 둘 다 수정해야 한다. 그렇다면 우리는 어떻게 이 문제를 해결할 수 있을까?

첫째, 우리는 자신의 도덕심을 들여다보고, 노르웨이 생태학자 아르네 네스Arne Naess가 제안한 '혁명적 자정revolutionary correction'을 생각해보자. 아르네 네스는 환경 문제를 해결하려면 우리의 자아정체성의 개념이 '자기애적 자아'에서 지구상의 모든 생명계를 포괄하는 '생태적 자아'로 확장되어야 한다고 주장했다. 인간은 자아라는 좁은 개념 안에서만 움직이지만, 환경적으로 책임감 있는 행동은 이타주의에 항상 의존한다고 그는 주장했다. 하지만 이타주의는 인간의 집단행동으로 인한 대규모의 환경 파괴를 뒤집기에는 너무나도 일관성이 없다. 반면 자아정체성을 우리가 영향을 미치는 모든 유기체를 통합한 '생태적 자아'로 확대하면, 자신의 이익을 위한 환경적 행동으로 이어질 수 있다. 즉, 자신의 신체를 넘어 자연 세계를 돌보는 행동은 자기애의 행동이 되는 것이다. 네스는 다음과 같은 말을 남겼다.

확장된 정체성을 가지면 자신의 집을 나의 일부로 보호하게 된다. …… 자신의 집과 다른 데도 관심이 생겨, 다른 것의 필요와 행복을 나의 필요와 행복과 동일시하며, 공동체 의식이 높아지고 상호의존성이 커진다. 나의 행복과 지역사회의 행복은 밀접하게 일치한다. 따라서 자연스럽게 본능적으로 집을 아끼며 보호하려 한다. 여기에는 우리 행동을 강제하는 일련의 규칙과 시행령 같은 도덕적 가치론이 필요 없다.[9]

네스의 이론이 맞는 것 같지만, 수천 년이 넘는 세월 동안 진화한 회복력 있는 세계관은 극복해야 할 것이다. 진화론적 용어로 이타적 행동(자신은 희생하며 타인을 돕는 행동)은 일반적으로 제한된 상황에서만 진화했다. 예를 들어, 우리는 비슷한 유전자를 가진(소위 말하는 친족 선택) 가족을 돕거나, 우리가 서로 도움을 주고받을 수 있는 가까운 사회적 '내집단' 내에 속하는 타인을 돕는다.[10] 이러한 혜택으로 작은 부족은 일관되게 움직이고 성공적으로 융합한다. 하지만 유전적으로 유사성이 높거나 상호호혜성이 높아야 한다는 조건 때문에, 큰 집단에서는 특히 세계적 지속가능성 유지에 필요한 세계적 규모의 이타주의가 있을 수 없다. 그러나 우리가 속한 내집단이라는 개념을 다시 조정해 확장할 수 있다면, 대규모의 협력도 가능하지 않을까?

심리학에서 집합적 집단정체성 연구는 역사가 깊다. 많은 연구가 집단의 구성원들이 어떻게 집단 밖에 있는 타인과 비교해 집단 안의 다른 사람들에게 더 호의적으로 행동하는지를 보여준다. 즉, 그들은 '내집단 편견in-group bias'을 갖는 것이다. 그러나 이러한 편애주의는 단점이 있으며, 역사상 많은 잔혹한 행동의 원인이 되었다(전쟁, 인종 충돌, 축구 훌리건). 개인은 자신이 선택한 '부족' 밖의 사람들에게 끔찍할 정도로 잔인하게 행동할 수 있다. 네스의 제안처럼, 내집단의 결속력을 자극하는 조건으로 외집단이 없을 때도, 인류와 지구상의 생명을 하나의 부족으로 둔다는 생각이 똑같은 집단정체성의 힘을 활용하도록 작동할지는 확실하지 않다. '외집단'이 없는데 '내집단' 혜택을 얻을 수 있을까? 그런데 네스가 옳다는 것을 보여 주는 흥미로운 증거가 있다.

네스의 선구자적인 '심층생태학' 논문의 상당 부분은 1970년대와 1980년대에 작성되었지만, 인간과 자연의 연결성에 관한 연구가 폭발적으로 많아지고 점차 그 주제를 탐구하는 국제회의가 많아진 건 21세기에 접어들면서다. 1990년 하버드대학교의 심리학및사회변화센터Centre for Psychology and Social Change에서 열린 '전 세계가 중요할 것 같은 심리학Psychology as if the Whole World Mattered'이라는 주제의 콘퍼런스에서 '자아가 자연 세계를 포함해 확장된다면, 자연을 파괴하는 행동은 자기 파괴적이라는 걸 경험하게 될 것이다.'라는 결론을 내렸다.[11] 연구는 초기 철학적 이론에서부터 더 객관적인 경험적 접근법으로 빠르게 움직였고, 완전히 새로운 환경심리학과 보존심리학 분야가 생겨나기 시작했다. 앞서 언급했듯이 이 새로운 분야의 연구자들은 실증적으로 사람과 자연의 연관성을 정량화해서 친환경적인 행동을 하는 횟수와 연관시켰다. 최근에는 인간의 '자연과의 연결성'이 어떻게 사람들의 행동과 활동에 영향을 미쳐 환경의 결과에 영향을 미칠 수 있는지를 탐구했다.[12] 매튜 질스트라Matthew Zylstra와 이 연구의 다른 저자들은 자연과의 연결성을 일관적인 태도와 행동을 통해 자아와 나머지 자연 사이에 연관성을 계속해서 인지하는 '공생적 인지, 호감, 경험 특징들로 구성된' 의식의 상태로 정의했다. 신중하게 작성된 질문지는 응답자들에게 자연과의 연결성 지수를 부여해, 높은 점수를 받은 사람들 또한 환경적으로 책임 있는 행동을 한다는 것을 보여주었다(게다가 앞서 배웠듯이 높은 행복감을 보고하는 등 다른 장점을 보여주었다). 재활용, 쓰레기 줄이기, 이산화탄소 배출 줄이기와 같은 친환경적 행동들은 모두 자연과의 연결성이 커지자 나타난 태도라는 연구 결과가 나왔다. 예를 들어, 자연과의 연계성 점수가 높은 호주 농민은 자신의 농장을 친환경적으로 관리할 가능성이 컸다.[13]

우리의 자아정체성이 자연 세계와 연결될 때 자연에 피해를 주는 행동은 사실상 자신에게 해를 입히는 행동과 같으므로, 농민의 태도는 충분히 이해가 간다. 따라서 친환경적인 행동을 독려하기 위해서는, 자신을 희생해 남을 돕는 이타주의를 길러야 하는 어려운 과제에 의존하지 않고, 자신을 돌보는 자연스러운 태도를 널리 확장하기만 하면 된다. 예를 들어, 야

외 스포츠, 자연 레크리에이션, 에코 투어, 소풍, 정해진 일정 없이 장시간 자연 속에서 시간 보내기 등 야외 경험을 장려해 자연과의 연계성을 훈련하고 양성하는 것은 가능하다. 질스트라와 동료들은 그런 접근법을 '문화적 과정의 일부로 전략적으로 멘토링한다'고 묘사했다. 쉽게 말해 우리는 별개의 독립적인 개체라는 자기 환상을 극복하려고 서로 돕는다는 뜻이다. 네스는 과학적으로 어떻게 '생태적 자아'를 양성할 수 있으며, 어떻게 환경에 미치는 영향을 줄일지를 기록한 이 연구를 보게 되어 기뻐할 것이다.

개인의 태도를 넘어서는 두 번째 제약 사항은 우리의 거버넌스이다. 성숙한 민주주의 국가에서도 환경을 제대로 보호하겠다는 장기적 생각과 계획이 거의 없다는 사실을 안타까워할 수 있다. 여기서 '시스템' 탓을 하기 쉽지만, 법률, 경제, 정치 규범으로 구성된 시스템은 단지 인간의 관점을 통합해 집합적인 제도로 구성되었을 뿐이라는 점을 기억해야 한다. 이러한 제도를 바꾸는 가장 효과적인 방법은 문제의 근본을 해결하는 것이다. 바로 우리 주변 세상에 대한 인간들의 집합적인 인식을 바꾸는 것이다. 작가 로버트 퍼시그Robert Pirsig는 자신의 소설 《선과 오토바이 관리 기술Zen and the Art of Motorcycle Maintenance》에서 1960년대 '시스템'을 손보거나 '사람'을 고치자는 순진한 주장으로 빠르게 성장하던 반문화주의에 대해 이 점을 정확하게 지적했다. 그는 느리게 움직이는 거대한 사회경제 시스템의 방향을 조정하는 사람은 아무도 없어서 그런 생각은 의미 없다고 봤다. 시스템의 방향은 단지 개인의 가치가 결합된 결과일 뿐이다. 우리가 시스템 안에 깔린 복잡한 인과관계의 거미줄을 이해하지 못한다 해도, '시스템'은 수십억 명의 행동으로 만들어진다. 그의 소설에서 주인공은 다음과 같이 설명한다.

공장을 무너뜨리거나, 정부에 반란을 일으키거나, 오토바이 수리를 피한다는 건 시스템의 원인보다 결과를 공격하는 것이다. 결과만 공격하는 한, 변화란 불가능하다. 실제 시스템인 진정한 시스템은 시스템적인 생각 자체와 인성 자체의 구성이다. 만일 공장을 무너뜨리지만, 공장을 만든 이성이 그대로 남아 있다면, 그 이성은 그냥 공장을 다시 만들 것이다. 혁명이 시스템적 정부를 파괴하지만, 정부를 만들어낸 시스템적 생각의 양식이 그대로 남아 있다면, 그런 생각의 양식이 다음 정부에서 다시 반복될 것이다.

따라서 우리가 개인으로서 자연과의 상호의존성을 이해하지 못한다면, 경제시스템이 이런 연관성을 반영해 자연을 보호하길 기대할 수 없다.[14] 만일 우리가 복잡한 공급망에서 동물을 대상으로 한 잔혹 행위에 대해 개인적 책임을 지지 못한다면, 우리의 정치 제도가 그런 잔혹 행위를 막는 적절한 규제를 수립할 것이라고 기대할 수 없다. 또한 우리가 타인과 진정한 공통점을 발견하지 못한다면, 우리의 사법제도가 연민을 가지고 범죄자들에 대응할 거라고 기대할 수 없다.[15] 이 사례들은 세상에서 우리의 위치에 대한 근본적인 생각의 전환을 촉구하는 여러 사례 중 몇 가지에 불과하다. 우리는 자신이 독립된 개인이라는 시각에서 시스템과 깊숙이 연결된 한 부분이라는 시각으로 자아정체성을 근본적으로 바꾸어야 한다. 그래야만 진정한 의미에서 지속가능성을 달성할 수 있는 제도적 변경을 이룰 수 있다.

우리에게 동기가 되는 일부 성공 사례가 있다. 기후변화의 파괴적 영향을 널리 이해한 영국인들은 정부를 압박해 가장 진보적인 기후변화 규정을 만들었다. 바로 '기후변화법 2008'로, 이로 인해 2050년까지 온실가스 배출 규모를 1990년 수준보다 최소한 80% 이상 감축해야 한다는 법적 구속력이 생겼다. 이와 더불어 여러 국가의 노력이 더해져 2015년 파리기후변화협약의 기반이 만들어졌다. 2019년 전 세계 여러 국가에서 학생들이 기후파업climate strike을 단행했고, 목표를 상향 조정해 2050년까지 온실가스를 100% 감축하거나 기한을 더 앞당겨서 목표를 조기 달성하는 것도 정치적으로 가능해지고 있다.

그러나 상황이 잘못된 방향으로 나아갈 가능성도 있다. 미국 전역에 우익에 편향된 변화('미국 제일주의'와 같이 연대하는 내집단이 줄어드는 경향)로 트럼프 행정부가 기후변화협약에서 탈퇴했고, 이에 대해 미환경보호국EPA이 힘을 쓰지 못하게 했다. 다른 국가들 역시 우경화 현상을 경험하고 있다. 같은 기간 점점 더 많은 나라에서 글로벌 책임보다 자국의 이익을 우선시하는 정책들이 지배적이다. 예를 들어, 국제 이주민 돕기를 거부하는데, 많은 경우, 이들은 주로 선진국이 유발한 기후변화로 삶의 터전을 잃고 집을 떠난 사람들이다.

세계 환경 문제와 개인의 마음 사이의 분명한 연결고리에 직면해, 자아정체성에 대한 우리의 인식이 미래 환경과 사회 활동의 전쟁터가 되고 있다. 최근 들어 세계야생기금WWF이 발표한 〈2016년 리빙플래닛〉 보고서와 같이, 세계적 문제에 대해 전체론적이고 시스템적인 접근법이 취해지기 시작했다. 개인의 믿음과 가치관과 가정을 반영한 세계의 생각 모델들은 시스템 구조의 설계, 행동을 관장하는 지침과 동기, 그리고 궁극적으로 일상을 구성하는 개별 사건에 영향을 미친다.[16] 따라서 오래가는 진정한 변화로 이어질 지렛대 효과를 일으키는 레버리지 포인트leverage point는 근본적인 생각에 있다. 세상을 바꾸려면 먼저 자신부터 바뀌어야 한다.

우리는 젊고 낙관적일 때는 우리 주변의 세상을 바꾸려 노력하지만, 나이가 들고 더 현명해지면, 이것이 의미 없다는 것을 알고 자신을 바꾸려 한다. 그러나 현재 세계가 직면한 심각한 환경 문제들을 해결하려면 세상을 바꾸고 자신을 바꾸는 일 둘 다를 해야 한다. 물론 자신을 바꾸는 일이 세상을 바꾸기 위한 전제조건이다.

환경 문제는 부적절한 거버넌스와 개인의 도덕심이 부족해서 발생하지만, 여기에는 공통적인 해결책이 있다. 세상과의 상호의존성을 정확하게 이해하고 거기에 맞게 행동하는 것이다. 물론 실천보다 말이 훨씬 쉽지만, 우리의 마음가짐과 믿음 체계의 변화가 수치화되기 시작했고, 이제 훈련을 통해 점수를 높일 수 있다는 희망이 있다. 우리는 이런 관점을 어떻게 개발할지 실질적으로 이해하는 변화의 전환점에 서 있는지 모른다. 그렇다면 우리는 사람들이 근본적으로 타인과 자연 세계에 미치는 영향을 인정하고 책임지는 새로운 패러다임으로 나아가는 도표를 객관적으로 만들 수 있을 것이다. 연결된 의식이 태동하면 우리 주변 세상에 영향을 미칠 수 있는 숨겨진 방법을 발견할 새로운 지식에 도움이 될 것이다. 밀그램 실험이 20년 뒤에 다시 시행된다면, 자신의 행동에 대한 책임을 남에게 전가하지 않는 모습을 보게 될 것이다.

우리 마음은
전쟁터

Your mind is a battleground

우리를 하나도 통합시킬 수 있다고 말하는 기술조차도 오히려
서로 멀어지게 한다. 개개인은 전자기기를 통해 세계와 연결되
어 있지만, 말 그대로 혼자라고 느낀다.

댄 브라운Dan Brown, 《천사와 악마Angels and Demons》

어느 맑은 날, 히말라야산맥에 있는 당신은 지금까지 본 것들
이 전부 다 눈에 안 맞는 안경을 통해 본 것과 같이 느껴질 것
이다. 공기가 너무 청명해 마치 지평선에 어른거리는 산 정상
에 도달해 만지는 것과 같이 느껴진다. 전경에는 산의 가파른
옆구리를 따라 심어진 풀들이 가벼운 바람에 물결처럼 일렁인
다. 나이 든 승려 텐진Tenzin은 경사면 높은 곳에 있는 절 바닥

에 가부좌를 틀고 있다. 눈은 감은 채 만족스러운 미소를 띠며 평정 상태에서 쉬고 있고, 그의 마음은 텅 빈 상태로 몸에 깊이 뿌리내리고 있으며, 그의 텅 빈 마음이 너무도 넓어서 그 주변의 거대한 산을 다 담고 있는 것 같다. 연민에 대해 명상을 시작하자, 그는 모든 인류를 깊이 사랑하며 공감하고, 비록 지구상에서 70억 명의 사람과 떨어진 먼 이곳에 앉아 있지만, 정신적으로 사람들과 깊고 의미 있는 연결성을 느낀다. 실제로 그는 자연 세계의 모든 동식물과 깊은 연대감과 책임감을 느끼고 있다.

텐진은 세상에 아주 작은 생태계적 영향을 미친다. 텐진은 필수적이지 않은 물건들을 그저 사는 사람들처럼 욕구를 인식만 할 뿐 대응하거나 노예처럼 그 충동을 따르지 않는 훈련을 하고 있다. 평균적으로 유럽인은 매년 석유 3톤과 맞먹는 원자재와 에너지를 13톤 이상 소모하며, 거의 이산화탄소 9톤에 맞먹는 온실가스를 생산하고 있다.[1] 상황이 항상 이랬던 것은 아니다. 25~30만 년 전쯤 현대 인간이 진화한 후, 99.9% 시간 동안 우리가 소비한 제품은 최소한의 필수 식량과 연료에 국한되어 있었다.[2] 지난 60년이 넘는 기간 동안, 일부 연구자들이 '대가속화Great Acceleration'라고 일컫는 에너지 사용과 물 사용처럼 소비와 관련된 변수의 폭발적인 성장과 비료 생산이 자연에 큰 영향을 미쳤다. 경제의 세계화로 인과관계의 영향이 복잡하게 얽히게 되었다. 우리가 윤리적이고 지속적으로 살고 싶다면, 이 거미줄을 책임감을 느끼며 관리해야 한다. 우리는 컴퓨터 키보드에서 손가락 몇 번만 움직여도 달걀 한 판을 주문할 수 있어서, 좁은 곳에서 사육되는 닭의 끔찍한 삶은 계속된다. 나는 태평양에서 최고의 취미 활동인 저인망어업으로 소중한 해저 서식지를 파괴할 수도 있다.

글로벌 경제의 연결과 함께, 이제는 정보기술IT로 전 세계가 디지털로 연결되어 개인의 힘과 책임감이 더욱 커졌다. 소셜 미디어를 통해 아무 생각 없이 밈을 퍼트릴 수 있지만, 이런 행동이 축적되면 괴롭힘과 자살로 이어지고, 민주주의의 궤적까지도 바뀔 수 있다.[3] 만약 수백 년 전에 살았던 인간이 현재의 인류를 볼 수 있다면, 우리는 아마도 그들에게 가끔 부주의하긴 하지만 경제적으로 디지털적으로 연결되어 거대한 힘을 휘두르는 '데미갓demigods(신격화된 통치자)'으로 보였을 것이다.

이런 거대한 힘과 동시에, 우리는 사람들과 그리고 우리 주변 자연과 심리적으로 덜 연결되어버렸다. 현대 세계에 정보기술의 도래가 불안감, 우울증, 자해를 포함한 정신질환이 늘어나는 추세와 일치한다는 사실은 잔인한 모순이다. 승려 텐진은 신체적으로 고립되어 있을 때도 심리적으로는 연결되었다고 느끼지만, 현대의 많은 사람은 디지털적으로 그리고 경제적으로 연결되어 있을 때 심리적 고립감을 느낀다.

그러나 우리는 쉽게 돌아갈 수 없다. 우리의 스마트폰을 없애고 경제 보호주의에 따라 국경을 닫는 게 매력적이겠지만,

그런 행동은 결국 스스로를 속박하는 행위로 지속될 수 없다. 그래프에 심리적 연결성과 물질적 연결성(경제와 디지털 기술로 구성)이라는 두 축이 있다고 할 때, 텐진과 같은 승려는 한쪽 사분면(높은 심리적 연결성과 낮은 물질적 연결성)에 앉아 있다면, 21세기를 사는 대부분의 인간은 반대쪽 사분면에 앉아 있다. 다른 두 개의 사분면은 어떤가? 하나는 심리적 물질적 연결성이 전혀 없는, 혼자 갇혀 외롭게 사는 삶이다. 나머지 하나는 물질적으로 심리적으로 완전히 연결되어 있는 상태다. 이 상태에서 우리는 이런 물질적 자원을 기회로 활용해 우리가 연결되고 공감하는 사람들을 위해 훌륭한 일을 한다. 경제 교역을 가능케 하면서 사회정의를 지키는 공정무역 네트워크나 7장에 등장한 위기지도 작성자들crisis mappers들처럼 지구 반대편에서 재난을 당한 이방인들을 돕기 위해 최신 정보기술을 사용하고 있는 사람들을 생각해보자.

연민을 적용한다는 측면에서 보면, 자애롭지만 산속에 은둔한 승려는 기회를 낭비하고 있는 것처럼 보일지 모른다(물론 가장 활발한 인도주의자도 에너지를 재충전하려면 최소한의 고독이 필요할 것이다). 그렇다면 중요한 질문은 '우리는 어떻게 인류가 서로 정서적으로 연결되어 상대방에게 애정을 가지는 사분면으로 들어가도록 바꿀 수 있을까?'이다. 앞 장에서 타인과 자연과 중첩된 자아정체성이 친사회적인 행동과 자연스럽게 뒤따르는 친환경적인 활동에 얼마나 중요한지에 대해서 배웠다. 그렇다면 우리는 어떻게 마음을 바꿀 수 있을까?

오랫동안 많은 사람은 의식을 바꿀 방법을 찾으려 했다. 우리가 앞서 보았듯이, 일부 방법들은 향정신성 마약을 투약해 약에 취하거나 뇌에 산소를 공급하지 않거나 과잉 공급해서 환상을 보는 등 지름길로 유혹한다. LSD에 관한 연구가 불법일 때, 체코 정신과의사 스타니슬라프 그로프Stanislov Grof는 빠른 호흡을 통해 유체이탈 상태로 들어가는 홀로트로픽 호흡법Holotropic Breathwork이라는 기법을 만들었다. 그 기법은 심약자의 경우 발작을 일으키거나 정신병에 걸릴 수 있다는 우려가 있었다. 아무리 이런 방법들이 안전하고 자의식을 확장시키는 데 효과적이라 할지라도, 한시적이다. 우리의 마음은 근육과 같아서 향정신성 마약으로 성능을 한시적으로 높일 수 있지만, 크고 영구적인 변화를 얻으려면 장기적인 구조 변화가 필요하다. 여기에 확실한 방법은 한 가지, 바로 반복적인 연습뿐이다.

명상은 영원히 우리의 신경망 구조를 바꿀 수 있어서 과학의 지지를 점점 더 얻고 있는 한 가지 방법이다. 이미 간략하게 이 부분을 다루었으니 이제는 자세하게 명상의 장점을 살펴보자. 명상은 많은 사람에게 연민과 공감을 비롯해 다양한 긍정적인 이점을 가져다준다. 짧게는 2개월 뒤에 자기중심성이 줄어든 것과 관련해 뇌에는 측정할 수 있는 물리적인 변화가 일어나며, 오랜 연습을 통해 상당한 변화가 계속 누적된다. 명상하면 뇌가 '디폴트 모드default mode'로 들어가 자아와 관련된 뇌 영역의 활성화가 줄어든다. 이 디폴트 모드는 우리가 복잡한 일을 하지 않을 때 활성화되는 뇌 영역이다. 우리의 뇌는 휴식을 취하지 않고 종종 자아에 집중하거나 깊은 생각에 잠길 때 상당히 활발하게 활동한다는 사실을 연구자들이 알아냈다. 마음챙김 명상을 한 지 불과 며칠 만에, 자기중심적 사고를 주로 담당하는 영역이, 뇌에서 디폴트 모드를 관리하고 하향 조절하는 배외측 전전두피질dorsolateral prefrontal area과 더 연결되었다. 오랜 기간의 마음챙김 명상은 자아 중심과 관련된 디폴트 모드 영역의 활동을 전반적으로 감소시키는 결과를 낳았다. 명상을 통해 자기 집착을 줄이는 이면의 기제가 서서히 밝혀지고 있다.[4]

신경과학자들은 라이브 뇌 스캔 기법을 사용해, 집중력, 연민, 공감, 스트레스와 자아감에 대한 반응과 관련된 신경 경로neural pathways를 발견했다. 그런데 이 모든 것이 노련한 명상가의 뇌에서는 구조가 전부 다 바뀌었다. 이와 같은 신경망의 재구성은 건강에 이로울 뿐 아니라(염증 반응을 줄이고 스트레스 호르몬인 코르티솔 수치를 낮춘다), 타인과의 상호작용에 긍정적인 영향을 미쳤다. 연구자들은 이 기발한 실험을 통해 타인에 대한 공감 능력을 높이도록 고안된 명상 기법의 효과성을 탐구했다.

행동의 변화를 평가하는 연구에서 흔한 문제점은 피험자들에게 행동의 빈도를 바꿀 수 있는 일부 과정을 거치게 된다고 알려주기 때문에 연구 결과에 편견이 작용할 수 있다는 점이다. 이 문제점을 극복하기 위해 2014년 강유나와 동료 연구진은 연구에서 피험자들이 얼마나 빠르게 다른 종류의 단어들을 짝짓는지 측정하는 기발한 접근법을 사용했다.[5] 이런 종류의 테스트는 주기적으로 암묵적인(무의식적인) 선입관을 평가하는 데 사용됐다. 강유나는 자애명상loving-kindness meditation 코스를 진행한 피험자들이 집단 간 편견이 줄어든 것을 발견했다. 특히 그들은 명상 기법의 가치에 대해 말로만 알려주고 실제로 명상하는 방법은 보여주지 않은 피험자 군과 비교해, 노숙자들에 대한 편견이 줄어든 것으로 나타났다.

결코 명상이 유일한 방법은 아니지만, 우리의 정체성을 재정렬하고 독립성에 대한 계속된 자기 환상을 극복하는 효과적이고 통제된 방법인 것 같다. 혼자 앉아 있기보다는, 다른 사람과 함께할 때, 즉 사회적 학습을 할 때 도움이 될 수 있다. 야외에서 함께 일하며 자연과 하나가 되는 '그린 짐green gym'과 같이 이미 우리에게 익숙한 방법도 있지만, 학생들 사이에 공감 능력을 키우기 위해 최신 심리학 연구를 활용하는 교육 프로그램처럼 새로운 방법들도 있다.[6] 예를 들어, 참석자들이 동식물 같은 옷을 입고 동식물의 입장에서 인간의 손에 파괴되는 고통을 이야기하는 의식인 '모든 존재 위원회Council of All Beings' 같은 엉뚱한 프로그램도 있다.[7] 이상해 보이지만, 이 같은 관점 전환은 마음을 바꾸고 진심으로 환경에 관심을 두는 데 효과적이다. 그물에 걸린 바다표범과 같이 동물이 피해당하는 장면을 참석자들에게 보여준 다음 그 동물의 기분을 상상해보라고 말한 경우, 참석자들은 그 이미지를 객관적으로 분석해달라는 요청을 받은 사람들과 비교해 환경에 대해 더 많이 걱정했다. 이처럼 관점 전환으로 공감 능력은 자아정체성과 자연 사이의 교차점을 늘린다. 그러나 나는 개인적으로 버섯처럼 옷을 입을 필요 없이 그런 혜택을 얻을 수 있는 방법을 찾고자 한다.

오래된 접근법을 다시 사용하는 것에 더해서, 정신적 변화를 도모하는 데 신기술이 해야 할 역할이 분명히 있다. 나는 앞서 공감을 높이기 위해 설계하고 시험한 컴퓨터 게임들을 설명했다. 신경피드백 기술neurofeedback technology은 뇌 상태의 변화에 대한 실시간 피드백을 제공해 명상 수행의 효율성을 개선하는 데 도움을 줄 수 있다. 이런 식으로 명상 수련자들은 의식의 변화를 가장 효과적인 방법으로 빠르게 달성할 수 있으며, 오랜 기간 수련을 통해 얻을 수 있는 혜택을 빠르게 얻을 수 있다. 이러한 기법과 이런 기법에 필요한 기술은 여전히 초기 단계에 있지만, 수천 시간을 수련하지 않고도 우리의 마음을 바꿀 수 있다는 희망을 제시한다. 새로운 코칭 방식이 어떻게 스포츠를 빠르게 숙련해 이전보다 더 높은 수준에 도달하도록 하는 데 도움이 되었는지 생각해보자. 뇌 훈련이 안 될 이유가 있을까?

습관을 깨는 새로운 심리연구 방식도 도움이 될 수 있다. 자아 성찰은 특정 신호에 나쁜 행동으로 되돌아간다는 점에서 흡연과 같은 나쁜 습관과 전혀 다르지 않다. 소셜 미디어를 하면 자기중심적인 사람이 된다면,[8] 이런 플랫폼을 하는 시간을 최소화할 적극적인 방법을 찾아볼 수 있다. 자아정체성을 습관처럼 다룬다는 것은 나쁜 습관의 빈도를 줄이는 데 도움이 되는 기법이 도움이 되지 않는 정신 상태로 흘러가지 않게 막는 데 효과적일 수 있음을 의미한다. 예를 들어, '실행 의도implementation intentions'는 사람들이 일반적으로 나쁜 행동을 하는 상황에서 자신은 어떻게 행동할지를 미리 계획한 규칙을 말한다(x라는 상황이 벌어질 때마다, 나는 y라는 반응을 해서 장기적인 목표를 달성할 수 있게 하겠다). 이렇게 나쁜 상황에 빠지지 않게 피하려는 의사결정과정이 좋은 습관으로 자동으로 작동하게 된다. 심리학자 피터 골위처Peter Gollwitzer가 처음 개발한 이 접근법은 알코올중독을 줄이고, 차량 과속을 줄이며, 친환경적인 여행 방식을 사용하게 하는 데 성공적이었다.[9]

별개의 자아를 만드는 상황을 예방하기 위해 미리 계획을 세운다는 면에서 우리는 특정 생리학적 상태를 벗어나길 원할지 모른다. 예를 들어 아주 지방이 많은 일부 식품 유형은 일부 종교에서는 자아를 초월한 마음 상태에 도달하는 데 필요한 균형 있는 집중력을 유지하는 데 도움이 안 된다고 오랫동안 인식돼왔다. 패스트푸드를 먹은 다음 집중력을 많이 요구하는 일을 수행하려 했을 때, 우리는 쉽게 이 사실을 알 수 있다. 식습관은 장기적으로 우리의 능력에도 영향을 미친다. 앞서 살펴본 것처럼 최근의 과학은 식습관이 어떻게 장내 마이크로바이옴 구성을 바꾸어 내수용성 인식에 영구적인 변화를 일으키며, 공감의 상태로 들어갈 수 있는 우리의 능력에 영향을 미치는지를 보여준다. 따라서 우리가 어떻게 시간을 보내고 무엇을 먹을지 미리 신중하게 계획한다면, 우리가 심리적으로 행복할 수 있는 좋은 조건을 만드는 일을 먼저 시작할 수 있다.

이것은 정원을 가꾸는 것과 비슷하다고 생각한다. 우리는 현대 세계에서 엄청난 의지로 무언가를 성취하려고 서두르는 데 익숙하지만, 정원 가꾸기는 올바른 조건을 조성해 인내하며 자연이 주도하도록 하는 것이다. 따라서 명상과 사색을 할 시간을 가지고, 휴식과 일과 운동의 균형을 잡으며, 잘 먹으면서, 우리는 우리의 정신적 변화를 위한 토양을 가장 잘 준비할 수 있다. 우리가 손쉽게 버튼을 클릭해 아마존에서 택배를 주문하는 것처럼 단순하게 바로 그 즉시 명령할 수는 없다. 행복은 조건이 맞으면 우리도 모르는 사이에 말없이 찾아온다. 현대 사회에는 유해한 잡초처럼 우리의 몸과 마음을 지배해 긍정적인 마음 상태를 갖지 못하게 하는 부정적인 영향이 너무나도 많다. 정크푸드 광고가 우리의 식습관에 영향을 미치고, 우리 장내 유익한 박테리아에 영향을 미치며, 정크 미디어가 자아 변화에 유리한 자성적 생각을 방해한다. 따라서 우리는 내면의 생태계에 균형 잡힌 영양분을 공급해야 하며, 뇌에는 선별해서 영양분을 공급해야 한다. 명상 신경과학자 다니엘 골먼Daniel Goleman과 리처드 데이비슨Richard Davidson의 주장처럼, '위험한 정신의 음식은 마음 근육에 똑같이 위험한 변화로 이어질 가능성이 크다.' 따라서 우리의 위만큼 우리의 뇌에 어떤 영양분을 공급할지 생각해 볼 가치가 있다.

우리는 모두 습관을 바꾸기 힘들다는 것을 알고 있지만, 좋은 습관을 키울 수 있는 최고의 방법을 찾을 수 있다면, 의식적인 노력 없이도 거의 기계적으로 긍정적인 행동을 취할 수 있다. 이런 접근법의 좋은 점은 전략적 계획 수립이 가능하다는 것이다. 우리는 선견지명으로 '깬 자의식'이라는 꽃들이 활짝 필 수 있는 정원을 설계할 수 있다.

타인과 자연을 자아정체성의 부분으로 더 잘 받아들이는 데 도움이 되는 많은 도구가 있다. 뉴스에 둘러싸인 바쁜 세상을 살면서 개인주의적인 마음으로 되돌아가지 않으려면 분명 이런 도구들이 필요할 것이다. 우리는 몸과 마음에 영향을 미치는 우리가 사는 도시의 디자인과 대기질과 영양가 있는 음식의 가용성과 같은 넓은 환경적 요소를 통제할 수는 없다. 건강한 음식은 살 능력이 안 되거나, 이런 음식을 선택하기가 점차 힘든 '식량 사막'에서 살거나 일할지도 모른다. 또한 시간을 보내는 방식도 제한될 수 있다. 시간이 많이 소요되는 일을 하거나 가족을 돌보아야 할 수도 있다. 게다가 우리의 환경은 사람들이 말하는 방식과 그들이 사용하는 용어와 같이 우리의 자아정체성에 아주 미묘하게 영향을 미치기도 한다. 우리 뇌는 문화의 산물이며, 스펀지처럼 언어와 대화를 물처럼 빨아들인다. 작가 데이비드 포스터 월리스David Foster Wallace는 두 마리의 물고기 새끼에 대해 이런 농담을 한 적이 있다. 그들은 반대편에서 헤엄치고 있는 나이 많은 물고기를 우연히 만났는데, 그 나이 많은 물고기가 이렇게 말했다. "안녕, 얘들아, 오늘은 물이 어떠니?" 두 마리의 새끼 물고기들은 잠시 헤엄을 치다가, 한 마리가 다른 새끼 물고기에게 묻는다. "도대체 물이 뭐야?"

인간에게는 언어가 물이며 작가 제임스 캐롤James Carroll의 말처럼, '우리는 언어의 바다에서 헤엄치고 있고, 언어로 생각하며, 언어로 살아간다.' 그런데 시간이 지나면서 문학과 뉴스와 대중가요에서 개인주의적 단어를 더 많이 사용하는 것처럼 언어가 미세하게 변하면 어떤 일이 벌어질까?[10] 우리의 뇌가 작동하는 방식도 미세하게 변하며, 그런 변화는 좋은 방향으로만 일어나는 건 아니다. 우리의 문화와 사회적 맥락은 기득권에 의해 움직일 수 있다. 기업과 정부가 이렇게 조종하려고 할 때가 많다. 경제학자 팀 잭슨Tim Jackson은 이런 글을 남겼다.

정부 정책은 소비자에게 제도의 목표와 국가의 우선순위에 대해 중요한 신호를 보낸다. 그들은 때로는 미묘하지만 아주 강력한 방식으로 어떤 행동이 사회에서 보상받는지, 가치를 인정받는 태도는 어떤 것이고, 적절하다고 여겨지는 목표와 욕망은 무엇이며, 성공이란 어떤 것을 의미하며, 소비자들에게 기대되는 세계관은 무엇인지를 지시한다. 정책 목표는 사회적 규범과 윤리 강령과 문화적 기대감에 큰 영향을 미친다.[11]

영국 총리 마거릿 대처Margaret Thatcher가 대놓고 "사회라는 건 없다. 별개의 남성과 여성이 있고, 가족이 있다"고 주장한 것처럼 때로는 정부의 영향력은 너무나 명백하다. 이것은 개인주의적인 전망 쪽으로 은근하게 미는 게 아니다. 이 '사회적 모델'에 '당신은 소중하니까요'(로레알), '오늘 하루는 쉬어갈 만해요'(맥도널드)와 같이 기업들이 매일같이 쏟아내는 자기애를 유발하는 광고들을 더해보자. 우리의 문화와 문화가 만들어내는 마음이 개인주의로 더 기울어지는 것이 과연 놀라운 일일까? 연구자들은 물질주의적인 메시지에 노출되면 사람들은 물질주의적이고 자기중심적인 가치를 스스로 받아들이게 된다는 사실을 보여주었다.[12] X축이 심리적 연결성을, Y축이 물질적 연결성을 나타내는 가상의 그래프로 돌아가보자. 대부분의 나라에서 물질적 연결성이 증가하지만, 심리적 고립감을 특징으로 하는 사분면을 향해 현대 문화가 진화하는 현상은 어쩌면 놀랍지 않다.[13]

그러나 전 세계적으로 개인주의가 만연한 상황에도 불구하고, 겉에서 보는 것보다 상황은 사실 훨씬 더 복잡한 경우가 많다. 역사상 한 시점에 문화적으로 하나의 서술이 지배적이라면, 여전히 물밑에는 다른 상충된 서술들이 많이 있다. 문화가 충돌하면, 우리의 마음은 문화들이 충돌하는 전쟁터가 된다. 그리고 분명히 21세기에도 전투는 계속되고 있다. 다른 한편으로는 우리의 자아정체성은 환상이라는 인식이 커지고 있다. 자아성찰과 직관적 추론을 바탕으로 한 고대의 통찰력이 점차 미생물학에서 신경과학에 이르기까지, 생태학에서 심리학에 이르기까지 다양한 과학적 증거의 뒷받침을 받고 있다. 과학적 요소들은 우리와 주변 세상과의 생물리학적 심리적 연관성에 관한 포괄적인 과학적 이해를 높이기 위해 함께 묶이고 있다. 독립적 자아라는 환상에 계속해서 머물면, 개인적인 외로움, 우울증, 다른 정신건강 문제에서부터 우리의 이기적인 경향으로 인한 광범위한 사회적 생태적 영향에 이르기까지 많은 것이 점점 더 고통스러울 게 명확하다. 유발 노아 하라리는 자신의 저서 《호모 데우스Homo Deus》에서 우리는 수천 년 동안 자아가 환상이라는 사실을 알고 있었지만, 그러한 의심은 "실제로 경제와 정치와 일상생활에 실질적인 영향이 없는 한 역사를 크게 바꾸지 않는다"고 했다.[14] 그러나 이제 우리는 자아를 제한적으로 이해하게 되면 분명히 실질적인 영향이 있다는 사실을 알고 있다. 우리가 자아의 환상을 버리고 주변의 타인과 세계에 적당한 관심을 가지고 행동하지 않는다면, 생태적 기후적 재앙을 맞게 될 것이며, 경제와 정치와 우리의 일상생활에 커다란 파급효과가 있을 것이다.

자아정체성이 개인과 지구 전체에 미치는 영향에 대한 인식이 빠르게 생겨나는 동시에, 우리는 이에 반대되는 강력한 개인주의 문화를 직면하고 있다. 많은 나라의 전반적인 추세는 여전히 명백한 자기애까지는 아니더라도, 개인주의가 심화되는 방향으로 움직이고 있으며 이러한 추세는 가까운 미래에도 계속될 것 같다. 민족주의와 보호주의를 용인되는 견해로 홍보하는 우파의 아젠다를 밀어붙이면서, 주류 언론에 영향력을 행사하는 강력한 기득권층이 있다. 개인주의를 홍보하는 제품 광고는 지칠 줄 모르는 것 같다(이것이 광고주들에게 돈이 되기 때문에 놀랍지도 않다. 우리가 이기적일 때 자신을 위해 물건을 살 가능성이 더 크다).

분명히 더 넓은 생태계적 사회적 자의식으로 전화하려는 문화 전쟁이 벌어지고 있다. 그러나 안타깝게도 상황이 시급하다. 우리의 지구 시스템은 조만간 기후변화의 영향을 돌이킬 수 없는 티핑 포인트에 도달할 것이기 때문에 이는 촌각을 다투는 문제다.[15] 마찬가지로, 생물권의 화학물질 오염과 세계의 다양성의 빠른 파괴는 불가능하진 않지만, 돌이키기 힘들지 모른다.[16] 게다가 해수면 상승, 항생제의 내성, 광범위한 산불, 흉년, 가뭄, 강력한 태풍과 같은 환경적 쇼크는 앞으로 더 심각해지려 한다. 이러한 환경 문제로 인한 인간의 집단 이주에 사회는 조건반사적 반응을 보일 가능성이 크다. 압박을 받은 인간 사회의 자연적 반응은 작은 내집단을 보호하는 데 집중된다. 역사적 연구를 보면, 문화는 환경 쇼크를 받으면 '범위를 좁히는' 경향이 있었다. 내부적으로는 더욱더 협력하지만, 외집단을 향한 적대감은 커진다. 2011년 글로벌 분석에서는 역사상 생태학적 사회 쇼크(예: 자원부족, 테러 분쟁, 질병, 환경 문제)를 더 많이 경험한 나라들은 '더 끈끈한' 문화를 가지고 있으며, 즉 사회 규범과 규칙이 강력하며, 내적으로 긴밀하게 협력할 수 있지만, 외집단에 대해서는 더 적대감을 가지고 덜 우호적으로 행동하며 심지어 적대적이기까지 했다.[17] 어쩌면 우리는 많은 서방 민주주의 국가에서 민족주의적 정서가 더 팽배해지는 새로운 동향의 시작을 목격하고 있는지도 모른다. 자신의 나라로 이주해 온 사람들과 수십 년 동안 정착해 살던 집단이주자(디아스포라)들을 향한 적대감이 커지는 것 같다. 현재 지구상에서 이주민의 수는 엄청나게 많다고 생각할 수 있지만, (예를 들어, 2017년 2억 5,800만 명이 이주했다.) 기후변화의 속도가 빨라졌을 때의 이주민 수와 비교하면 이는 새 발의 피에 불과하다.[18] 이런 현상에 대한 반응으로 외국인 혐오증과 민족주의는 얼마나 심해질까?

새천년의 시작에 세계는 사회와 환경이 어떻게 변화할지에 대한 시나리오를 수립하는 과정을 포함해 최초로 글로벌 '생태계 평가'를 실시했다. 여러 시나리오 중 하나는 '요새 세계'로 부유한 국가가 장벽을 세워 가난한 국가에서 오는 이민자와 난민을 막는다는 것이었다. 이 장벽은 물리적 장벽이 될 수도 있고(트럼프의 선거전에서 멕시코인들을 미국에 들어오지 못하게 '벽을 세우자'고 외치던 수천 명의 사람을 생각해보자), 심리적 장벽-다른 문화에서 온 사람들을 외집단으로 처우해, 그들의 가치를 떨어뜨린다-이 될 수도 있다. 밀레니엄 생태계 평가Millennium Ecosystem Assessment가 계획한 이 암울한 길은 안타깝게도 우리가 앞으로 걸어갈 길인 듯하며, 윤리적 시한폭탄이 되고 있다. 잘사는 나라들은 전 세계적 기후 재앙과 생태계 재앙을 유발하고 있으면서도, 살기 힘든 환경을 피해 이동하는 수백만 명의 사람들을 막는 벽을 세우고 있다. 잘사는 나라들의 행동으로 유발된 영양실조와 사망과 관련한 뉴스를 받아들이기 쉽게 만드는 유일한 방법은 요새 장벽 밖에 있는 사람들의 가치를 폄하하고 비인간화하는 것이다. 먼저, 그들을 '난민'이나 그냥 '사람들'이라고 부르지 않고, '이주민'이나 '범죄자'로 부르는 것이다(앞서 배웠듯이, 사람들의 상황을 무시하고 그들에게 광범위한 특징을 부여하면 그들을 비난하기 훨씬 쉬워진다). 살기 어려운 환경에서 정부가 제 기능을 발휘하기란 불가능에 가까운 일인데도, 언론에서는 문제의 원인을 정부 탓으로 돌리고 있다. 그러나 깊이 들여다보면, 이 문제는 부유한 나라에 사는 우리 탓이라는 사실을 알게 될 것이며, 죄책감이 우리 문화에 스며들게 될 것이다. 그러나 그것만으로 우리의 방식을 바꾸기에 충분할까? 아마도 충분하지 않을 것이다. 심리적으로 불안정하면 물질적 가치를 더 추구하는 경향이 있다는 사실을 앞서 보여주었다.[19] 사람들이 그런 일이 자신에게 벌어질 것을 우려하기 시작하고 그런 일들이 실제로 일어날 때 –물론 부유한 국가도 극단적인 기상 이변과 같은 환경 쇼크에서 완전히 자유롭지는 않지만 그들의 부로 어느 정도 충격을 흡수하기 때문에– 우리는 더욱 이기적으로 될 수 있다. 로마가 불에 탈 때, 우리는 쇼핑에 빠져 있을 것이다.

우리의 마음을 바꿀 기회의 창이 있다. 그 기회의 창은 여전히 열려 있지만, 우리가 자아정체성을 바꿀 기회를 잡지 않는다면, 사람들과 자연과 상호작용할 방식을 바꾸지 않는다면, 우리는 세계적인 '바닥으로의 경쟁'을 계속하게 될 것이다. 도전 과제는 암울하다. 우리는 기후, 오염, 서식지 파괴, 열악한 동물 복지, 사회적 질 저하와 같은 문제를 더 잘 관리하기 위해 국가 제도와 국제 제도를 고쳐야 할 필요가 있다. 그 일을 효과적으로 할 수 있는 유일한 방법은 근본 원인을 해결하는 것이다. 바로 우리 개인들의 마음을 바꾸는 것이다. 그러나 우리에게 강력한 의지가 있다 할지라도, 우리가 몸담은 사회적 맥락이 우리에게 상당한 영향을 미치므로 계속해서 주의해야만 한다. 환경 쇼크가 더욱 나빠졌을 때 우리 사회에 나타나는 조건반사적 반응을 막는 방법을 어떻게든 만들어내야 한다.

역경이 닥쳤을 때 뭉치는 행동은 진화의 역사에서 인류가 힘든 시기를 극복할 수 있게 한 자연스럽고 적응력 있는 집단 반응이다. 그러나 전 세계 인구가 더욱 늘어나면서, 내집단을 보호하기 위해 내부지향적 관점을 취하는 것은 불안정만 더 키울 뿐이다. 다른 외집단과 환경에 누적되는 피해를 무시하면, 유한한 지구에서 이러한 피해는 결국 부메랑이 되어 우리에게 돌아오기 때문이다. 한때는 적응했지만, 현대 세상에서는 적응하지 못하는 우리의 본능적인 반응을 극복해야 한다. 앞서 별개의 독립적 자아정체성이 어떻게 생존에 도움이 되었고 이제는 그렇지 않은지를 배운 것처럼, 역경의 시기에 내집단을 보호하려는 자연스러운 사회적 반응은 현대 세계에 부적응된 문화적 적응이다. 만일 우리가 번영해 미래 후손에게 인간이 살 수 있는 세상을 물려주고자 한다면, 반드시 생물학적으로 정해진 자기중심주의와 문화적으로 정해진 종족주의tribalism를 극복해야 한다. 우리는 반드시 '이기적 유전자'와 함께 '이기적 밈'도 극복해야 한다. 극복할 수 있다면, 우리가 심리적 연결성과 물질적 연결성을 모두 달성하는 사분면을 향해 문화적 진화를 이끌 수 있을지 모르며, 인류를 위한 안정적이고 공평한 환경을 얻을 수 있을지 모른다.

연결하기

Joining the dots

창밖의 정원이나 녹지를 보자. 잔디와 관목과 나무를 보자. 이들의 경계선은 어디일까? 얼마나 진짜인가? 단일 식물로 보이는 것을 예로 들어보자. 그 식물의 잎 속에서는 화학 반응이 분주하게 일어나면서 태양이 당으로 전환되고 있다. 이산화탄소가 수많은 기공으로 들어가면, 산소 분자가 밖으로 흘러나온다. 땅속에는 뿌리 덩굴손들이 토양에서 화학 영양분을 끌어내는 균근균mycorrhizal fungi의 미세한 균사들과 협력하고 있다. 작은 수액을 빨아들이는 곤충과 잎나방벌레와 박테리아와 달팽이와 다람쥐와 사슴과 같은 수많은 생명체는 태양과 토양에서 얻은 에너지를 추출하기 위해 이 식물과 연결한다. 또한 이

웃과도 소통한다. 손상된 식물은 휘발성 화학물질을 발산하고, 다른 식물은 이 물질을 거의 실시간 사회적 경보처럼 자신의 방어력을 높이는 데 사용한다. 별개의 개체로 보이지만 실제로는 생태계 망을 이루는 조밀한 합류점들이다. 이것이 바로 생태계이다.

우리 인간의 몸속에도 생태계가 있으며, 러시아 인형처럼, 우리도 거대한 생태계의 뗄 수 없는 부분으로 우리 주변의 동식물계와 연결되어 있다. 식물과 그 뿌리처럼, 우리의 몸은 개방형 시스템이다. 에너지가 우리의 세포를 통해 흐르며, 우리의 세포는 한때는 다른 동식물을 구성했던 물질로 구성되어 있다. 우리 몸에 있는 세포의 파동은 전 세계 수백조 개 세포 연속체의 일부분이며, 모두 다 똑같은 DNA 코드에서 약간의 차이를 가지고 있다. 인간 이외의 생명체가 우리 몸의 상당 부분을 구성하고, 우리의 장과 피부와 뇌의 거의 모든 표면을 지배하며, 끊임없이 물질과 에너지를 우리와 같이 공유하고 있다.

현재 우리의 몸이라 부르는 세포 다발들은 다른 마음들과 밀접하게 연결된 마음을 구성한다. 우리는 커뮤니케이션을 할 때마다 신경망을 통해 전기신호를 유기적으로 전송한다. 우리 주변의 전파들은 에너지의 소리와 전자기파로 암호화된 대화로 시끄럽다. 크게는 항공로, 항로, 도로, 전력망이 거대한 초유기체의 신경망과 동맥처럼 전 세계를 가로질러 우리를 연결하고 있으며, 사람들 간에 정보와 물질이 끊임없이 흘러갈 수 있게 한다.

　놀라운 과학의 발전을 통해 우리는 우리 세계와 자신의 다른 부분에 대해 환원주의적인 방식으로 배웠다. 점점 더 이러한 부분들이 맞물리는 광범위한 시스템으로 관심이 옮겨가고 있다. 지금은 현대 과학에서 흥미진진한 시간이다. 사회과학자 니컬러스 크리스타키스Nicholas Cristakis와 제임스 파울러James Fowler는 이 광범위한 합체 프로젝트가 어떻게 생겨났는지 설명했다. 그들은 어떻게 최근 수세기 동안 과학자들이 자연을 더 작은 크기로 연구하면서 '환원주의적 열기'에 휩싸이게 되었는지를 설명했다. 생물학자는 인간의 장기를 연구한 다음, 세포를 연구하고, 그리고 나서 분자와 유전자를 연구한다. 물리학자들은 물질을 원자로 쪼갠 다음, 핵으로 쪼개고, 아원자입자로 쪼갰다. 이제 많은 분야에서 과학자들은 부분들을 다시 통합하려고 시도하고 있다.

　거대분자를 세포로 합치든, 신경세포를 뇌로 합치든, 종들을 생태계로 합치든, 영양분을 음식으로 합치든, 사람들을 네트워크로 합치든, 과학자들은 점차 지진, 산불, 종의 종말, 기후변화, 심장박동, 진화, 시장 폭락과 같은 일들을 똑같은 현상의 많은 예들을 연구할 때만 이해할 수 있는 더 큰 시스템의 활동으로 본다. 그들은 이제 부분들이 서로 연결되는 이유와 방법 그리고 연결성과 일관성을 지배

하는 규칙에 관심을 돌리고 있다.[1]

이러한 '시스템 과학'은 우리 자신을 이해하려는 우리의 노력과도 관련이 있다. 우리 인간의 조건은 시스템적인 것으로, 우리는 물리적, 정신적, 사회적 차원에서 연결된 많은 시스템으로 이뤄져 있다. 우리의 몸은 우리 주변 세상과 함께 엮여 있고 같이 기능을 발휘하는, 수조 개의 세포들의 창발적創發的 특성emergent property이다. 비록 개별 세포는 짧게 살지만, 우리의 몸 구조를 정하는 디자인은 우리의 조상에게서 빌려와 후손에게 전달될 오래된 DNA 교본에 숨겨져 있다. 우리의 마음도 뇌의 신경회로에서 지속적인 전기 자극으로 나타나는 창발적 특성이다.

우리의 마음은 다른 사람들과 가깝게 연결되어 있으며, 종종 커넥톰 간에 정보를 공유한다. 모든 마음과 몸의 집합체가 현재 우리의 사회적 시스템을 구성하며 살아 있다. 이렇게 나타난 사회 구조에서 역할은 인간 몸속에 있는 세포처럼 구분되어 있다. 개별 인간은 태어났다가 죽지만, 제빵사, 건축사, 점원, 폐기물 기술자, 소방관, 경찰이 사회가 움직이는 데 필요한 구조의 일부분을 구성하며, 이 구조는 변함없이 남아서 일부분보다 더 오래 지속된다. 사회 활동은 세계 경제라는 창발적 특성으로 이어지고, 결국 우리 주변의 살아 있는 세계의 생태계에 영향을 끼친다. 우리 세계는 깊이 연결되어 상호작용하는 시스템 중 하나다.

인간의 정체성을 이해하려면 경계선을 너무 작게 그려서는 안 된다. 우리 자신이 단순히 피부라는 경계선에 머문다고 믿지 말자. 인류의 가장 결정적인 특징은 문화의 도움을 받아 전 세계적으로 오랜 시간에 걸쳐 이뤄진 사람 간의 거대한 연결성과 협력이다. 그러나 우리가 직접적으로 인식할 수 없는 규모로 일어나기 때문에, 이러한 과정에는 무지하다. 우리는 두 눈 뒤에서 제한적인 공간 범위까지만 세상을 보곤 했으며, 사건을 몸 한 개의 생애 동안에만 지속되는 환상의 자아와의 관계에서만 해석했다. 그러나 우리가 흔히 인식하는 시공간의 척도가 다른 척도보다 더 실제라고 할 근본적인 이유는 없다. 진화생물학자 스콧 샘슨Scott Sampson은 다음과 같이 기록했다. "과학 교육이 직면한 가장 큰 장애물 중 하나는 우주의 상당수가 우리의 (도움을 받지 않은) 감각의 이해 수준을 넘어서 극도로 크거나(예: 행성, 별, 은하수), 극도로 작다(원자, 세포, 유전자)는 사실이다."[2] 우리는 우리를 연결하는 아주 느리거나 아주 빠른 과정을 보지 못하며, 우리를 하나로 통합하는 미세한 크기나 행성 크기로 일어나는 과정을 보지 못한다. 우리의 제한적인 관점으로 우리 자신이 작은 세상의 중심에 있다고 잘못 이해하며 틀에 갇혀 있다. 우리는 앞선 세대의 지구중심주의(지구가 우주의 중심에 있다는 믿음)와 비슷한 문제를 겪고 있다. 즉, 우리가 우주의 중심으로 일관된 자아라는, 환상의 믿음인 자아중심주의로 고통을 겪고 있다. 그러나 지구가 태양계의 중심이 아니라는 반직관적인 사실을 받아들이는 법을 배운 것처럼, 이제 우리가 우주의 중심이 아니라는 사실을 인식해야 한다. 하지만 우리는 완전히 그 안에 갇혀 있다.

우리의 개인적 관점은 생물학과 문화, 즉, 주류 교육과 점차 서양화된 문화 안에 넓게 퍼진 언론에 의해 우리 안에 프로그램되어 있어서, 이를 바꾸기 쉽지 않을 것이다. 그러나 원자와 같은 개인주의적 관점은 적응을 못 하고 있으며, 많은 사람은 점점 더 외로움을 느끼며 정신건강 문제를 겪고 있다. 개별 병리학의 기저에는 이런 상황이 놓여 있으며, 세상에 대한 잘못된 정보와 제한적인 관점이 우리 주변의 다른 인간과 인간 이외의 존재에 부정적인 영향을 미치고 있다. 나비의 날갯짓이 지구 반대편 지역의 날씨에 영향을 미치는 것처럼, 우리 행동의 결과는 시공을 뛰어넘어 우리의 후손에게도 영향을 미친다. 독립성이라는 환상을 가진 우리의 마음은 제도의 구조와 기능을 결정하며, 이 순간에도 도덕적 감독이나 제약 없이 자연을 파괴하는 거대한 불도저와 같이 움직이고 있다. 우리의 모든 행동의 결과가 축적되어 우리의 번영을 지탱하는 자연과 사회적 기반을 파괴하는 거대한 파도가 된다. 우리가 이런 문제들을 해결하고자 한다면, 반드시 시급하게 독립된 자아라는 주관적인 환상을 깨고 세상에 미치는 우리의 영향을 책임질 방법을 찾아야 한다. 세상과의 관계를 바꾸는 포괄적인 자아정체성이 필요하다.

우리 주변 세상과의 관계를 획기적으로 바꿀 방법은 많다. 수많은 철학자, 작가, 과학자들은 언어를 바꾸거나, 명상하거나, 야외 교육을 하거나, 향정신성 약물을 복용하는 등의 여러 가지 방법을 제안했다. 그중에서 일부 방법을 소개했는데, 나는 어떤 방법이 최고라고 주장하려는 게 아니다(여러분의 상황에 따라 다를 것이다). 우리에게 필요한 것은 약간의 주의다. 우리가 세상에서 성공적으로 활동하는 데 방해가 되는 개인주의적 마음을 완전히 포기하는 게 아니라 강조하는 것을 약간만 바꾸면 되기 때문이다. 깊은 지식을 구하기 위한 독서가 균형감 있는 자아정체성으로 세계관을 조정하는 데 도움이 된다면, 이 책이 그 변화를 이끄는 데 작은 역할을 할 수 있을 것이다. 그러나 우리의 연결된 자아가 더 지배적이 되려면, 우리의 생물학적 경향과 만연한 개인주의 문화의 강력한 힘에 맞서기 위해 더 실용적인 접근법이 필요할 것이다.

네커 큐브Necker Cube의 착시처럼, 우리 마음은 세상은 제한적이고 독립된 자아를 중심으로 돌아간다는 관점으로 되돌아가려는 경향이 있으므로, 우리는 계속해서 경계를 늦추지 말아야 한다. 우리 몸을 조정하는 완전히 자율적인 '작은 나'라는 마음속 조종실을 벗어나기가 어려울 수 있지만, 여러 영역에 걸쳐서 커지는 과학은 그런 해석에 반대한다. 우리는 때로 환상의 베일 아래를 잠시나마 살짝 볼 수 있을 때가 있고, 한순간

서로 동등하며 연결되어 있다고 느낄 때가 있지만, 이처럼 의미 있는 통찰력은 영원히 지속되지 않는다. 그렇다면 우리는 내면 가장 깊숙이 있는 믿음을 바꾸어, 그것이 단단하고 진정한 토대 위에 지어질 수 있도록 하기 위해 객관적 지식을 어떻게 사용할 수 있을까?

시스템 과학에서는 사회 시스템이나 경제 시스템이나 생태학적 시스템을 사회에 바람직하지 않은 특정 상태에 '가둬두는' 방식을 이해하는 데 진전이 있었는데, 이 연구는 뇌 기능 상태의 지속성을 이해하는 것과도 관련이 있을 수 있다. 잠시 생태계를 생각해보자. 태평양에 형형색색의 물고기와 산호로 가득한 아름다운 산호초가 있다. 오염과 남획으로 산호초는 다양한 종이 살던 서식지에서 성게나 불가사리와 같이 소수의 생명체만 사는 곳으로 바뀔 수 있다. 생태계가 압력을 받게 되자, 생물학적 공동체는 티핑 포인트를 빠르게 지나 나쁜 상태로 '뒤바뀌게' 되었다. 환경적인 압박이 줄어든다고 할지라도 이전 상태로 회복되기는 몹시 어려울 수 있다.3

나는 이러한 시스템 개념이 전 세계 식량 시스템과 같이 보다 넓은 사회적 경제적 시스템으로 확장되는지를 연구했다. 좁은 의미로는 많은 사람이 안정적으로 전 세계에서 재배된 다양한 식품을 구매할 수 있었기에, 우리가 식량을 생산하고, 제조하고, 분배하고, 판매한 방식은 상당히 효율적이었다(이렇게 못하는 사람들이 여전히 많으며, 수백만 명의 사람이 아직도 영양실조로 고통받고 있다). 그러나 글로벌 식량 시스템은 기후, 생물학적 다양성, 수질, 인간의 건강에 부정적인 영향을 널리 미쳤다. 다양한 분야의 과학자들로 구성된 팀과 함께 나는 어떠한 요소가 식량 시스템의 변화를 제약해 부정적 영향에서 벗어나지 못하게 하는지 알아보고자 했다. 시스템을 '고정'시키는 일부 메커니즘은 경제적 요소(예를 들어, 농업 보조금)도 있었고, 생물리학적 요소(해충을 통제하는 종의 파괴, 즉 화학적 해충제를 계속해서 사용할 수밖에 없는 상황)도 있었는데, 또 다른 메커니즘은 우리 마음속에 존재했다('기술적 해결 방안'을 믿는 경향으로, 환경 위기를 미래의 기술적 해결법으로 간단히 해결할 수 있다는 생각).[4] 빈곤의 덫, 침입 종, 질병, 온실가스 배출량 증가와 같은 사회적 환경적 '자물쇠'들을 비슷한 방식으로 탐구할 수 있다. 사회, 경제, 환경 시스템이 지속가능한 길로 나아가지 못하게 막는 메커니즘을 푸는 것이다.

자아정체성을 논의하는 데 이 문제가 어떤 관련성이 있을까? 사실, 이런 넓은 사회 제도와 환경 제도가 부정적인 상태로 '잠겨' 있는 것과 비슷하게, 우리의 마음도 개인주의적 상태로 '잠겨' 있다. 우리를 이런 마음 상태에 가둬둔 다른 심리적 사회적 문화적 메커니즘을 탐구하면 자아라는 환상에서 벗어날 수 있을까?

심리학자와 의과학자들은 이미 우리의 뇌에서 다른 상태 사이를 왔다 갔다 이동하는 신경 시스템이라는 개념을 주목하기 시작했다. 이 개념은 간질과 우울증과 같은 상태와도 중요한 연관성이 있다. 연구자들은 신경 상태를 전환하기 전에 '조기 경보 신호'가 있을 수 있는지를 탐구했다. 예를 들어, 간질 환자의 뇌파에서는 발작이 일어나기 전에 전기 패턴에서 측정 가능한 수준의 변화가 나타났다. 이러한 조기 경보 신호는 미세한 신체 움직임을 감지하는 이동용 EEG 헤드셋, 매트리스 센서나 시계와 같은 장치들로 감지할 수 있다.[5] 이와 비슷하게, 심리학자들은 장기적인 우울증에 갇힌 환자들이 처음에는 우울한 상태와 우울하지 않은 상태를 '왔다 갔다' 하는 것을 발견했으며, 이로 인해 조기에 예방 조치를 취할 수 있게 된다고 밝혔다.

아마도 독립된 자아에서 더욱 광범위하고 정확한 자기성 selfhood으로의 전환은, 앞에서 설명한 다른 사회적 환경적 시스템과 똑같이 비선형적 '티핑 포인트' 역학을 보여줄 것이다. 지금 단계에서는 단지 추측일 뿐이지만, 노련한 명상가들은 명상하지 않는 사람들과 비교해 뇌 기능에서 장기적으로 일관성 있는 차이가 있다는 증거가 나오고 있다. 명상가들은 더 많은 연민을 경험하고, 자신이 세상과 하나가 되었다고 생각하며, 이러한 뇌의 상태에 더 영구적으로 정착하는 것 같다. 하루에 20분 만이라도 명상을 하는 사람들은 뇌 기능에 변화가 나타난다.[6] 이 새로운 상태가 스트레스 상황과 같은 작은 심리적 동요에 아직은 취약하지만 말이다. 이처럼 '작은 나'와 '큰 나'라는 상태 사이를 또는 독립된 자아정체성에서 확장되고 연결된 자아정체성 사이를 오가는 변화는 고무적이다. 이러한 마음은 영구적인 상태로 변하는 전환점일 수 있음을 시사한다. 어쩌면 자아정체성의 티핑 포인트에 다가가고 있는 것일지 모른다.

자연의 기하학인 프랙탈fractal(작은 구조가 전체 구조와 비슷한 형태로 끝없이 되풀이 되는 구조)과 같은 방식으로, 개인의 마음의 변화는 우리의 연결된 사회에서 여러 마음에 걸쳐 티핑 포인트에 영향을 미친다. 작가 말콤 글래드웰Malcome Gladwell은 높은 범죄율과 같은 추세와 행동이 어떻게 사람들 사이에 예상치 못하게 빠르게 확산되는지를 보여준다.7 이러한 현상이 티핑 포인트에 도달하기 전에, 작은 인구 속에서 임계질량에 도달해 인구 전체에 들불처럼 퍼지는 것이다. 어느 날, 똑같은 현상이 우리의 자아정체성에 일어날 수 있을까? 개인의 마음이 변하면서, 다른 사람의 변화에 영향을 미치는 일은 가능하다. 이런 사회적 전염 현상을 이용해, 전 세계 사람들 사이에 연결된 자아정체성이라는 빠른 변화를 만들 수 있을까?

아마도 힘들지만 엄청난 일이 될 것이다. 사회적 환경적 문제들의 근본 원인이 우리 개인의 마음에 있다고 생각하면 불안할 수 있다. 우리는 탄소세를 부과해 기후변화를 해결하고, 동식물의 유전자 조작을 통해 식량난을 해결하며, 도시에 녹색 인프라를 구축해 정신건강 문제를 해결하는 근접 해결방안을 생각하길 원한다. 이러한 기술적 해결방안이 해야 할 역할도 있지만, 전 세계적인 제도의 근간이 되는 사람들의 축적된 개인의 믿음 체계가 하는 역할도 무시할 수 없다.

지구상에 사는 80억 명에 가까운 사람들의 마음을 제때 바꾸어 세계적으로 시급한 지속가능성 문제를 해결하는 게 가능한 일일까? 티핑 포인트에 일단 도달하면 행동과 태도가 얼마나 빠르게 확산되는지를 보면, 그러한 변화가 발생할 수 있다는 희망이 생긴다. 게다가 세계화된 디지털 통신망으로 이전보다 더 연결돼, 사회적 변화가 역사상 어느 때보다 빠르게 일어날 수 있다. 일부는 신경망이 다른 사람들보다 더 고정되었기 때문에 변화가 힘들 수 있지만, 젊은 세대와 미래 세대는 분명 우리와 생각이 다를 것이다. 기후변화와 생물학적 다양성 상실과 같은 문제를 더 잘 인식하면서 자란 사람은 이 문제들을 해결하려 할 것이며, 그들은 자신의 마음이 어떻게 조종당하는지, 기업의 브랜딩과 가짜뉴스가 어떻게 그들의 자아정체성에 영향을 미치는지를 더 잘 알 것이다. 이러한 조작에 흔들리지 않고, 이기심을 조금 버려서 지속가능한 사회 증진에 도움이 되는 행동을 하는 것이 결국 당연한 선택이 될 것이다. 마음이 닫힌 나머지 사람들의 경우, 변화할 수 있다는 사실에서 위안을 얻을 수 있다. 인간의 뇌는 가연성이 높으며 훈련을 통해 바뀔 수 있다. 확장된 자아정체성을 가지고 행동할 때마다 우리 자신과 타인에게 긍정적인 변화를 촉발할 가능성이 커진다.

모든 시스템이 티핑 포인트로 이동하면서, 네트워크에서

모든 노드node의 전환이 중요해졌다. 자아정체성의 범위가 넓어지고, 자신이 하나의 실이라던 인식에 머물지 않고 전체 천의 웅장함을 볼 수 있게 관점이 바뀌면서, 우리는 모든 인류의 더 안전하고 행복한 미래를 위한 전 세계적 노력의 중요한 부분이 되었다.

유명한 수필에서 경제학자 레너드 리드Leonard Read는 연필처럼 간단한 물건의 설계와 제작에 기여한 수천 명의 사람을 설명했다('나의 선조는 수없이 많다'). 이 책에도 여기에서 통합한 지식에 수십만 명이 이바지했으며, 내가 이 책을 쓰지 않았더라도, 분명 다른 누군가가 이 책을 썼을 것이다. 보통 발명품은 상호의존적인 혁신이라는 긴 사슬의 불가피한 다음 단계이며, 따라서 멈출 수 없을 정도로 많은 진보에 대해 우리 선조들의 공로를 반드시 인정해야 할 것이다. 그러므로 나는 겸허히 이 책을 만드는 데 도움을 주신 수많은 분께 감사의 말씀을 전한다. 그렇지만 특별하게 감사의 말씀을 드려야 하는 보다 직접적인 영향을 미친 분들이 있다. 이 프로젝트를 신뢰해준 환상적이고 에너지가 넘치는 에이전트 젠 크리스티에게 감사한다. 크리스티는 아이디어를 제시할 새로운 방법을 알려주었다. 그 덕분에 내 글이 아주 많이 향상될 수 있었다. 그는 내가 익숙한 빡빡한 학문적 산문체에서 벗어나는 데도 도움을 주었다. 그리고 에디터들, 제니 로드, 폴 머피와 W&N의 동료들에게 내용을 정제할 수 있게 전문적으로 지도해준 점에 대해 감사드리며, 레딩대학교University of Reading의 내 동료들, 특히 피트 캐슬에게 전문적인 지원에 감사드린다. 내 가족과 나는 매트 허드, 대니얼 켈리, 마크 패겔, 에이미 프로알, 마일즈 리처드슨과 함께 이 책에서 여러 아이디어에 대해 유용한 논의를 나누었다.

내가 어릴 때 책을 탐험하며 고대 동양 종교에 관한 관심을 키울 수 있게 해준 랭커스터 도서관Lancaster Library에 감사의 말을 전한다. 영국의 많은 도서관이 문을 닫은 현상은 사회적 발전이라는 측면에서 잘못된 셈법이다. 끝으로 연결된 세계적 사회 경제 문제들에 관한 생각에 몰두할 수 있게 해준 유럽환경청EEA과 영국환경식품농림부Defra의 동료들에게 감사드린다.

나는 다양한 참고 자료를 사용했는데, 여기에 주요 연구 논문 목록 전체를 수록하지는 않을 것이다. 물론 이중 일부는 각주에서 찾을 수 있다. 나에게 영향을 미쳤고 이 책에 등장하는 아이디어들의 맥락을 독자들에게 제공하는 출처들을 기록한다.

'시스템 관점'에 대한 일반적인 문헌으로는 프리초프 카프라Fritjof Capra 의 훌륭한 작품들(특히 《터닝 포인트The Turning Point》(1983년, 런던 플라밍고) 와 《숨겨진 연결성The Hidden Connections》(2003년, 런던 플라밍고))과 프레더릭 베스터Frederic Vester의 《연결된 사고의 기술The Art of Interconnected Thinking》 (2012년, 뮌헨 맵 베를라그)을 권장한다. '우리의 연결된 신체'라는 주제에 대해 서는, 승현준의 《커넥톰, 뇌의 지도》가 우리 몸에 있는 수십억 개의 신경세 포 간의 연결성을 소개하는 훌륭한 책이며, 존 터니Jon Turney가 쓴 《나, 초유 기체I, Superorganism》는 인간 세포와 인간 이외의 마이크로바이옴 간의 연결 성을 기술한다. 리처드 도킨스Richard Dawkins가 쓴 《조상 이야기; 생명의 여명으로의 순교여행The Ancestor's Tale: A Pilgrimage to the Dawn of Life》은 DNA가 인생의 거미줄을 짜려고 다른 동식물의 형태를 통해 어떻게 흐르는지를 아름답게 설명한다. '우리의 연결된 마음'이라는 주제에 대해서는 니컬러스 크리스타키스Nicholas Christakis와 제임스 파울러James Fowler의 책《연결; 우리 사회 네트워크의 놀라운 힘Connected: The Surprising Power of Our Social Networks》과《그들은 어떻게 우리의 삶을 만드는가How They Shape Our Lives》를 추천한다. '우리의 자아 환상'에 대해 더 잘 이해하려면, 틱낫한의《삶의 기술The Art of Living》(런던 라이더, 2017)과 같은 불교 서적과 매튜 리버먼Matthew Lieberman의《사회: 우리의 뇌가 연결된 이유Social: Why Our Brains Are Wired to Connect》(옥스퍼드 대학출판사, 2013)와 리처드 니스벳Richard Nisbett의《생각의 지도The Geography of Thought》가 좋은 시작점이 될 것이다.

여기에 더해 인간의 상태와 그에 수반되는 정신 건강의 이점에 대해 보다 정확한 시스템 관점을 생각해보려면 다니엘 골먼Daniel Goleman과 리처드 데이비슨Richard Davidson의《명상의 과학The Science of Meditation》(런던 펭귄랜덤하우스, 2017)과 건강한 마음센터(http://centerhealthyminds.org/)와 같은 프로그램으로 시작할 수 있다. 우리의 자아정체성을 바꾸면 나타나는 사회적 환경적 장점과 관련해서는, 아르네 네스Arne Naess의《지혜의 생태계The Ecology of Wisdom》(런던, 펭귄랜덤하우스, 2008)와《생태심리학-지구를 복원하고 마음을 치료하기Ecopsychology – Restoring the Earth, Healing the Mind》(버클리 카운터포인트, 1995)와 톰 크롬프턴Tom Crompton과 팀 케이저Tim Kasser가 쓴 세계야생기금 보고서(WWF-UK, 서리, ISBN: 9781900322645, 2009)를 추천한다. 내 연구를 위한 참고자료로, 나는 주요한 논문으로 깊이 들어가기 위한 디딤돌로 〈뉴사이언티스트New Scientist〉와 〈반동Resurgence〉과 같은 몇 가지 잡지를 활용했으며, 위키피디아 웹사이트(https://www.wikipedia.org)도 활용했다. 학자로서 나는 아마도 학생들에게 인용할 주요 출처로 이 사이트를 사용하라고 제안하지는 않겠지만, 이는 새로운 주제를 시작할 좋은 출발점이 되며, 페이지 속에 있는 링크를 따라가면 정말 도움이 된다. (게다가 놀랍게도 250만 이상의 편집자들이 교차 확인해 내용이 놀라울 정도로 정확하다.)[1] 이는 개인

혼자서는 불가능한 역동적 지식 체계를 수백만 명의 사람들은 어떻게 만드는지를 보여주는 훌륭한 증거이다. 과학은 더 정확하게 세상을 보기 위한 증거를 제시하지만, 우리 자신을 바꾸기 위해 그 증거에 따라 행동하는 방법은 가치관과 선택에 달려 있다. 허구는 우리가 이런 것들을 이해하는 데 도움이 되며, 이를 위해 나는 개인주의가 극단을 달리거나 거의 절대적으로 사라졌을 때 어떤 결과가 나타나는지 보여주는 코맥 매카시Cormac McCarthy의 《로드The Road》(런던 피카도르, 2006)과 에브게니 자미아틴Yevgeny Zamyatin의 《우리들We》(런던 펭귄, 1993) 두 권의 책을 추천한다.

주석

들어가며

1   여기에 쓰인 인용구의 출처에 대해서는 의견이 분분하지만, 경제학자 존 메이너드 케인스John Maynard Keynes(1883-1946)와 폴 새뮤얼슨Paul Samuelson(1915-2009)인 것으로 가장 널리 인정된다.

01. 우리는 말 그대로 공기를 빨아들였다

1   R.M. 포브스, A.R. 쿠퍼, H.H. 미첼, 〈J. Biol. Chem〉(1953). 극적인 효과를 위해 내가 폭풍을 만들어냈으며, 기술적인 문장 몇 개는 뺐다는 사실을 인정한다.

2   이것은 2005년 세계 평균이다. 선진국은 평균이 훨씬 더 높다. (유럽은 70.8kg, 북아메리카는 80.7kg이다.) S. C. 월폴S. C. Walpole, 〈BMC Public Health〉(2012) 12, 439를 참조하자.

3   나사의 지구자료표(http://nssdc.gsfc.nasa.gov/planetary/factsheet/
     earthfact.html)를 사용해 지구의 반경을 6.371km로 계산했으며, 구의
     체적은 4/3πr³로 했다. 그런 다음 이 과정을 반경 6,471km(카르만 선까
     지 반경을 100km까지 확장한 걸 포함함)인 더 큰 구로 반복했으며, 체적
     간에 뺄셈했다. 비고, 해수면 아래 산과 계곡은 무시했으므로, 대략적
     인 추정치이다!

4   다행히 많은 사람은 얼마나 밀도가 높게 구를 채울 수 있을지에 대
     해 고심했다. (https://en.wikipedia.org/wiki/Close-packing_of_equal_
     spheres). 이 경우 우리는 분자 수와 체적을 알고 있으므로, 체적에 균
     등하게 분자를 분산시키면 각 분자를 둘러쌀 수 있는 최대 공간의 구
     를 찾을 수 있다.

5   초신성supernova은 큰 별의 마지막 단계에 생겨난다. 별의 파괴는 마
     지막 한 번의 거대한 폭발로 이루어지며, 그 결과 별은 멀리서 관찰했
     을 때 엄청나게 밝아졌다가 시간이 지나면서 서서히 희미해진다. 앙
     헬스 알카사르Angles-Alcazar 외(2017), 〈Monthly Notices of the Royal
     Astronomical Society〉 470, 4698-4719.

6   F. 카프라, 《Hidden Connections》(Flamingo, London, 2003), p.59.

02. 우리는 완성품이 아니다

1   로스앤젤레스 타임스LA Times는 1994년 4월 7일 기록을 보관했다.
     https://www.latimes.com/archives/la-xpm-1994-04-07-mm-43323-
     story.html.

2   브라이트바트 뉴스Breitbart News 최고경영자이자 미국 도널드 트럼프
     대통령 재임 기간에 백악관 수선전략가였던 스티브 배넌Steve Bannon
     이 새 경영진을 이끌었다.

3   도넬라 미도우Donella Meadows가 기록을 보관했다. http://www.donellameadows.
     org/archives/biosphere-2-teaches-us-another-lesson.

4   최고의 바이오스피어 2 미션 동물로는 아프리카 피그미 염소 4마리, 닭 35마리, 미니피그 3마리, 연못의 틸라피아 물고기가 포함되어 있다. J. 앨런J. Allen과 A. G. E. 블레이크A. G. E. Blake, 〈Biosphere 2: The Human Experiment〉(Viking, New York, 1991).

5   S. E. 실버스톤S. E. Silverstone과 M. 넬슨M. Nelson, 〈Advances in Space Research〉(1996) 18, 49-61.

6   D. V. 스프라클렌D. V. Spracklen 외, 〈Nature〉(2012) 489, 282-285.

7   영국 NHS에 따르면 수분을 잃지 않기 위해 하루에 물을 약 1.2ℓ 마셔야 한다. 물론 이 양은 개인마다 차이가 있으며 더운 지역에 사는 사람들은 물이 더 많이 필요하다. 또한 식량은 1.35kg을 섭취하며, 수명은 71세이다. (UN 〈세계인구전망〉 2017년 개정판에 따르면 이는 2010~2015년 전 세계 평균치이다.)

8   1회 호흡량(평균 호흡)이 500㎖이며 안정 시 1분당 약 16회(대략 평균으로) 호흡을 하고, 수명은 71세라 가정했다. 만약 당신이 운동을 규칙적으로 한다면 수치를 더 늘리면 된다!

9   S. 퇴른로스-호스필드S. Tornroth-Horsefield와 R. 뉴체R. Neutze, 〈PNAS〉(2008) 105, 19565-19566.

10   https://www.timeshighereducation.com/news/life-span-of-human-cells-defined-most-cells-are-younger-than-the-individual/198208.article.

03. 우리는 인간인가 키메라인가?

1   규칙에는 항상 예외가 있다. 주사rosacea는 모낭충demodex mites의 수와 종종 관련이 있으며, 건강한 사람보다 약 15~18배 높으며, 증상의 유발 원인이 될 수도 있다. S. 자뮤다S. Jarmuda 외, 〈Med Microbiol〉(2012) 61, 1504-1510.

2   R. 센더R. Sende 외, 〈PLoS Biology〉(2016) 14, e1002533.

3   S. J. 송 외, 〈Elife〉(2013) 2, e00458.

4   황색포도상구균Staphylococcus Aureus은 아토피성 피부염을 악화시키지만, 다양한 종류의 '좋은' 박테리아가 황색포도상구균이 피부를 장악하는 것을 제한한다. T. 나카츠지T. Nakatsuji 외, 〈Science Translational Medicine〉(2017), 9, eaah4680.

5   장내 미생물군유전체의 감소가 이 같은 질병의 원인인지 아니면 결과인지를 두고 약간의 논쟁이 있다. A. 모스카A. Mosca 외, 〈Front. Microbiol〉(2016) 7, 455에는 장내 미생물 다양성의 감소가 질병에 선행하는 경우가 많으므로 많은 경우 전자에 해당할 것임을 시사하는 증거가 인용되어 있다.

6   이 같은 유전자의 기능 상실은 유전자 돌연변이를 유발하는 무작위적 유전자 흐름drift에 의해 일어날 수 있다. 공생체가 비슷한 물질을 생산할 경우, 해당 유전자의 기능은 더 이상 필수적이지 않게 되지만, 숙주 유기체의 재생산 성공 여부에는 아무 영향도 미치지 않는다. 이 경우 기능을 상실한 유전자가 후대에 전달된다. 그렇지만 기능을 상실한 유전자의 유지에 비용이 들고(예: 물질을 중복 생산하는 것), 자연선택의 법칙에 의해 해당 유전자가 하향조절down-regulation되거나 완전히 사라진 독립 개체가 선택되면, 해당 유전자가 완전히 소멸될 수도 있다. J. J. 모리스J. J. Morris 외, 〈mBio〉(2012) 3.

7   적혈구는 세포 성숙 과정에서 미토콘드리아를 비롯한 소기관을 몸 밖으로 밀어낸다. 적혈구는 아주 소량의 에너지만으로도 산소를 우리 몸 구석구석으로 운반할 수 있어서 그만큼 산소를 운반하는 헤모글로빈에 공간을 더 내줄 수 있다.

8   M. W. 그레이 외, 〈Genome Biology〉(2001) 2, PMC138944.

9   H. K. 김 외, 〈Cell Metabolism〉(2018) 28, 516-524.

04. 해킹당하다: 우리의 몸이 정말 우리의 것일까?

1   EGT라는 이름이 붙은 이 유전자는 애벌레가 정상적으로 아래로 내려가도록 유도하는 탈피 호르몬을 교란한다. K. 후버 외, 〈Science〉(2011) 333, 1401.

2   도킨스는 비버의 댐을 확장된 표현형의 예로 들었지만 나는 날도래의 예를 더 선호한다. 날도래의 경우 학습에 의한 행동을 완전히 무시할 수 있기 때문이다. 더 발달한 신경계를 가지고 더 복잡한 사회적 상호작용을 하는 유기체의 경우, 환경을 조종하는 행동이 유전자에 의한 행동일 수 있지만, 마찬가지로 문화적 학습에 의한 행동일 수도 있다. 인간의 건축물이 바로 여기에 해당한다. 초고층 빌딩을 짓게 하는 유전자는 없지만, 구전이나 문헌을 통해 세대 간에 전승되는 방대한 양의 공학적 지식이 이를 가능하게 한다.

3   대개 증상 발현 후 약 2~10일 후에 사망한다. 치료 후 생존률이 10% 미만이다.

4   S. 글루스카S. Gluska 외, 〈PLoS Pathogens〉(2014), 10, e1004348.

5   샌프란시스코 글래드스톤 연구소Gladstone Institutes의 워너 그린Warner Greene 교수는 면역세포의 자기파괴 장면을 꽤나 시적으로 묘사했다 (바이러스를 연구하는 학자가 쓴 글에서 기대하기 어려운 종류의 것이다). '말을 타고 온 기마병이 자기 입에 총구를 겨누는 세포의 타오르는 죽음이라는 똑같은 운명에 희생되고야 만다.' 이는 그린 교수가 우리 몸의 염증반응을 통해 HIV 바이러스와 면역체계의 상호작용에 대한 이해를 확장시킨 두 개의 기념비적 논문에 대해 잡지 〈Scientist〉와 한 인터뷰에서 따온 것이다. 전문은 http://mobile.the-scientist.com/article/38739/how-hiv-destroys-immune-cells에서 확인 가능하다.

6   연구에 따르면 90%에서 10%까지 나라별 감염률 차이가 크다. 대체로 습도가 높고 고령일수록 감염률이 높다. J. 플레그르J. Flegr 외, 〈PLoS ONE〉(2014) 9,e90203.

7   J. P. 웹스터J. P. Webster, 〈Schizophrenia Bulletin〉(2007) 33, 752-756.

8   과도한 추측이기는 하지만, 인간의 진화가 일어난 대초원Great Plains에서 어떻게 거대 고양잇과 동물이 주요 사망원인이 될 수 있었는지 생각해볼 일이다. 인간에게는 고양이의 흔적을 피하는 것이 이득이었겠지만 톡소플라즈마에게는 인간이 고양이의 흔적을 무시하는 것이 이득이지 않았을까?

9   톡소플라즈마의 영향이 성별에 따라 다르게 나타나는 경우가 이 밖에도 많지만 아직 그 이유는 명확히 밝혀지지 않았다. J. 플레그르J. Flegr 외, 〈PLoS Neglected Tropical Diseases〉(2011) 5, e1389을 참고하라.

10   J. 플레그르J. Flegr, 〈Journal of Experimental Biology〉 (2013) 216, 127-133.

11   재채기에서 나오는 콧물의 놀라운 유체역학을 연구한 실험에 대해서는 http://www.nature.com/news/the-snot-spattered-experimentsthat-show-how-far-sneezes-really-spread-1.19996에서 더 자세한 내용을 확인할 수 있다.

12   선 et al., 〈PLoS Biology〉(2019) 17, e3000044.

13   M. 호리에M. Horie 외, 〈Nature〉(2010) 463, 84-87. 잠복기 레트로바이러스의 DNA 암호 일부는 여전히 기능을 발휘할 잠재력이 있다. 그렇지만 대부분은 정크 DNA에 해당하는 오래된 바이러스의 파편으로, 도킨스는 이를 하드디스크 용량만 차지하는 쓸모없는 파일에 비유하기도 했다.

14   D. 그라우어D. Graur, 〈Genome Biology and Evolution〉(2017) 9, 1880-1885.

15   J. F. 브룩필드J. F. Brookfield, 〈Nature Reviews Genetics〉(2005) 6, 128-136.

05. 우리는 생명의 책에서 그대로 복사해 덧붙인 존재다

1   DNA 뉴클레오타이드는 인산기, 5탄당(데옥시리보스), 4가지 질소염기

(질소 원자와 염기의 화학적 특성이 있는 유기 화합물, 티민, 아데닌, 구아닌, 사이토신) 중 하나로 구성된다.

2 이 코드가 다양한 매개물을 거쳐 우리의 감각기관까지 전달되는 장면을 상상하면 대단히 흥미롭다. 우선 디지털 방식으로 베토벤 교향곡을 2진수로 전환하여 컴퓨터 칩에 코딩한다. 코딩된 2진수는 와이파이 신호상에서 전자기 패턴 형태로 전파를 가로질러 전송된 후 수신자의 컴퓨터에 수신되어 전하로 다시 변환된다. 그다음 코드에 맞게 공기를 물리적으로 압축하는 스피커 시스템을 거쳐 우리의 귀에 소리로서 수신된다. 이 여정은 여기서 끝나지 않는다. 귀의 청각 신경에 의해 전송된 코드는 신경세포에서 전기신호로 변환되고, 뇌의 각 영역에 의해 해석이 이루어져 다양한 감정과 의미로 도출된다. 이같이 복잡한 반응이 가능한 것은 전부 코드의 우아한 단순성 덕분에 코드가 쉽게 그러나 충실하게 전송될 수 있기 때문이다.

3 인간의 세포가 한 번 분열할 때마다 대략 30억 개의 유전체 염기쌍이 복제되고, 염기쌍 3천만 개당 하나꼴로 돌연변이가 발생한다고 치면, 각 세포 간에 차이가 있는 DNA 염기쌍은 약 100개로 추산된다.

4 J. 터니J. Turney, 《I, Superorganism》(Icon Books, London, 2015).

5 R. 도킨스, 《조상 이야기 – 생명의 기원을 찾아서The Ancestor's Tale: A Pilgrimage to the Dawn of Life》(Weidenfeld and Nicolson, London, 2005).

6 재결합 과정이 기존 정보 단위의 배경에 영향을 미친다는 점은 인정한다. 이는 재결합 과정이 정보 단위가 개인의 표현형에 나타나는 방식에 영향을 미친다는 뜻이다. 예를 들어, 열성 유전자의 표현형은 열성 유전자와 결합했을 때와 우성 유전자와 결합했을 때가 다르다.

7 N. A. 모란N. A. Moran, T. 자비크T. Jarvik, 〈Science〉(2010) 328, 624-627.

8 J. L. 블란차드J. L. Blanchard, M. 린치M. Lynch, 〈Trends in Genetics〉(2000) 16, 315-320.

9 O. G. 베르그O. G. Berg, C. G. 컬랜드C. G. Kurland, 〈Molecular Biology and Evolution〉(2000) 17, 951-961.

10 신사이틴Syncytin이라는 바이러스 유전자는 인간의 태반이 발달하는 과정에서 태반을 자궁에 접합하고 영양성분을 엄마에게서 아기에게 전달하는 세포의 형성을 돕는다. 이 유전자의 발견에 대해서는 S. 미 et al., 〈Nature〉(2000) 403, 785를 참고하라. 이후 다른 영장류부터 개, 고양이, 쥐에 이르는 다양한 포유류 동물에서 신사이틴 유전자가 발견되었다. 이는 신사이틴 유전자가 바이러스에서 이 모든 동물의 원시 공통조상으로 전달된 후 꾸준히 유지되었음을 시사한다. 더 최근에는 신사이틴과 비슷한 기능을 하지만 다른 바이러스에서 유래된 유전자가 토끼에서 발견되기도 했다. 이는 특히 바이러스가 숙주에게 도움이 되는 물질을 생산할 경우 이 같은 수평적 유전자 이동이 얼마나 활발하게 일어나는지 알려준다. O. 하이드먼O. Heidmann 외, 〈Retrovirology〉(2009) 6, 107.

11 A. 크리스프A. Crisp 외, 〈Genome Biology〉(2015) 16, 1-13.

12 C. R. 워즈C. R. Woese, 〈Microbiology and Molecular Biology Reviews〉(2004) 68, 173-186. 수평적 유전자 이동이 발견되자 〈New Scientist〉지는 《종의 기원》 출간 150주년 기념호 표지를 통해 '다윈이 틀렸다'고 다소 파격적인 선언을 했다. 공정하게 말하자면, 그는 많은 것을 정확히 알고 있었다. 다만 유전자가 수직으로뿐만 아니라 수평으로도 이동한다는 것(고등 유기체의 경우 빈도가 훨씬 낮지만)을 알기 위해서는 새로운 분자생물학적 기법을 이용해, 한 세기 정도 연구를 더 해야 했을 뿐이다.

13 세포 내 공생설은 진핵세포 내 미토콘드리아 같은 소기관이 원래 독립적으로 생존하던 원핵세포를 감싸서 통합한 대형 숙주 세포에서 유래했음을 시사한다.

14 L. 마굴리스L. Margulis, D. 세이건D. Sagan, 《What is Life?》(University of California Press, Berkeley, 1995).

06. 우리의 모든 생각은 집단이 만들었다

1   1분에 1,500만 개의 연결이 생성되는 셈이다. 물론 이 중 많은 수가 사
    라지는데, 이 같은 뇌 가소성이 학습을 가능하게 하는 요인이다. B. 후
    드B. Hood, 《뇌는 작아지고 싶어 한다The Self Illusion》(Constable, London,
    2011).

2   S. 승, 《커넥톰, 뇌의 지도》(Penguin Books, London, 2012).

3   도널드 헵스Donald Hebbs의 이론(헵스 이론이라고 한다)은 다음과 같다.
    '지속적이거나 반복적인 반사 활동(즉 '흔적')'이 영구적인 세포 변화를
    유도하여 활동의 안정성이 강화된다고 가정해보자. …… 세포A의 축
    색 돌기가 세포B를 자극할 정도로 가깝고 세포B의 발화에 지속적 또
    는 반복적으로 관여할 경우, 세포B를 발화시키는 세포 중 하나인 세포
    A의 효율성이 높아지는 방향으로 세포A와 B 둘 중 하나 또는 둘 다 일
    정한 성장 과정 또는 대사 변화를 경험한다.' D. O. 헵스, 《행동의 조
    직》(Wiley & Sons, New York, 1949). "함께 활성화되는 신경세포는 함께
    연결된다"는 문구는 지그리드 로월Siegrid Lowel과 울프 싱어Wolf Singer
    가 공동 작성한 논문에 등장한다. S. 로월, W. 싱어, 〈Science〉(1992)
    255, 209-212.

4   여러분도 참여해보기 바란다(https://tinyurl.com/pej6jcl). 여기에 나오는
    실험은 최신 버전으로 기존 실험과는 약간 다르다.

5   새로운 경험은 종래의 신경망을 배경으로 평가를 받기만 하는 것이 아
    니라, 신경 연결을 변화시키고 업데이트한다. 그래서 우리의 마음이
    실제로 매 순간 달라진다. 이에 대해 쓴 좋은 책을 두 권 소개한다. S.
    그린필드S. Greenfield, 《마음의 변화》(Penguin Random House, London,
    2014), S. 승, 《커넥톰, 뇌의 지도》.

6   물론 당신이 마음의 눈으로 '본' 것이 내가 본 것과 똑같은 분홍색과 초
    록색이 맞는지 의문을 가질 수 있다. 이를 증명할 방법은 없다. 그렇지
    만 그것이 지칭하는 실제 색상들 그리고 물체들 사이의 관계적 차이는
    당신과 나 사이에 동일하다. 따라서 완전히 확신할 수는 없어도, 그것

은 동일한 개념이며, 적어도 서로에게 등가가 된다.

7   도널드 저먼과 스튜어드 저먼은 지난 50년간 새로운 위대한 발견이 상대적으로 적었고 인간 지식의 위대한 진보는 모두 그 전에 이루어졌다고 주장했다. 디지털 연결성의 증가가 위대한 발견이 줄어든 원인이라는 주장도 그렇지만, 이 자체도 다소 의아한 부분이 있다. D. 저먼, S. 저먼, 〈PNAS〉(2016), 113, 9384-9387.

8   본문에 나열된 사례는 케빈 켈리Kevin Kelly가 제공한 것이다. 매트 리들리Matt Ridley에 따르면 백열전구 또는 이와 흡사한 물건을 발명한 공이 적어도 23명에게 있지만, 대중적인 역사에서 그 공은 모두 토머스 에디슨Thomas Edison이 차지했다고 설명한다. 또, 알렉산더 그레이엄 벨Alexander Graham Bell이 전화기를 발명한 것으로 널리 알려져 있지만, 벨과 같은 날 전화기 특허 출원을 한 엘리샤 그레이Elisha Gray라는 인물도 있다고 지적한다. M. 리들리, 《The Evolution of Everything》(Fourth Estate, London, 2015); 케빈 켈리, 《기술의 충격What Technology Wants》(Penguin, London, 2011).

9   P. L. 잭슨P. L. Jackson 외, 〈NeuroImage〉(2005) 24, 771-779.

10   S. 승, 《커넥톰, 뇌의 지도》.

11   L. M. 뮤지카 패로디L. M. Mujica-Parodi, 〈PLOS ONE〉(2009) 4, e6415.

12   P. B. 싱 et al., 〈Chemical Senses〉(2018) 43, 411-417.

07. 이웃을 사랑하라 (그리고 그들을 따라하라)

1   이 작은 도시에서 일어난 끔찍한 사건에 대한 세부적인 정보의 출처는 C. 윌키C.Wilkie 외, 〈Can J Psychiary〉(1998) 43, 823-828이다.

2   P. 헤드스톰Hedstrom 외, 〈Social Forces〉(2008) 87, 713-740.

3   2016년 2월 〈New Scientist〉 'World Wide Warp'에서 인용.

4   Y. N. 하라리Harari 《사피엔스》(Vintage Books, London, 2011).

5   I. 글린Glynn과 J. 글린Glynn, 《The Life and Death of Smallpox》(Profile

Books, London, 2005).

6 A. L. 슈미트Schmidt 외, 〈Vaccine〉(2018) 36, 3606-3612.

7 세계보건기구WHO 데이터. 2018년 11월 29일 뉴스 게시판의 해외 사
   례 중 '백신 보급률 격차로 인해 홍역이 세계적으로 급증하고 있다
   (Measles cases spike globally due to gaps in vaccination coverage).' 유럽 지
   역 데이터 출처는 'WHO 유럽 지역 2009-2018 내 MCV1 & MCV2 보
   급률과 홍역 사례(Measles cases and MCV1 & MCV2 coverage in the WHO
   European Region, 2009-2018).'

8 추가 사례는 '혈액뇌관문을 넘어' 사람들 사이에서 넘나들다 빠르게
   SNS를 통해 확산되는 아이디어와 의견에 관한 사례를 연구한 사회과
   학자 대니얼 리버먼Daniel Lieberman과 에밀리 포크Emily Falk의 연구를
   참고.

9 https://www.patientslikeme.com/.

10 http://crisismappers.net/.

11 http://ejatlas.org/.

08. 우리는 외딴섬으로 살아남을 수 없다

1 미국 애틀랜타 에벤에셀 침례교회에서 1967년에 M. L. 킹 주니어가 한
   설교 '상호 연결된 세상Interconnected World'.

2 레너드 리드Leonard Read가 1958년에 쓰고 〈The Freeman〉 1958
   년 12월호에 실린 에세이 전문은 http://www.econlib.org/library/
   Essays/rdPncl1.html#firstpage-bar에서 확인 가능. (The Foundation for
   Economic Education 주식회사에 감사를.)

3 경제학자 애덤 스미스Adam Smith가 처음 이 구절을 만듦.

4 J. 브록만J. Brockman, 《This Will Make You Smarter》(HarperCollins,
   New York, 2012) 74쪽에 있는 J. 클라인버그의 '에 플루리부스 우눔E
   pluribus unum'.

09. 전체가 잘 살아야 잘 산다

1 2013년 CIA World Factbook(https://www.cia.gov/library/publications/
the-world-factbook/)에서 2013년 기준으로 나온 도로 길이, 6,428만
5,009Km는 지구에서 달까지 84회 왕복할 수 있는 상당히 큰 수치다.

2 2012년 기준, 총 차량의 수는 등록된 차량 8억 870만 대와 등록된 상
업용 차량 2,910만 대이다. (https://www.statista.com/statistics/281134/
number-of-vehicles-in-use-worldwide/). 2016년 기준, 선박의 수는 벌
크선 16,892대, 화물선 10,919대, 유조선 7,065대, 컨테이너선 5,239
대, 화학제품 운반선 5,204대, 여객선 4,316대, LNG 탱커 1,770대이
다. (https://www.statista.com/statistics/264024/number-of-merchant-ships-
worldwide-by-type/).

3 현재 비행 중인 여객선의 깜짝 놀랄 만한 실시간 모습을 https://www.
fl ightradar24.com에서 확인할 수 있다. 이 위성 추적으로 비행기 몇
대 정도는 놓칠 수 있지만, 보통 한 번에 6,000대에서 10,000대 정도의
비행기가 동시에 전 세계 하늘을 날고 있는 것을 확인할 수 있다. 예를
들어 2017년 2월 15일 7시 21분을 확인해보면, 9,122대의 비행기가 하
늘을 날고 있다. 평균적으로 각 여객기가 200명 정도의 승객을 태운다
고 가정할 때(500명 넘게 태울 수 있는 에어버스 380에서 소수의 승객만 태우
는 개인 비행기까지 다양하므로), 그 순간 180만 명이 넘는 사람들이 수천
미터 상공에 떠 있다는 뜻이다. 더 관심이 있는 경우, 항공 교통 관리
회사 NATS가 만든, 영국 상공의 복잡한 비행 패턴을 보여주는 놀라운
시뮬레이션 비디오를 http://www.nats.aero/news/take-guided-tour-
around-uk-airspace에서 확인할 수 있다. CIA World Factbook(https://
www.cia.gov/library/publications/the-world-factbook/)에서는 전 세계 공
항의 수를 확인할 수 있다. 2016년 기준 4만 1,820개의 공항이 있다(가
장 많은 방문객을 기록한 공항은 애틀랜타, 베이징 그리고 두바이 공항이다).

4 Friends of the Earth Europe, Sustainable Research institue and
GLOBAL 2000의 '과소비, 세계 천연자원의 사용(Overconsumption? Our

use of the world's natural resources)'. https://www.friendsoft heearth. co.uk/sites/default/files/downloads/overconsumption.pdf.

5 아서 탠슬리Arthur Tansley(1871-1955)는 영국 식물학자이자 생태학의 선 구자이다.

6 이 회귀한 보존 성공담에 대한 이야기는 생태학자 제레미 토머스 Jeremy Thomas의 훌륭한 요약 논문, J. A. 토머스, 〈Science〉(2009) 325, 80-83에서 읽을 수 있다.

7 모라Mora 외, 〈PLoS Biology〉(2011) 9, e1001127.

8 생물량 피라미드 최하위에 있는 식물 및 기타 독립영양 유기체에서 생성된 물질의 인간에 의한 전유는 HANPP(인간의 순 1차 생산력 전 유-human appropriation of net primary production) 지수에 의해서 측정된 다. HANPP 값이 크면 야생 생물군을 지원할 수 있는 물질과 에너지 가 훨씬 적다는 것을 의미한다. F. Krausmann 외, 〈PNAS〉(2013) 110, 10324-10329.

9 '생물다양성 정신을 위한 투쟁The battle for the soul of biodiversity', 〈Nature〉(2018) 560, 423-425; https://www.nature.com/articles/ d41586-018-05984-3.

10 2019년 5월, 첫 IPBES 국제 평가 보고서가 출시되었을 때, 132개 UN 회원국이 참여했으며 50개국 455명의 과학자가 1,800페이지에 달하는 보고서를 공동집필했다.

11 디아즈Diaz 외, 〈Science〉(2018) 359, 270-272.

12 모라Mora 외, 〈PLoS Biology〉(2011) 9, e1001127.

13 C. 다윈, 《종의 기원》(1859).

3부. 자아라는 환상

1 시 〈A Reflection at Sea〉는 토머스 모어Thomas Moore의 시 작품집에 담 겨 있다. 나는 이 시를 영국 버크셔주 바즐던 하우스Basildon House에 있

는 오래된 자수 조각에서 읽었다. 아래에는 '한나 드래컵Hannah Dracup'
이라는 서명이 있었다.

10. 커다란 선의의 거짓말: 자아의 이면에 숨겨진 거짓

1   브록만, 《This Will Make You Smarter》 294쪽에 있는 브라이언 이노
Brian Eno의 '생태학Ecology'.

2   예를 들어 미국의 경우, 진화론은 과학적으로는 선구적인 이론이나 일
반 대중들은 이를 제대로 받아들이지 않고 있다. 2009년 퓨 리서치 센
터Pew Research Center의 보고를 보면, '일반 대중 대다수(61%)가 인간
이나 다른 생명체는 시간에 따라 진화했다'고 말했지만 더 상세히 물
었을 땐, 이 중 3분의 1(32%)만이 자연선택설과 같은 자연적 과정에 따
라 이루어지는 것이 진화라고 응답했으며, 22%는 '신적인 존재가 인
간과 다른 생명체를 오늘날의 모습으로 만들기 위해 진화를 유도했
다'라고 답했다. 나머지 31%는 진화론을 반대하며 '인간과 모든 생명
체는 태초부터 지금 모습 그대로 존재했다'고 응답했다. http://www.
people-press.org/2009/07/09/section-5-evolution-climate-change-
and-other-issues/.

3   이 예시들은 브루스 후드Bruce Hood의 역작 《The Self Illusion》(콘스
터블, 런던 2011)에서 언급되었다. 첫 번째 실험은 인간 심리학의 선구
자 엘리자베스 로프터스Elizabeth Loftus의 논문, E. F. Loftus, 〈Cognitive
Psychology〉(1975) 7, 560-72에서 확인할 수 있다. 두 번째 실험은 K.
A. 웨이드K. A. Wade 외, 〈Psychonomic Bulletin & Review〉(2002) 9,
597-603에 담겨 있다.

4   인지 편향은 이성적 판단에서 벗어난 체계적인 패턴이다. 많은 유형의
편견이 확인되었으며, 다른 문화권의 사람들에 대해 일관성이 있는 것
은, 이것에 적용되고 있음을 시사한다. 노벨 경제학상 수상자인 대니
얼 카너먼Daniel Kahneman의 걸작 《Thinking, Fast and Slow》(Penguin

Books, London, 2012)에서 이를 잘 소개하고 있다.

5   A. R. 우드A. R. Wood, 〈American Journal of Sociology〉(1930) 5, 707-717.

6   C. H. 쿨리C. H. Cooley, 《Human Nature and the Social Order》(Charles Scribner's Sons, New York, 1902). https://archive.org/details/humannaturesocia00cooluoft /.

7   S. 그린필드S. Greenfield, 《마인드 체인지Mind Change: How 21st century technology is leaving its mark on the brain》(Penguin Random House, London, 2014).

8   D. C. 데닛D. C. Dennett, 《Consciousness Explained》(Little, Brown, Boston, 1991).

9   M. D. 리버먼M. D. Lieberman, 《Social: Why our brains are wired to connect》(Oxford University Press, Oxford, 2013).

10   브록만, 《This Idea Must Die》(Harper Perennial, 2015), 150페이지에 실린 메칭어Metzinger, 'Cognitive Agency'. 마이클 태프트Michael Taft와의 인터뷰: https://deconstructingyourself.com/what-is&#65534;the-self-metzinger.html 참고.

11   M. 패겔M. Pagel, 《Wired For Culture》(Penguin Books, London, 2012).

12   Z. 코미어Z. Cormier, 〈Nature News〉(2016) doi:10.1038/nature.2016.19727.

13   각 설문조사는 주기적으로 명상을 하는 1,000명 이상의 참석자를 대상으로 함(최소 주 1회 명상). 슐로서Schlosser 외, 〈PLoS ONE〉(2019) 14, e0216643; C. 비에튼C. Vieten 외, 〈PLoS ONE〉(2018) 13, e0205740.

11. 우리 자리에서는 시야가 제한적이다

1   리처드 E. 니스벳Richard E. Nisbett의 《The Geography of Thought》(Nicholas Brealey, London, 2003)은 문화 간 사고 체계의 방대한 차이의

증거를 모아둔 훌륭한 모음집이다.

2 M. 헤이그M. Haig, 《Reasons to Stay Alive》(Canongate, Edinburgh, 2015).

3 여기서 제안된 공자에 의한 도덕 교육의 요약은 I. P. 맥그릴I. P. McGreal
이 엮은 《Great Thinkers of the Eastern World》에서 파생된 것이다.

4 본 연구는 미국과 독일 두 국가의 '원형적으로 개성주의인 문화'와 러
시아와 말레이시아 두 국가의 '집단주의적' 문화에 초점을 맞추고 있
다. U. 퀴넨U. Kuhnen 외, 〈Journal of Cross-Cultural Psychology〉(2001)
32, 366-372. 자폐 환자에 대한 연구 출처는 R. A. 알메이다R. A. Almeida
외, 〈Neuropsychologia〉(2010) 48, 374-381이다.

5 발달심리학자들이 실행한 이 실험은 4-6세 어린이를 대상으로 하여 매
일 일상을 기록하도록 한 실험이며, 실험 중 심리학자들은 자기참조
의 수를 기록했다. J. J. 한Han 외, 〈Developmental Psychology〉(1998)
34, 701-713.

6 R. E. 니스벳Nisbett, 《The Geography of Thought》.

7 윌리엄 제임스는 1890년에 낸 책 《심리학 원론》에서 '만발하고 웅성대
는 혼잡'이라는 표현을 통해 아이가 감각을 통해(눈, 귀, 코, 촉각, 창자를
동시에) 개별적인 인풋을 받기 전에 처음 어떻게 세계를 경험하는지 설
명한다. 그리고 이를 개별적 '대상'에 따라 분류했다. 17세기 철학자 존
로크John locke는 아기들은 빈 석판tabula rasa이며 아무것도 없는 석판
위에 경험을 새기는 것이라고 말했다. 물론, 경험은 세상에 존재하는
모든 대상의 내재적 참조 도서관(추상 개념)을 개발하는 데 필수적 요
소다. 하지만 최근 연구는 아기들 또한 강한 성향을 지니고 태어나며
다른 것에 비해 특정한 것을 더 잘 구별하는 능력을 갖추고 태어난다
는 것을 보여준다. 예를 들어 아기들은 다른 동물보다 사람의 얼굴을
더 잘 구별하며 언어를 빠르게 배우도록 '프로그램화' 되어 있다. 그러
므로 빈 석판 이론은 아마 완벽하게 맞는 건 아닐 것이다. 하지만 윌리
엄 제임스는 세상에 태어나는 신생아는 머릿속에서 대상의 순서를 정
돈되게 정하는 법을 배우기 전까지 여전히 세상을 꽤 거칠고 혼란스러

운 곳으로 경험하게 될 것이라고 확신했다.

8   H. C. 산토스H. C. Santos 외, 〈Psychological Science〉(2017) 28, 1228-1239.

9   E. 디너E. Diener와 S. 오이시S. Oishi, 〈Psychological Enquiry〉(2005) 16, 162-167.

10 아이젠버거Eisenberger 외, 〈Science〉(2003) 302, 290-292.

11 S. 핀커S. Pinker, 《The Village Effect》(Atlantic Books, London, 런던, 2014).

12 여기서 사용한 예시는 리처드 루브Richard Louv의 저서 《자연에서 멀어진 아이들Last Child in the Woods》(Workman Publishing New York, 2005)에서 발췌했다. 자연과의 분리를 느끼는 것이 요즘 현상이라는 의견에 대해 이 문제가 훨씬 오래전부터 존재했다고 주장하는 엘리자베스 디킨슨Elizabeth Dickinson 같은 사람들은 의문을 제기한다. E. 디킨슨Dickinson, 〈Environmental Communication〉(2013) 7, 315-335.

13 M. 리처드슨M. Richardson 외, 〈The Impact of Children's Connection to Nature〉(2015), 왕립조류보호협회RSPB 보고서. http://ww2.rspb.org.uk/Images/impact_of_children's_connection_to_nature_tcm9-414472.pdf.

14 왕립조류보호협회RSPB의 〈Connecting with Nature: finding out how connected to nature the UK's children are〉(2013), http://ww2.rspb.org.uk/Images/connecting-with-nature_tcm9-354603.pdf.

15 《This Will Make You Smarter》에서 N. 크리스타키스의 '전체론Holism'. F. F. 베스터Vester, 《The Art of Interconnected Thinking》(Mcb Verlag, 뮌헨, 2012).

16 위와 동일.

17 '네커의 정육면체' 착시는 1832년에 이를 고안한 스위스 결정학자 루이스 알버트 네커Louis Albert Necker를 따라 이름을 지었다.

12. 개인성은 위험할 수 있다

1 부처가 살았던 시기에 대해서는 여러 문건에 따라 의견이 분분하지만, 가장 많은 학자가 동의하고 있는 시기는 한 독일 컨퍼런스에서 제시된 기원전 400년이다. L. S. 커진스L. S. Cousins, 〈Journal of the Royal Asiatic Society〉(1996) 6, 57-63.

2 I. P. 맥그릴I. P. McGreal (ed.), 《Great Thinkers of the Eastern World》 (HarperCollins, New York, 1995), p. 163.

3 Y. N. 하라리, 《사피엔스》.

4 《문명 속의 불만Civilisation and its Discontents》(1930)에서 프로이트는 이렇게 썼다. '자아는 명확하고 분명한 경계선을 유지하는 듯 보인다. 유일하게 비정상 상태라고 인정하는 하나의 상태가 있긴 하지만, 병이라고 오명을 쓸 정도는 아니며, 실제로 병도 아니다. 사랑에 깊이 빠지게 되면, 자아와 객체의 경계가 녹아내릴 위험이 있다. 모든 감각의 증거와 반대로, 사랑에 빠진 남자는 "나"와 "당신"을 하나라고 말하며 이것이 마치 사실이라고 믿을 준비가 되어 있다.'

5 신문 칼럼니스트이자 작가인 조지 몬비엇George Monbiot은 경쟁적인 개인주의 경향이 증가함에 따라 우리 언어가 이를 어떻게 반영해 변하고 있는지 설명한다. '우리에게 가장 날카로운 모욕은 "패배자"라는 단어이다. 우리는 더 이상 사람에 대해 이야기하지 않는다. 대신 우리는 사람을 "개인"이라 칭한다. 우리는 나의 "개인 소지품", "나의 개인 선호"와 같이 불필요한 곳에도 "개인"이라는 단어를 붙인다. 우리 주위의 모든 언어가 이런 고립된 자율성을 강화하는 듯하다.' G. 몬비엇, 《How Did We Get into Th is Mess?》(Verso, London, 2014).

6 M. 패겔, 《Wired For Culture》.

7 J. C. 플랙J. C. Flack과 F. B. M. 드 왈F. B. M. de Waal, 〈Journal of Consciousness Studies〉(2000) 7, 1-29.

8 참고로, 이것은 현대 인류에게 자연선택설이 적용되지 않는다는 것을 의미하는 건 아니다. 예를 들어, 생식 가능 나이에 경험하는 질병에 대

한 저항성의 진화처럼 명확하게 입증된 사례들이 있다. 오히려 이는 현대사회에서의 자연선택설의 영향이 과거보다 훨씬 적다는 것을 의미한다. 사망위험 요소가 더 많다고 해도 병원, GPS, 정신건강 지원, 의족, 시력 보정 안경이나 콘택트렌즈와 같은 의료 기기의 발명 등 사회 지원 시스템 덕분에 우리가 보호받을 수 있기 때문이다.

9   도로 교통사고로 인한 사망률은 어느 나라에 사느냐에 따라 10만 명당 3명에서 74명까지 상이하다. 가장 낮은 곳은 덴마크, 몰디브이고 가장 높은 곳은 리비아다. (http://www.who.int/violence_injury_prevention/road_safety_status/2015/TableA2.pdf?ua=1)

10 다양한 동물군에 걸친 부정행위의 경험적 예시는 C. 리일C. Riehl과 M. E. 프레드릭슨M. E. Frederickson의 《Philosophical Transactions of the Royal Society B: Biological Sciences》(2016) 371에서 차용했다. 왜 더 큰 집단일수록 부정행위가 더 많이 나타나는지에 대한 이론적 탐구는 R. 보이드R. Boyd와 P. J. 리처슨P. J. Richerson의 〈Journal of Th eoretical Biology〉(1988) 132, 337-356에서 찾을 수 있다.

11 1980년 이후로 비만이 두 배 증가해 2014년 세계 인구의 13%가 비만으로 분류되는 등(39%는 과체중), 세계적 비만 위기가 반전될 조짐은 거의 보이지 않는다. (http://www.who.int/news-room/fact-sheets/detail/obesity&#65534;and-overweight). 단, 영국과 같은 일부 국가의 경우(인구의 4분의 1 정도가 비만일 정도로 비만이 이미 심각한 문제가 돼버린 국가), 비만 증가율이 하락세로 돌아서진 않았지만 적어도 상승률이 둔화하고 있다는 것을 보여 주는 증거가 있다. (http://www.nhs.uk/news/2013/09September/Pages/Obesity-in-England-rising-at-a&#65534;slower-rate.aspx).

13. 기분 좋은 관계는 건강에도 좋다

1   여기에 사용한 수치는 위키피디아의 코도쿠시(고독사)에 대한 항목에

서 참조했다. https://en.wikipedia.org/wiki/Kodokushi 2017년 4월 16일 접속함.

2   http://www.japantimes.co.jp/news/2011/10/09/national/media-national/nonprofits-in-japan-help-shut-ins-get-out-into-the-open.

3   2014 영국 고독 설문조사 http://opinium.co.uk/lonely-and&#65534;starved-of-social-interaction, http://opinium.co.uk/busy-lives-but-lonely-britain.

4   이 조사는 2011년 12월 유럽 삶의 질 설문조사이며, 영국 ONS 설문조사에 보고되었다. http://webarchive.nationalarchives.gov.uk/20160107113746/, http://www.ons.gov.uk/ons/dcp171766_393380.pdf

5   G. 몬비엇, 《How Did We Get into Th is Mess?》

6   이는 도시에서 특히 사실이다. 도심(24%)과 같이 인구가 밀집된 지역에 사는 사람들이 시골(13%) 마을보다 자신이 외롭다고 표현할 가능성이 더 크다. http://opinium.co.uk/lonely-britain.

7   http://www.telegraph.co.uk/news/politics/10909524/Britainthe-loneliness-capital-of-Europe.html

8   http://opinium.co.uk/busy-lives-but-lonely-britain

9   11장에서 언급한 것과 같이, 자연과의 유대감이 부족한 현상과 이에 따른 보건적 영향을 '자연적 결핍 장애'라고 부른다. (R. 루브, 《Last Child in the Woods》) 이 표현이 처음 만들어진 이후, 이 분야에 관한 광범위한 연구가 이루어졌다. 예) R. 러벨R. Lovell 외, 〈Journal of Toxicology and Environmental Health, Part B〉(2014) 17, 1-20; D. 콕스D. Cox 외, 〈International Journal of Environmental Research and Public Health〉(2017) 14, 172.

10 이 설명은 이안 맥그릴Ian McGreal의 《Great Thinkers of the Eastern World》에서 발췌한 것으로, 여기서는 인간이 어떻게 아트만(정신)이라고 불리는 실제적 자아보다 육체적 자아와 동일시하는가에 관해 설명

하는 우파니샤드Upanishads의 힌두교 전설을 설명한다. 여기서 아트만은 브라흐만Brahman과 동일한, 보편적 정신이다.

11 갈라디아서, 3장 28절.

12 추상적 별개의 개체로 세계를 보는 것의 궁극적인 예시가 바로 플라톤의 형태학이다. 플라톤은 비물리적 생각이 가장 정확한 현실을 나타낸다고 주장한다. 이 이론에 따르면 세계의 모든 객체는 추상적으로 변하지 않는 '청사진'의 현현이다. 예를 들어 말은, 영원히 존재해온 말이라는 완벽한 독창적 생각이 구현된 것이다. 진화론의 발견을 반영해서 생각하면(공정하게 말하자면, 플라톤은 진화론을 전혀 알지 못했다), 우리는 이것이 말도 안 된다는 것을 알 수 있다. 동물은 미리 정해진 형태로 진화하는 것이 아니라 환경 조건에 가장 최적의 해결책에 따라 무질서한 방식으로 진화한다. 말이 개 크기의 얼룩말 종류의 유제류에서 진화하기 전엔, 지금과 같은 말은 실제로든 추상적 개념으로든 아예 존재하지 않았다. 여담이긴 하지만, 여기에도 작은 난제가 존재한다. 인간의 마음에는 어떤 생각이든 할 수 있다는 가능성이 있다. 수십억 개의 신경 회로의 가능한 연결 조합을 통해 아주 작은 연결의 부분집합도 어떤 사람은 현실화할 수 있다. 그러므로 우리 머릿속 어딘가에서는 어떤 동물이나 사물의 추상적 개념이 존재했을지도 모르는, 혹은 앞으로 존재할지도 모르는 가능성이 있다. 그러므로 플라톤의 사상이 언뜻 생각하기에는 그리 틀린 말도 아니다.

13 B. 보이스B. Boyce가 엮은 《In the Face of Fear: Buddhist Wisdom for Challenging Times》(Melvin Mcleod, 2009)에서 틱낫한, '아픔을 치유하고 상처는 봉합하라Healing Pain and Dressing Wounds'.

14 이 텍스트는 이샤 우파니샤드Ishopanishad에서 나왔다: 슬로카sloka 6, 7은 비이원론을 강조하는 아드바이타 베단타Advaita Vedanta 힌두 철학 학교에서 나왔다. 비이원론이란, 우주는 하나의 필수적인 현실이며, 우주의 모든 면과 양상이 궁극적으로는 하나의 현실의 표현이나 모습이란 생각이다. 올란도 O. 에스핀Orlando O. Espin과 제임스 B. 니콜로

프James B. Nickoloff의 《An Introductory Dictionary of Theology and Religious Studies》(Liturgical Press, 2007) 참조.

15 R. E. 니스벳, 《The Geography of Th ought》.

16 C. R. 시드너C. R. Snyder, 에리크 와이트Erik Wright, 세인 J. 로페즈Shane J. Lopez의 《Positive Psychology)》(Oxford University Press, 2001) 핸드북 195-206페이지에 수록된, 나카무라 M. 크식스젠트미할리이Nakamura, M. Csikszentmihalyi의 '흐름 이론과 연구Flow Theory and Research'.

14. 없는 사람을 탓할 순 없다

1 이 편지의 전사본은 경찰을 돕겠다고 자원한 건물 관리인이 총을 들고 경찰과 함께 건물 위로 올라가 사격수를 사살한 내용을 담은 다른 서신들과 함께 http://murderpedia.org/male.W/images/whitman_charles/docs/typewritten_letter.pdf에서 확인 가능하다.

2 이 방문은 1966년 3월 29일 성사되었다. 의사는 휘트먼Whitman에게 어떤 치료약도 처방하지 않고 일주일 뒤에 다시 방문하라고 말했다. 그동안 상담사를 만나야 할 때 알려주겠다고 했다. 휘트먼은 다시 의사를 방문하지 않았고 1966년 8월 16명을 살인했다. 출처: http://murderpedia.org/male.W/images/whitman_charles/docs/heatley.pdf.

3 https://www.theatlantic.com/magazine/archive/2011/07/the-brain-on-trial/308520.

4 B. 후드, 《지금까지 알고 있던 내 모습이 모두 가짜라면?The Self Illusion》.

5 M. 루터와 T. G. 오코너의 《Developmental Psychology》(2004) 40, 81.

6 https://www.theatlantic.com/magazine/archive/2011/07/the-brain-on-trial/308520

7 A. 카스피 외, 〈Science〉(2002) 297, 851-854.

8 B. 후드, 《The Self Illusion》.

9 B. 스피노자Spinoza, 《에티카Ethics》(1677).

10 《This Will Make You Smarter》 35-37페이지에 수록된 J. 투비J. Tooby 의 'Nexus Causality, Moral Warfare and Misattribution Abritrage'.

11 이것은 전형적인 인지 편향이다. 나쁜 일이 우리에게 생길 때, 보통 우리는 이를 나의 통제를 벗어난 외부 요소의 탓으로 돌리는 경향이 크다. 반면 좋은 일이 생기면 우리 자신의 능력이나 성격 덕분이라고 생각한다. 분명한 것은, 이렇게 생각함으로써 우리의 자존감이 보호되고 강화된다는 것이다. 이와 반대로 타인에 대해서는 정확하게 반대로 생각한다. 나쁜 일이 생기면 그건 그 사람 자신에 의해 야기된 것이라 여기며 그들의 성격을 탓한다. 반면 좋은 일이 생기면 이를 보통 외부의 유리한 환경으로 발생된 '행운'이라고 여긴다. (타인과 비교했을 때, 나 자신의 인지된 상대적 입지를 보호하기 위한 것이다.)

12 M. W. 모리스M. W. Morris와 K. 펭K. Peng, 〈Journal of Personality and Social Psychology〉(1994) 67, 949

13 I. 최, R. 달라, C. 김 피에트로Kim-Prieto와 H. 박, 〈Journal of Personality and Social Psychology〉(2003) 84, 46.

14 DNA는 '메틸화' 과정을 통해서 영향을 받는다. 메틸은 DNA 분자에 추가되어 뉴클레오타이드 염기쌍의 순서를 바꾸지 않고서도 기능을 변경한다. 쥐를 대상으로 한 연구에서 성인의 경험(화학물질의 노출)이 DNA 메틸화를 통해 후손의 비만 여부에 영향을 미친다는 것을 확인했다. 하지만 최근 인간을 대상으로 한 합성 연구에서는 비만을 초래하는 것에 있어서 후생적 영향의 중요성에 대해 아직 결론이 나지 않았다. S. J. 반 다이크van Dijk 외, 〈Int J Obes〉(2015) 39, 85-97.

15 니컬러스 A. 크리스타키스Nicholas A. Christakis와 제임스 H. 파울러 James H. Fowler, 《Connected: The surprising power of our social networks and how they shape our lives》(Little, Brown, New York, 2009).

4부. 우리 관계의 정체성

1   나는 명상 도구의 일환으로 이 짧은 시구를 썼다. 이 구절은 전반적으로 이 책의 정서를 잘 담고 있다. 다른 사람들에게도 이 시구가 유용하게 쓰이길 바라며 이 책에 담아둔다.

15. 연결성의 3차원

1   T. 로자크T. Roszak, M. E. 고메스M. E. Gomes, A. D. 칸너A. D. Kanner, 《Ecopsychology-Restoring the Earth, Healing the Mind》(Counterpoint, Berkeley, 1995)에 수록된 J. 힐먼J. Hillman의 '지구만 한 심령술사: 심리학적 서문A Psyche the size of the earth: a psychological foreword'.

2   에이미 프로알의 블로그는 http://microbeminded.com에서 확인할 수 있으며, 에이미 프로알이 만성피로증후군의 원인을 연구한 논문 중 하나는 A. D. 프로알 외, 〈Immunologic Research〉(2013) 56, 398-412이다.

3   미생물군집과 신경학적 조건의 연결고리 검토를 위해서는, 샘슨 Sampson 외, 〈Cell Host and Microbe〉(2015) 17, 565-576을 보거나 H. 트렘릿H. Tremlet 외, 〈Ann Neurol〉(2017) 81, 369-382를 참고.

4   유럽환경청(2018), 〈Chemicals for a sustainable future〉, EEA 보고서 No 2/2018. doi: 10.2800/92493.

5   마일즈 리처드슨Miles Richardson은 자연 연결성에 대한 블로그를 쓰고 있으며 https://fi ndingnature.org.uk에서 확인 가능하다.

6   영국 환경부, 2017년 5월. 〈Evidence Statement on the Links Between Natural Environments and Human Health〉.

7   벨룩스Velux는 우리가 실내에서 얼마나 많은 시간을 보내는지, 그리고 햇빛이 부족한 상태에서 우리가 오염물질에 얼마나 잠재적으로 노출될 수 있는지에 대한 독립적인 연구를 시행했으며, 많은 보고서를 출판했다. ('실내 세대The Indoor Generation' https://www.velux.com/

article/2018/indoor-generation-facts-and-figures) 다른 독립적 연구에서도 90% 이상의 시간을 실내에서 보낸다는 수치를 확인했다. 예를 들어 미국 환경보호청US EPA은 2001년 실시한 연구(국가 인구활동패턴 설문조사)를 통해 미국인들이 실내에서 87%를, 차량에서 6%의 시간을 보낸다는 우려스러운 수치를 발표했다.

8 G. 엥겔G. Engel, 〈사이언스〉(1977) 196, 129-136.

9 미국 자료 출처: 국립보건통계센터 '12세 이상 인구 중 항우울제 사용: 미국, 2011-2014'; 보건통계센터 데이터 브리프 No. 283, 2017년 8월. 영국 자료 출처: NHS 비즈니스 서비스청Business Services Authority '2015/2016 및 2016/2017 항우울제 처방.' https://www.nhsbsa.nhs.uk/prescription-data/prescribing-data/antidepressant-prescribing.

10 생물학자 스티븐 J. 굴드Stephen J. Gould는 과학이 자연 세계의 사실적 특징에 관해 설명할 수 있는 적절한 도구라고 제안했다. 반면 종교는 인간의 목적, 의미 그리고 가치의 영역에서 작동한다. 과학이라는 사실적 영역에 있는 주제를 설명할 순 있지만 결코 해결할 순 없다. S. J. 굴드, 《Rocks of Ages: Science and Religion in the Fullness of Life》 (Ballantine Books, New York, 1999).

11 H. C. 산토스H. C. Santos 외, 〈Psychological Science〉(2017) 28, 1228-1239.

12 1980년대 이후 대학생 사이에 자기애의 증가가 교내와 인종 집단 전반에 나타났다. (J. M. 트웬지J. M. Twenge과 J. D. 포스터J. D. Foster, 〈Social Psychological and Personality Science〉(2010) 1, 99-106.) 테스트를 실시한 모든 인종 집단이 전반적으로 자기애의 정도가 증가했다. (J. M. 트웬지와 J. D. 포스터, 〈Journal of Research in Personality〉(2008) 42, 1619-1622.) 직접 테스트해 보고 싶은 경우에는 https://openpsychometrics.org/tests/NPI/1.php에서 테스트 버전을 찾을 수 있다.

13 보다 심각한 자기애적 성격장애NPD의 임상적 정의는 《DSM-IV》와 《DSM-5》 성격장애 기준에서 찾을 수 있다. NPD가 시간이 갈수록 증

가하고 있다는 주장은 트웬지와 캠벨이 2009년 저서 《The Narcissism Epidemic》에서 제시했다. 한 국가 보건기관의 연구에서, 3만 5,000명의 사람에게 연구자들이 NPD라고 확인한 증상을 느꼈는지 기억해보도록 요청했다. 만약 NPD의 비율이 시간이 지남에 따라 일정하게 증가한다면 삶의 특정 시점에서 더 많은 노년층이 증상을 느끼고 있다고 보고해야 한다는 것이 이 주장이다. 하지만 이와 대조적으로, 20대 미국 청년 10명 중 1명이 이 증상을 느꼈지만 65세 이상에서는 30명 중 1명만이 증상을 느꼈다. 나이 든 사람들이 시간이 갈수록 증상을 겪었다는 것을 잊어버린다고 말할 수도 있다. 하지만 트웬지와 포스터는 그럴 가능성은 없다고 생각한다. 그보다는 시간이 가면서 우리가 더 심각해지는 자기애적 유행병을 겪을 수 있다고 주장한다.

14 J. M. 트웬지 외, 〈Journal of Personality and Social Psychology〉(2012) 102, 1045-1062.

15 대부분의 국가가 국내총생산GDP(매년 생산되는 재화와 서비스에 대한 통화 측정 기준)에 초점을 맞춰 국가 성장을 평가하는 반면, 부탄은 자체 성장을 가늠하기 위해 국민총행복지수를 만들었다. 부탄의 국민총행복지수를 평가하는 4가지 항목은 다음과 같다. 1)지속적이며 평등한 사회경제적 발달, 2) 환경 보존, 3) 문화 보전 및 홍보, 4) 굿 거버넌스. K. 우라K. Ura 외(2012), 〈An Extensive Analysis of GNH Index Thimphu, Bhutan〉, 부탄연구센터The Centre for Bhutan Studies.

16 W. K. 캠벨 외, 〈Personality and Social Psychology Bulletin〉(2005) 31, 1358-1368.

17 연예 잡지 같은 곳에서 자아도취 문화나 극단적 개인주의 가치가 전파되는 것이 아니다. 많은 연구가 어떻게 개인주의적 단어와 구절이 주류 신문에서 훨씬 더 흔하게 쓰이는지 보여준다. H. E. 나프스태드H. E. Nafstad 외, 〈Journal of Community & Applied Social Psychology〉(2007) 17, 313-327; J. M. 트웬지 외, 〈Journal of Cross-Cultural Psychology〉(2013) 44, 406-415.

18 공감 능력을 향상시키는 비디오 게임은 https://centerhealthyminds.
  org/news/video-game-changes-the-brain-and-may-improve-
  empathy-in-middle-school-children에서 검토되었으며, T. R. A. 크랠
  외, 〈npj Science of Learning〉(2018) 3, 13의 논문에서도 보고되었다.

19 데런 브라운Derren Brown이 주관하는 공감 응시 테스트를 https://
  www.youtube.com/watch?v=tEnYAUvlTS8에서 시청할 수 있다. 참
  고: 이 응시 테스트를 해보기 전에 DNA테스트를 하면 다른 국가의 사
  람들과 본질적으로 다르다는 굳은 믿음이 무너지게 되어 공감의 강력
  한 상태로 들어갈 수 있어 도움이 된다. 이 접근법은 모몬도Momondo
  에서 인터넷에 올린 비디오 영상에서 볼 수 있다. 지금까지 1,800
  만 뷰가 시청된 영상이다. DNA테스트 결과가 밝혀질 때 인종차별
  적 시각을 가진 사람들의 반응이 담겼다. (https://www.youtube.com/
  watch?v=tyaEQEmt5ls).

16. 연결성의 융합

1 A. J. 몽티엘 카스트로A. J. Montiel-Castro 외, 〈Frontiers in Integrative
  Neuroscience〉(2013) 7.

2 이것은 위 내벽에 사는 장내분비세포에 영향을 미치는 물질을 만들어
  내는 장내 박테리아를 통해 작용한다고 생각된다. 처음엔 이 세포가
  오직 호르몬을 통해서 (장을 둘러싼 미주신경세포와 상호작용하는) 중앙
  신경계와 연결되어 있다고 생각했다. (E. A. 마이어E. A. Mayer, 〈Nature
  Reviews Neuroscience〉(2011) 12, 453 참고.) 하지만 최근에 이 세포들이
  신경 전달 물질인 화학적 세로토닌을 사용해 빠르게 소통한다는 것이
  밝혀졌다. (B. U. 호프먼B. U. Hoffman과 E. A. 럼프킨E. A. Lumpkin, 〈Science〉
  (2018) 361, 1203-1204 참고.)

3 E. A. 마이어, 〈Nature reviews Neuroscience〉(2011) 12.10.1038/
  nrn3071.

4   L. 반 오우덴호베L. Van Oudenhove 외, 〈The Journal of Clinical Investigation〉(2011) 121, 3094-3099.

5   음식이 우리 위장의 마이크로바이옴에 어떤 영향을 미치고 그 결과 우리 정신건강에는 어떤 영향을 미치는지 더 자세히 알아보기 위해서는 T. G. 디넌T. G. Dinan 외, 〈Biological Psychiatry〉(2013) 74, 720-726과 H. 왕Wang 외, 〈J Neurogastroenterol Motil〉(2016) 22, 589-605를 참고하라.

6   위에서 뇌로 가는 통로는 자폐 경계성 장애를 약이나 음식을 통해서 치료할 방법의 가능성을 열었다. 식단 기반 치료법의 예는 C. G. 드 테이에de Theije 외, 〈Eur. J. Pharmacol〉(2011) 668, S70-S80를 참고하라.

7   C. 프란츠Frantz 외, 〈Journal of Environmental Psychology〉(2005) 25, 427-436.

8   쥐와 원숭이 모두 일시적으로 어미와 떨어뜨렸을 때 야기된 스트레스로 인해 마이크로바이옴에 변화가 나타났다. 단 쥐의 경우 코르티솔 수치가 변한 것과 연관된 것으로 보인다. M. T. 베일리M. T. Bailey와 C. L. 코이C. L. Coe, 〈Dev. Psychobiol〉(1999) 35, 146-155; S. M. 오마호니 S. M. O'Mahony 외, 〈Biological Psychiatry〉(2009) 65, 263-267.

9   https://www.humi.site. 또한 G. A. 루크G. A. Rook, 〈PNAS〉(2013) 110, 18360-18367 참고.

10   M. H. 데이비스M. H. Davis 외, 〈Journal of Personality and Social Psychology〉(1996) 70, 713.

11   A. 애론A. Aron 외, 〈Journal of Personality and Social Psychology〉 (1991) 60, 241-253; A. 애론 외, 〈Journal of Personality and Social Psychology〉(1992) 63, 596-612.

12   두 연구 분야 간의 이분법과 점진적 통합에 대해 더 자세히 알고 싶으면, E. A. 브래그E. A. Bragg, 〈Journal of Environmental Psychology〉 (1996) 16, 93-108를 참고하라.

13   자기 정체성과 관련된 세 가지 가치 군집(자아정체성, 사회적-이타적

집단, 생물적 집단)의 가설은 P. C. 스턴P. C. Stern과 T. 디에츠T. Dietz, 〈Journal of Social Issues〉(1994) 50, 65-84에 요약되어 있다. 사회적-이타적 집단과 생물적 집단 간 구분에 대한 거부와 일반화된 '자아-초월적' 집단에 대한 제안에 관해서는, W. P. 슐츠W. P. Schultz, 〈Journal of Environmental Psychology〉(2001) 21, 327-333을 참고하라. 어떻게 다른 사람들이 자기 초월에 대해 서로 상이한 비율과 범위로 발전하는지 보여주는 연구도 있다. 한 관점의 경우, 오직 일부 성인만이 일반적으로 잘 조정된 성인 시기와 관련된 '자기 저작'의 단계를 달성할 수 있으며, 이보다 더 소수의 사람만이 공감을 강화하고 서로 다른 관점을 포용할 수 있는 능력을 함양할 수 있는 '자기 변혁'의 단계를 달성할 수 있다고 한다. 더 많은 배경지식을 위해서는 A. H. 파넨베르거A. H. Pffanenberger, P. W. 마르코P. W. Marko, A. 콤스A. Combs, 《The Postconventional Personality》(State University of New York Press, 2001)를 참고하라.

14   A. L. 메츠A. L. Metz, 〈비스타스 온라인Vistas Online〉(2017) 11, 1-14.

17. 관계의 정체성이 세계적인 책임감으로 어떻게 연결될까?

1   E. A. 캐스파E. A. Caspar 외, 〈Current Biology〉(2016) 26, 585-592.

2   J. L. 그린J. L. Greene, T. 코완T. Cowan, 〈Table Egg Production and Hen Welfare: Agreement and Legislative Proposals〉, 의회 CRS 보고서 (2014), 42534. https://fas.org/sgp/crs/misc/R42534.pdf.

3   수천 년 전, 우리의 세계적 공급망은 놀라울 정도로 복잡했다. 역사학자 피터 프랭코판Peter Frankopan은 이를 이렇게 설명한다. "2천 년 전, 중국에서 손으로 짠 비단을 카르타고와 지중해 국가의 부유한 권력가들이 착용했고, 남부 프랑스에서 빚은 도자기는 영국과 페르시아만에서 발견되었다. 인도에서 재배된 향신료가 중국 신장의 부엌에서, 로마의 부엌에서 사용됐다. 아프가니스탄 북부의 건물에는 그리스어가

새겨져 있고, 중앙아시아에서 위풍당당하게 출발한 말들은 동쪽으로 수천 마일을 이동했다. 수천 년 전만 해도 그랬다면, 21세기 무역 네트워크를 생각해보자. 소비자가 내린 결정의 영향이 바로 전 세계로 미치게 되고, 그래서 명확한 도덕적 책임을 기술하기 어렵다."

4 2014년 UN 수치에 따르면, 세계 인구의 54%가 도시 지역에 살고 있으며 이 수는 2050년이 되면 66%로 증가할 것으로 전망된다. http://www.un.org/en/development/desa/news/population/world-urbanization-prospects-2014.html.

5 스티브 힐튼Steve Hilton, 《More Human》(WH Allen, London, 2015).

6 '아포페니아'라는 말은 독일 신경학자 크라우스 콘래드Klaus Conrad가 정신병의 한 형태를 설명하기 위해 만든 표현이다. 하지만 심리학자 데이비드 피자로David Pizarro에 따르면, 많은 정상인은 가짜 상관관계에 기초한 미신을 믿으려는 성향이 있는데 그때 어느 정도 이런 상태를 경험하게 된다. 다른 연구에서는 아기들도 선천적으로 그런 가짜 상관관계를 만들려고 하는 성향이 있음이 드러났다(후드, 2008). 《This Will Make You Smarter》에서 D. 피자로의 '매일의 아포페니아Everyday Apophenia'; B. 후드, 《Supersense》(Constable, London, 2009).

7 M. 매카시, 《The Moth Snowstorm: Nature and Joy》(John Murray, London, 2015).

8 생화학자이자 제도 사상가인 프레더릭 베스터Frederic Vester는 거버넌스의 실패를 이렇게 설명했다. "단기간 필요에 의한 압박으로, 우리 정치 및 경제 의사결정자들은 그들의 계획이나 조치를 고려하는 것은 둘째 치고, 상호연결성도 전혀 이해하지 못하고 있다. …… 최근 몇 년간 실수가 누적된 것은 비즈니스나 지역 계획, 개발 원조나 환경 정책 등 계획에 접근하는 전통적 방식이 실패했다는 것을 의미한다. (실제로 실패할 수밖에 없다.) 이는 점차 복잡해지는 효과의 네트워크와 그 반향을 이들이 간과했기 때문이다." 프레더릭 베스터, 《The Art of Interconnected Thinking》.

9 아르네 네스Arne Naess, 《Ecology of Wisdom》(Penguin Random House, London, 2008). 더 많이 상호 연결된, 자아를 초월한 '생태적 자아'의 실현에 대한 아르네 네스의 이론은 대승불교와 같은 다른 철학과 유사성을 가지고 있다. 작가 앨런 드렝선Alan Drengson은 그의 작품 《Ecophilosophy, Ecosophy and the Deep Ecology Movement: An Overview》에서 자아의 확장과 생태학적 자아의 개념이 대승불교나 특정 기독교 철학과 많은 유사점을 지니는 대인적 심리학/생태학의 연구와 어떻게 여러 방면에서 겹치는지 설명한다(http://www.ecospherics.net/pages/DrengEcophil.html).

10 우리가 가까운 사회적 '집단 내에서' 타인을 돕는 것의 장점 중 하나는 그 집단 내에서 우리의 입지가 탄탄해질 수 있다는 가능성과 다른 집단과의 경쟁에서 내가 속한 집단이 이길 가능성이 커진다는 것이다. 타인에게서 상호원조를 받을 가능성이 높고 우리 친족에게 도움이 될 뿐만 아니라, 집단 내에서 서로 돕는 행위가 진화 과정에서 선택될 가능성도 커진다.

11 T. 로자크T. Roszak, M. E. 고메즈M. E. Gomes, A. D. 칸너A. D. Kanner가 엮은 《Ecopsychology- Restoring the Earth, Healing the Mind》에 요약되어 있음.

12 M. J. 질스트라M. J. Zylstra 외, 〈Springer Science Reviews〉(2014) 2, 119-143.

13 E. 고슬링E. Gosling과 K. J. H. 윌리엄스K. J. H. Williams, 〈Journal of Environmental Psychology〉(2010) 30, 298-304.

14 자연계에 대한 '외부화 비용'을 고려한 경제 시스템에 직면해서, 현대의 많은 환경보호론자들은 현재 자연의 가치를 경제적 의사결정에 고려하는 '자연 자본적 접근법'을 옹호한다. 이 방법은 경제적 수단을 통해 자연을 보호하려 하지만, 압력의 근본적 원인인 우리의 소비 행위를 완전히 해결하지는 못한다. 사실, 일부 작가들은 이런 물질주의적 접근법이 소비지상주의적 사고방식을 부추겨 역효과를 가져올 수 있

다고 경고한다. (예: 2009년 WWF 보고서. T. 크롬프턴과 T. 캐서, 〈Meeting Environmental Challenges: The role of human identity〉(WWF-UK, Surrey, ISBN: 9781900322645) 참고.)

15 세계에 대한 인간의 집단적 관점이 우리의 제도를 결정한다. 하지만 또한 차례로 우리의 인식을 형성할 수 있는 제도의 추가적인 피드백 이 존재한다는 것을 인식해야 한다. 작가 케이트 레이워스Kate Raworth 는 저서《도넛 경제학Doughnut Economics》에서 현재 그런 피드백 절차 가 인류와 인류의 문화를 더욱 개인주의적으로 만들고 있는 현실에 개 탄을 금치 못했다. 하지만 케이트 레이워스는 낙관적인 어조로 우리 가 이 과정을 뒤집을 수 있으며, 그렇게 되면 주위 세계와 우리와의 관 계에 대한 근원적 믿음을 뒤집을 수 있게 될 것이라고 말했다. K. 레 이워스,《도넛 경제학Doughnut Economics: Seven Ways to Th ink Like a 21st-Century Economist》(Random House Business, London, 2017).

16 WWF Living Planet Report (2016): http://awsassets.panda.org/downloads/lpr_living_planet_report_2016.pdf.

18. 우리 마음은 전쟁터

1 2017년 EU 28개국에 대한 유럽연합통계청 수치를 보면, 1인당 연간 13.6톤의 원자재를 소비하며, 8.7톤의 이산화탄소에 해당하는 온실가 스 배출량을 기록했다. 석유 환산 킬로그램으로 나타낸 에너지 사용량 은 2015년 유럽연합의 경우로, 세계은행(3,207kg/person)이 출처이다.

2 이 계산은 현대 호모 사피엔스가 35만 년 전에서 26만 년 전 사 이에 진화했다는 것을 바탕으로 한 것이다(슐레부쉬Schlebusch 외. 2017). 그러나 지난 60년 동안, 위대한 가속이라 불리며, 에너지 사 용, 물 사용, 비료 소비, 운송 등 자연계에 큰 영향을 미치는 변수들 과 관련된 소비가 기하급수적으로 증가했다. W. 스테픈W. Steffen 외, 〈The Anthropocene Review〉(2015) 2, 81-98). C. M. 슐레부쉬 외,

〈Science〉(2017) 358, 652-655.

3   2016년, 가짜 뉴스나 봇츠 등 소셜 미디어는 영국의 유럽연합 탈퇴 국민투표나 미국 선거에 영향을 미쳤다.

4   추가 정보는 D. 골먼Goleman과 R. L. 데이비슨Davidson, 《The Science of Meditation》(Penguin Random House, London, 2017)을 참고.

5   Y. 강Kang 외, 〈Journal of Experimental Psychology: General〉(2014) 143, 1306-1313에 감소된 그룹 간 편견 실험이 설명되어 있다. 이 접근법의 후속 메타-분석은 이러한 결과를 뒷받침한다.: X. 장Zeng 외, 〈Frontiers in Psychology〉(2015) 6.

6   여기에서 든 예시는 위스콘신 매디슨 대학의 건강한 마음 센터the Center for Healthy Minds at the University of Wisconsin-Madison에서 개발한 어린이들의 공감 능력 개발을 도와주는 친절 교육 과정이다.

7   P.W. 슐츠Schultz, 〈Journal of Social Issues〉(2000) 56, 391-406.

8   소셜 미디어는 점점 더 자가-심사숙고와 정신건강 문제와 연관되어 있다. 예를 들어 최근 영국 NHS의 보고서에 따르면, 11-16세 여학생의 거의 4분의 1 정도가 정신건강 장애를 가지고 있으며, 이중 3분의 1이 자해나 자살 충동을 느꼈다고 밝혔다. 이 학생들은 다른 학생들에 비해 소셜 미디어를 사용하는 시간이 더 길었고, 이것이 기분에 큰 영향을 끼쳤다는 것을 인정했다. 〈Mental Health of Children and Young People in England〉(2017), NHS digital.

9   P. M. 골위처Gollwitzer, 〈American Psychologist〉(1999) 54, 493-503.

10 H. E. 나프스테드 외, 〈Journal of Community & Applied Social Psychology〉(2007) 17, 313-327; J. M. 트웬지 외, 〈Journal of Cross-Cultural Psychology〉(2013) 44, 406-415.

11 마르크스주의 철학자 안토니오 그람시Antonio Gramsci는 지배적인 정치 세력은 단순히 군사력과 경제력을 휘두르는 것이 아니라 언어를 통해 사상을 상식처럼 보이게 만든다고 말했다. 그는 사상을 위한 이러한 전투가 좌파 정치운동이 20세기에 큰 힘을 얻지 못한 이유를 설명

할 수 있을 것이라 말했다. 환경 운동이 지지부진한 이유도 이와 같다. WWF의 연구자들(T. 크롬프턴T. Crompton과 T. 캐서T. Kasser, Meeting Environmental Challenges: The role of human identity)은 새로운 가치를 개발하지 못하고 물질주의적 패러다임을 받아들인 실패(예를 들어 '자연 자본'이나 '생태계 서비스'와 같은 용어를 사용하는 것)가 중대한 오류가 될 수 있다고 주장했다. 이들은 '자기 강화, 물질적 가치, 삶의 목표를 수용한 주류 세력의 의지가 이런 가치와 목표의 지배력을 강화하는 데 실제로 어떻게 작용했는지'에 대해 설명한다. 이런 가치는 부정적인 환경적 태도와 파괴적인 환경적 행위와 더 많이 관련되어 있다. T. 재슨T. Jackson, 《Motivating Sustainable Consumption: A Review of Evidence on Consumer Behaviour and Behavioural Change》 또한 참고하자. 서리 대학 환경전략센터의 보고서 〈지속가능개발 연구 네트워크〉(2004)도 참고하자.

12 T. 캐서와 A. D. 캐너, 《Psychology and Consumer Struggle: The struggle for a good life in a materialistic world》(American Psychological Association, Washington D.C., 2004).

13 중국과 같은 일부 국가는 예외다. 이들 국가는 개인주의적 콘텐츠를 미디어와 인터넷에서 삭제하려는 노력을 광범위하게 펼치고 있다. 그뿐만 아니라 집단 성향을 강화하는 것을 목적으로 하는 광범위한 사회 모델링 프로그램을 펼친다.

14 Y. N. 하라리, 《호모 데우스: 미래의 역사Homo Deus: A Brief History of Tomorrow》(Harper Collins, New York, 2017).

15 예를 들어, 기후변화에 관한 정부 간 패널 2018 보고서에 따르면, 지구 온도가 1.5°C 이상 상승하는 것을 막기 위해 온실가스 배출을 절반으로 줄일 수 있는 시간이 12년밖에 남지 않았다. 이는 인류의 생활과 전 세계 야생동물들에게 심각한 부정적 영향을 미칠 것으로 예측된다.

16 T. H. 올리버T. H. Oliver, 〈Science〉(2016) 353, 220-221.

17 M. J. 젤팬드M. J. Gelfand 외, 〈Science〉(2011) 332, 1100-1104. J. 그린버

그 외, 《Handbook of Experimental Existential Psychology》 (Guilford Press, New York, 2004).

18 국제 이주 보고서에 따르면, 2017년 2억 5,800만 명이 태어난 국가를 떠나 이주했고, 이 중 2,600만 명은 난민이거나 망명을 신청한 사람들 이다.

19 T. 크롬프턴과 T. 캐서, 《Meeting Environmental Challenges: The role of human identity》.

19. 연결하기

1 N. 크리스타키스와 J. 파울러, 《Connected》.

2 《This Will Make You Smarter》의 289-291페이지에 수록된 S. D. 샘슨 의 '상호 의존하는 존재Interbeing'.

3 이 학술 문헌은 '중대한 생태계 전환'이라는 조건하에 분류될 수 있다. 원하지 않는 상태에 갇힌 생태계의 예는 숲, 사막, 산호초 등에서 나타 나지만, 시스템 전환 과학은 생태계를 훨씬 넘어 적용된다.

4 기술로 문제를 해결하는 테크노픽스는 기후변화를 막기 위해 지구공 학 같은 아이디어를 활용하거나 꽃가루를 옮기는 로봇을 개발하는 것 을 말한다. 멋지게 보이긴 하지만, 이런 아이디어는 보통 작동하지 않 거나, 혹은 의도하지 않는 결과를 낳을 수 있기 때문에 위험도도 크고, 프로토타입 단계를 뛰어넘기 위해 비용이 천문학적으로 들 수도 있다. 예를 들어 꽃가루를 옮기는 로봇은 개발되었지만, 작물의 수분을 위 해 필요한 수백만 대의 기계를 생산하는 것은 시간이나 비용이 엄청나 게 든다. 재생 에너지로 구동되는 자가 학습 생물학적 로봇 같은 게 있 다면, 그래서 스스로 더 많은 로봇을 재생산할 수 있다면 모를까, 아니 다, 그렇다면 그냥 벌이 있지 않은가? 수분 문제를 해결하는 가장 효율 적인 방법은 이미 존재하고 있는 놀라운 생물학적 해결책을 보호하는 것이다. 자가 기후 규제 시스템도 마찬가지다. 가장 좋은 것은 애초에

기후를 되돌릴 수 없는 상태가 되지 않도록 하는 것이다. 올리버 외, 〈Global Sustainability〉(2018) 1. e9, ISSN 2059-4798.

5   S. 람고팔Ramgopal 외, 〈Epilepsy & Behavior〉(2014) 37, 291-307.

6   아마추어 명상가의 두뇌 상태가 변화에 더 취약하다. 갑자기 스트레스를 받는 상황이 생기면 여전히 동요한다. 더 전문적인 명상가의 편안한 뇌 상태는 훨씬 더 영속적이고 회복력이 있다. D. 골먼, R. L. 데이비슨, 《The Science of Meditation》.

7   M. 글래드웰Gladwell, 《티핑 포인트The Tipping Point》(Abacus, 2002).

참고문헌

1   위키피디아에는 2018년 12월 기준 총 2,666,631명의 편집자(최소 10회 이상 편집에 참여한 사람)가 등록되어 있다. https://stats.wikimedia.org/EN/TablesWikipediaZZ.htm#wikipedians.